Quantitative Analyse

durch

Elektrolyse.

Von

Dr. Alexander Classen,
Geheimer Regierungsrath,
Professor für Elektrochemie und anorganische Chemie an der Königl.
Technischen Hochschule, Aachen.

Vierte umgearbeitete Auflage.

Unter Mitwirkung von **Dr. Walther Löb**, Privatdocent der Elektrochemie an der Königl. Technischen Hochschule, Aachen.

Mit 74 Textabbildungen und 6 Tafeln.

Springer-Verlag Berlin Heidelberg GmbH
1897.

Additional material to this book can be downloaded from http://extras.springer.com.

ISBN 978-3-662-38655-2 ISBN 978-3-662-39516-5 (eBook)
DOI 10.1007/978-3-662-39516-5

Softcover reprint of the hardcover 4th edition 1897

Vorwort zur vierten Auflage.

Die vorliegende unter Mitwirkung des Herrn Dr. Löb bearbeitete Auflage unterscheidet sich von den früheren Auflagen dadurch, dass die Einleitung durch einen theoretischen Theil erweitert wurde. Dies war umsomehr geboten, als die Arbeiten der letzten Jahre vornehmlich auf Klarstellung der Vorgänge in den Lösungen und Feststellung der elektrischen Grössen für die quantitative Elektrolyse gerichtet waren. Es hat sich die Nothwendigkeit bestimmter Angaben über Elektrodenspannung, Stromintensität und Zersetzungsspannung ergeben. Der Verfasser hat, unter Mitwirkung seiner Assistenten, nicht nur für seine Bestimmungs- und Trennungsmethoden, sondern auch für eine Anzahl anderer Methoden diese elektrischen Grössen experimentell bestimmt und im Texte aufgenommen. Weitere Methoden anderer Autoren, welchen Angaben über die zu beobachtenden elektrischen Grössen fehlen, sind mit Rücksicht darauf, dass dieselben entweder unsicher oder garnicht durchführbar sind, nicht aufgenommen worden; dieselben wurden indess im Litteraturnachweis erwähnt.

Eine weitere Bereicherung des Buches bildet die Beschreibung der verschiedenen Messinstrumente, Stromquellen und Hülfsapparate, sowie die Erläuterung von einfachen und vollständigen Einrichtungen zur Vornahme elektrolytischer Versuche, unter Beifügung einer grossen Anzahl neuer Abbildungen im Texte und in angehängten Tafeln.

Der Verleger hat weder Mühe noch Kosten gescheut, diese neuen Illustrationen so sorgfältig wie nur möglich ausführen zu lassen; ich fühle mich veranlasst, demselben an dieser Stelle meine volle Anerkennung auszusprechen.

Aachen, 18. Januar 1897.

A. Classen.

Inhalt.

Erste Abtheilung.

Allgemeiner Theil.

Zweite Abtheilung.

Specieller Theil.

Quantitative Bestimmung der Metalle.

Trennung der Metalle.

Erste Abtheilung.

Allgemeiner Theil.

Einleitung.

Schaltet man in den Schliessungsbogen eines galvanischen Stromes mit Schwefelsäure angesäuertes Wasser ein, so wird dasselbe in seine Bestandtheile, Wasserstoff und Sauerstoff, zerlegt; in ähnlicher Weise verhält sich eine ganze Anzahl von zusammengesetzten Substanzen. Man bezeichnet den Vorgang der galvanischen Zersetzung mit dem Namen Elektrolyse und die durch den Strom zersetzbaren Körper als Elektrolyte. Durch die galvanische Zersetzung wird der Elektrolyt in zwei Gruppen gespalten, die auf der positiven Elektrode, Anode (mit dem + Pol des Stromerregers verbunden), sich ausscheidende, den elektronegativen Bestandtheil bildende nennt man das Anion, die auf der negativen Elektrode, Kathode (mit dem — Pol des Stromerregers verbunden), sich ausscheidende, den elektropositiven Bestandtheil bildende nennt man das Kation.

An der positiven Elektrode scheiden sich also die Metalloide bezw. elektronegativen Säuregruppen aus, während an der negativen Elektrode die Metalle ausgeschieden werden.

Leitet man z. B. durch die Lösung eines Haloidsalzes einen galvanischen Strom, so scheidet sich das Halogen an der Anode, das Metall an der Kathode aus:

$$CuCl_2 = Cl_2 + Cu.$$
$$ZnCl_2 = Cl_2 + Zn.$$

Die Sauerstoffsalze verhalten sich ähnlich:

$$CuSO_4 \quad = SO_4 + Cu.$$
$$Cu(NO_3)_2 = (NO_3)_2 + Cu.$$

Ebenso werden auch mehrere Säuren zerlegt*):

$$H_2SO_4 = SO_4 + H_2.$$
$$2\,HCl = Cl_2 + H_2.$$

Die durch Elektrolyse zersetzten Körper erleiden indes in den meisten Fällen chemische Einwirkungen oder Einwirkungen der Elektroden; es vollziehen sich in der Zelle verschiedene sekundäre Reaktionen.

Bei der Elektrolyse einer Lösung von Kupfersulfat zwischen Platinelektroden besteht der sekundäre Process darin, dass die ausgeschiedene Säuregruppe SO_4, welche für sich nicht existiren kann, mit Wasser sich umsetzt:

$$SO_4 + H_2O = H_2SO_4 + O.$$

Man beobachtet also am positiven Pol Auftreten von Sauerstoffgas, welches zum Theil erst durch diese sekundäre Reaktion gebildet wird. Primär spaltet das Wasser selbst bei der Elektrolyse wässriger Lösungen Sauerstoff ab. Bei der Elektrolyse von Chlorwasserstoffsäure zersetzt das an der Anode freiwerdende Chlor sich mit Wasser unter Bildung von unterchloriger Säure, Chlorsäure, Unterchlorsäure u. s. w. Aehnliche sekundäre Erscheinungen beobachtet man auch bei der Elektrolyse von Chloriden. Unterwirft man z. B. eine Lösung von Chlorammonium der Elektrolyse, so wirkt u. A. das freiwerdende Chlor auf noch unzersetztes Salz, unter Bildung von Stickstoff bezw. Chlorstickstoff ein. Haloidsalze der alkalischen Erden verhalten sich ähnlich.

---

*) Einzelne Säuren sind durch den Strom nicht zersetzbar, z. B. Kieselsäure, Kohlensäure, Borsäure u. a. m.

Salpetersäure liefert bei der Elektrolyse in erster Linie

$$8\,HNO_3 = 4\,H_2\,(\text{Kation}) + 8\,NO_3\,(\text{Anion}).$$

Letzteres zerfällt dann weiter

$$4\,N_2O_6 = 4\,N_2O_5 + 2\,O_2\,(\text{Anion}).$$

Der Sauerstoff entweicht, während das Anhydrid mit Wasser die Salpetersäure zurückbildet:

$$4\,N_2O_5 + 4\,H_2O = 8\,HNO_3.$$

Der als Kation auftretende Wasserstoff entweicht hingegen nicht, sondern wirkt seinerseits reducirend auf die vorhandene Salpetersäure:

$$4\,H_2 + HNO_3 = NH_3 + 3\,H_2O.$$

Bei Gegenwart von Schwefelsäure oder eines Sulfats ist diese Umsetzung eine vollständige, es bildet sich als Endprodukt Ammoniumsulfat.

Die Zersetzung von Salpetersäure hat für die chemische Analyse praktische Bedeutung. Es wird nämlich aus einer mit Salpetersäure versetzten Lösung, welche Kupfer und Zink enthält, nur das erstere Metall reducirt, so dass dieses Verhalten zur Trennung beider Metalle benutzt werden kann. Lässt man nun den Strom noch längere Zeit nach der Reduktion des Kupfers einwirken, so wird nach und nach alle Salpetersäure in Ammoniak übergeführt und dementsprechend auch Zink aus der Lösung ausgeschieden.

Elektrolysirt man Salze mit Metallen, welche Wasser bei gewöhnlicher Temperatur zersetzen, wie die Salze der Alkalien und der alkalischen Erden, so treten auch an der negativen Elektrode sekundäre Reaktionen auf:

$$K_2SO_4 = SO_4\,(\text{Anode})\,(SO_4 + H_2O = H_2SO_4 + O)$$
$$+ K_2\,(\text{Kathode})$$
$$K_2 + 2\,H_2O = 2\,KOH + H_2.$$

Die Zersetzungsprodukte sind demnach Schwefelsäure und Sauerstoff einerseits, Kaliumhydroxyd und Wasserstoff andererseits.

Dabei ist aber zu berücksichtigen, dass ein Theil des gebildeten Wasserstoffs und Sauerstoffs seine Entstehung der primären Elektrolyse des Wassers selbst verdankt.

Die an der negativen Elektrode ausgeschiedenen Metalle können durch Einwirkung auf die Lösung auch sekundäre Produkte erzeugen. So setzt sich z. B. bei der Elektrolyse von Kupferchlorid das ausgeschiedene Kupfer mit demselben zu Kupferchlorür um; Kupferacetat liefert an der Kathode ein Gemenge von Kupfer und Kupferoxyd (oder Oxydul).

Die bei der Elektrolyse organischer Verbindungen an einer Elektrode freiwerdenden Gruppen können analog wie die anorganischen zersetzt werden und verschiedene Produkte liefern.

Die Elektrolyse von Kaliumacetat müsste als Endprodukte Kalium (Kaliumhydroxyd) und Essigsäure liefern. Statt dessen spaltet sich die Essigsäure entweder in Kohlensäure und Aethan, oder es wird noch durch Einwirkung von Sauerstoff auf das Aethan Aethylen gebildet.

Baldriansaures Kalium liefert neben Baldriansäure Kohlensäure und Dibutyl; letzteres wird durch fortgesetzte Elektrolyse zu Isobutylen und Wasser oxydirt.

Bernsteinsaures Natrium liefert u. A. Aethylen und Kohlensäure; milchsaures Kalium zerfällt in Kohlensäure und Acetaldehyd.

Für die Zwecke der quantitativen chemischen Analyse eignen sich, wie aus Vorstehendem hervorgeht, überhaupt nur solche Lösungen, welche ganz glatt ohne Bildung störender Zwischenprodukte durch den Strom zersetzt werden. Der Natur der Sache nach sind Lösungen, welche eine freie Mineralsäure enthalten, des grossen Leitvermögens wegen zur Elektrolyse sehr geeignet.

Von allen anderen Verbindungen dürften die oxalsauren Doppelsalze die geeignetsten für die quantitative Analyse sein*). Die Oxalsäure zerfällt durch den Strom:

$$C_2H_2O_4 = 2\,CO_2\ \text{(Anode)}$$
$$H_2\ \text{(Kathode)}.$$

Unterwirft man oxalsaures Kalium der Elektrolyse, so sind die hauptsächlichsten Zersetzungsprodukte:

$$K_2C_2O_4 = 2\,CO_2\ \text{(Anode)}$$
$$K_2\ \text{(Kathode)}$$
$$K_2 + 2\,H_2O = 2\,KOH + H_2\ \text{(Kathode)}$$
$$2\,KOH + 2\,CO_2 = 2\,KHCO_3.$$

Bei Anwendung von Ammoniumoxalat enthält die zersetzte Lösung Ammoniumhydrokarbonat; letzteres zerfällt partiell wiederum in Ammoniak und Kohlensäure.

Bei der Elektrolyse von oxalsauren Doppelverbindungen, so beispielsweise des Zinkammoniumoxalats, tritt Zersetzung in der Art ein, dass das Zinkoxalat in Zink und Kohlensäure, das Ammoniumoxalat in Ammonium und Kohlensäure zerfällt. Die am positiven Pole auftretende Kohlensäure vereinigt sich mit dem Ammonium zu Hydrokarbonat, wie oben erläutert.

Bei der Zersetzung oxalsaurer Verbindungen treten keine störenden sekundären Processe auf. Sämmtliche oxalsaure Verbindungen werden durch den Strom mehr oder weniger leicht zersetzt, und die reducirten Metalle werden durch die sich bildenden Zersetzungsprodukte nicht angegriffen, selbst dann nicht, wenn während der Zersetzung der Strom schwächer wird. Nach beendeter Reduktion kann man ohne Weiteres die zersetzte Flüssigkeit abgiessen und das Gewicht des ausgeschiedenen Metalls bestimmen. (Siehe weiter unten.)

---

*) Siehe Classen: Berichte der Deutschen chemischen Gesellschaft Band XIV 1622, XIV 2771, XVII 2467, XVIII 1104, XVIII 1687, XIX 323, XX 504, XXI 2900.

Die Ionentheorie.

Bevor die speciellere Beschreibung der Hülfsmittel und Methoden der quantitativen Elektrolyse erfolgt, ist es nothwendig, sich über die Vorgänge in den Lösungen während ihrer Zersetzung und die hierbei in Betracht kommenden Grössen Klarheit zu verschaffen. Ein anschauliches Bild derselben giebt uns die von dem schwedischen Forscher Arrhenius, im Anschluss an die Untersuchungen von van't Hoff, aufgestellte Ionentheorie. Nach derselben findet in den wässrigen Lösungen ein theilweiser Zerfall der gelösten Verbindungen in die sie bildenden Bestandtheile statt, eine Dissociation, welche man im Gegensatz zu der bekannten als elektrolytische Dissociation bezeichnet. Hat man z. B. eine Lösung von Chlornatrium, so machen viele Erscheinungen, wie die des osmotischen Druckes, der Gefrierpunktserniedrigung u. a., die Annahme nothwendig, dass ausser den unzersetzten NaCl-Theilen sowohl Na- wie Cl-Theilchen getrennt sich in Lösung befinden. Diese letzteren sind nun vollständig verschieden von den Atomen Na und Cl, wie es denn unmöglich ist, sich z. B. ein Na-Atom, welches unter Feuererscheinung mit Wasser reagirt, im freien Zustande in der wässrigen Lösung vorzustellen. Der Unterschied dieser elektrolytischen Dissociationsprodukte von den Atomen besteht in einem verschiedenen Energiegehalt, welcher natürlich auch wesentlich andere Eigenschaften bedingt. Während das Atom in seinen Elementen an und für sich als unelektrisch (ebenso viel positive wie negative Elektricität enthaltend) betrachtet werden muss, ist man gezwungen, den elektrolytischen Dissociationsprodukten eine bestimmte elektrische Ladung zuzuschreiben. Man nennt diese elektrisch geladenen Theilchen nach einem von Faraday gegebenen Namen Ionen (*ἰόντες*: die wandernden).

Die vorhin erwähnten Erscheinungen des osmotischen

Druckes und der Gefrierpunktserniedrigung haben nun die Nothwendigkeit der elektrolytischen Dissociation und mithin der Ionen nur für bestimmte chemische Körperklassen nahegelegt und zwar für Säuren, Basen und Salze, nicht aber für die indifferenten organischen Stoffe. Als sich nun gezeigt hat, dass gerade die ersteren Verbindungen und zwar nur diese und keine anderen in wässriger Lösung den Strom leiten, brachte man die Existenz der Ionen mit der Zersetzbarkeit durch den elektrischen Strom in kausalen Zusammenhang. Man nannte die Stoffe, welche in Lösungen elektrolytisch dissociirt sind, mithin den elektrischen Strom leiten: Elektrolyte, die, welche nicht in Ionen dissociirt werden und dem Strome keinen Durchgang gestatten: Nichtelektrolyte. Elektrolyte sind also Säuren, Basen und Salze, Nichtelektrolyte alle anderen Stoffe, wie Chloroform, Aether, Benzol, Zucker etc.

Bezüglich der Ionenbildung zeigen alle Säuren ein gemeinsames Merkmal, die Wasserstoffionen, ebenso alle Basen, in den Hydroxylionen.

Eine Säure ist demnach in folgender Weise dissociirt:

HCl	in	H	Cl
H_2SO_4	in	H_2	SO_4
HNO_3	in	H	NO_3
$C_2O_4H_2$	in	H_2	C_2O_4
CH_3COOH	in	H	$CH_3.COO$ u. s. w.

Durch die elektrolytische Dissociation der Säuren werden also alle die Wasserstoffatome in den Ionenzustand gebracht, welche bei der Neutralisation mit Basen durch Metall ersetzbar sind; ebenso geht der übrig bleibende „Säurerest“ in den Ionenzustand über. Analog ist die Dissociation der Basen:

$NaOH$	in	Na	OH
NH_4OH	in	NH_4	OH
$Ca(OH)_2$	in	Ca	$(OH)_2$ u. s. w.

Alle diejenigen Hydroxylgruppen treten in den Ionenzustand, welche bei der Neutralisation mit Säuren durch den Säurerest ersetzbar sind, gleichzeitig die „Basenreste“, die Metalle.

Salze sind demnach in Metall- und Säurerest-Ionen dissociirt.

Ein Theil der Ionen wandert bei dem Durchgang des elektrischen Stromes zur positiven, ein Theil zur negativen Elektrode. Da die Ionen eine elektrische Ladung besitzen, so müssen nach dem elektrostatischen Grundgesetz die von der positiv geladenen Elektrode angezogenen Ionen negativ elektrisch sein (die Anionen), die von der negativen Elektrode angezogenen positiv elektrisch (die Kationen).

Elektropositiv sind Wasserstoff und alle Metalle, elektronegativ die Halogene und Säurereste, erstere sind Kationen, letztere Anionen. Daher scheidet bei der Elektrolyse eines Metallsalzes das Metall sich an der negativen, der Säurerest sich an der positiven Elektrode ab.

Es hat sich nun gezeigt, dass die elektrolytische Dissociation mit der Verdünnung wächst und ihr proportional auch die elektrische Leitfähigkeit der Ionen. Da zog Arrhenius den Schluss, dass nur die Ionen die Leitung des Stromes besorgen, dass der nicht dissociirte Antheil sich bei der Elektrolyse überhaupt nicht betheilige. Dieser Schluss hat sich als richtig erwiesen, und durch ihn erhält die elektrolytische Zersetzung ein ganz anderes Bild. Die primär an den Elektroden ausgeschiedenen Produkte sind nicht durch den Strom zersetzt, sondern waren bereits im Ionenzustande als Kationen und Anionen getrennt in der Lösung. Da sich an den Elektroden die Stoffe im atomistischen unelektrischen Zustande abscheiden, die Ionen aber eine elektrische Ladung besitzen, so muss an den Elektroden eine Entladung der Ionen stattfinden. Das ist auch thatsächlich der Fall. Die negativ geladene Elektrode zieht das positiv geladene Kation an, bei ihrer Berührung findet aus aliquoten Theilen positiver und negativer Elektricität ein Ausgleich, ein Verschwinden von Elektricität statt und die Ausscheidung im atomistischen Zustand ist ermöglicht. Die Arbeit des elektrischen Stromes besteht also in der Anziehung und Entladung der Ionen, nicht aber in der Zersetzung der gelösten Produkte.

Was von dem Kation gesagt ist, gilt auch natürlich in gleicher Weise vom Anion.

Die elektrolytische Dissociation ist für jeden Stoff bei bestimmter Koncentration eine ganz bestimmte. Da könnte man den Einwand machen, dass in einer Kupfersulfatlösung z. B., in welcher $^1/_3$ in Cu- und SO_4-Ionen gespalten, $^2/_3$ aber als unzersetztes Salz vorhanden ist, nachdem der dritte Theil des Kupfers ausgeschieden ist, die Elektrolyse zum Stillstand kommen müsste, da keine Kupferionen mehr vorhanden seien. Das Experiment zeigt, dass alles Kupfer durch den Strom zur Ausscheidung gebracht wird. Diese Erscheinung erklärt sich durch das Massenwirkungsgesetz. Nach demselben bleibt bei bestimmter Koncentration das Produkt der Ionenkoncentrationen konstant, d. h. sind Kupferionen durch metallische Abscheidung aus der Lösung verschwunden, so dissociirt sich das vorhandene unzersetzte Salz und liefert neue Kupferionen; diese Neubildung dauert so lange, bis alles Kupfersulfat in Ionen gespalten und alle Kupferionen durch atomistische Fällung verschwunden sind. Wie das Kupfersulfat verhalten sich in dieser Beziehung alle Säuren, Basen und Salze und zwar in gleicher Weise die Kationen wie die Anionen.

Das Faraday'sche Gesetz.

Das nach seinem Entdecker genannte Gesetz, welches allen elektrolytischen Erscheinungen zu Grunde liegt, sagt zweierlei aus:

1. Die während gleicher Zeiträume an den Elektroden abgeschiedenen Mengen der Ionen sind der Stromintensität direkt proportional.

2. Gleiche Elektricitätsmengen scheiden die Ionen im Verhältnisse ihrer chemischen Aequivalentgewichte ab.

Die erste Gesetzmässigkeit lässt sich leicht dadurch nachweisen, dass man z. B. eine Kupfersulfatlösung 10 Minuten lang mit einem Strom von bestimmter Stärke elektrolysirt, das ausgeschiedene Kupfer bestimmt und nun in einer zweiten Operation wieder während 10 Minuten einen doppelt so starken Strom durch die Lösung sendet. Das Gewicht des abgeschiedenen Kupfers ist nun doppelt so gross, wie das bei dem ersten Versuch niedergeschlagene.

Das zweite, kurz das Faraday'sche benannte Gesetz wird in der Weise experimentell bestätigt, dass man durch eine Reihe von Metallsalzlösungen gleichzeitig den gleichen Strom hindurchschickt und die ausgeschiedenen Metallmengen wägt. Man findet dann, dass die Gewichte im Verhältnisse der chemischen Aequivalentgewichte stehen. Silbernitrat-, Kupferchlorid- und Eisenchloridlösung, durch denselben Strom zersetzt, geben demnach Metallniederschläge, deren Gewichte sich wie

$$108 : 63/2 : 55{,}9/3$$

verhalten. Das Verhältnis ist bei Anwendung von Silbernitrat-, Kupferchlorür- und Eisenchlorürlösung natürlich

$$108 : 63 : 55{,}9/2,$$

so dass stets das von der Werthigkeit des Metalls in der angewandten Verbindung gekennzeichnete Aequivalentgewicht zur Geltung kommt. Was der bequemeren experimentellen Ausführung halber für Metalle, für die Kationen, ausgeführt ist, gilt in gleicher Weise für die Anionen.

Das Faraday'sche Gesetz, im Lichte der Ionentheorie betrachtet, giebt eine Reihe neuer Folgerungen. Es sagt aus, dass durch gleiche Ströme stets gleiche Mengen einwerthiger, die Hälfte zweiwerthiger, ein Drittel dreiwerthiger Ionen zur Abscheidung gebracht wird. Nun besteht diese Abscheidung in einer Entladung der elektrisch geladenen Ionen. Daraus folgt also, dass gleiche Mengen einwerthiger Ionen Träger gleicher elektrischer Ladungen sind, dass dieselbe Menge zweiwerthiger Ionen die doppelte, dieselbe Menge dreiwerthiger Ionen die dreifache Ladung besitzt. Mithin tragen alle einwerthigen Ionen unabhängig von ihrer chemischen Natur gleich grosse Elektricitätsmengen, alle zweiwerthigen die doppelte Menge u. s. w. Die Grösse dieser Ladung ist beträchtlich. Der Versuch hat nämlich erwiesen, dass durch Einwirkung von 96500 Coulomb auf einen Elektrolyten, die Ionen, unabhängig von ihrer chemischen Beschaffenheit, stets die durch ihre Valenz ausgedrückte Anzahl Gramme in den atomistischen Zustand übertreten lassen, dass, wie man es ausdrückt, durch 96500 Coulomb stets ein Grammäquivalent Ionen entladen, oder besser an den Elektroden neutralisirt wird. Zu dieser Neutralisation müssen die Ionen die gleich grosse, aber entgegengesetzte Elektricitätsmenge tragen, wie die durch die Stromquelle den Elektroden zugeführte, d. h. ein Grammäquivalent Ionen ist Träger von 96500 Coulomb. Diese von Helmholtz gegebene Anschauung gipfelt in dem Satze, dass jeder Valenzwerth eines elementaren oder zusammengesetzten Ions mit der nämlichen Menge positiver oder negativer Elektricität geladen ist, welche gleichsam wie ein elektrisches Atom sich nicht weiter theilen lässt.

Das Ohm'sche Gesetz.

Wie der gesammten Elektricitätsleitung in Metallen, so liegt auch den Erscheinungen bei der Elektrolyse das Ohm'sche Gesetz zu Grunde

$$I = \frac{E}{W}, \quad E = I . W.$$

Die Intensität des Stromes ist gleich dem Quotient aus elektromotorischer Kraft und Widerstand bei Wahl passender Einheiten. Als Einheit der Intensität dient das Ampère, d. h. diejenige Stromstärke, durch welche in der Sekunde 0,328 mg Kupfer ausgeschieden wird. Die Widerstandseinheit ist der Widerstand, welchen eine Quecksilbersäule von 106,3 cm Länge und 1 qmm Querschnitt bei 0^0 besitzt und wird „ein Ohm“ genannt. Die Einheit der elektromotorischen Kraft ist das „Volt“, welches durch die Gleichung definirt ist:

$$1 \text{ Ampère} \times 1 \text{ Ohm} = 1 \text{ Volt},$$

$$\text{Ampère} = \frac{\text{Volt}}{\text{Ohm}}.$$

Eine elektromotorische Kraft von einem Volt liefert also bei einem Ohm Widerstand einen Strom von einem Ampère Intensität.

Jede Stromquelle liefert eine bestimmte elektromotorische Kraft, sie besitzt eine bestimmte Spannung. Werden die beiden Pole der Stromquelle in leitende Verbindung gebracht, dann findet längs dieser Verbindung ein „Spannungsabfall“ statt, welcher proportional ihrem Widerstande ist. Befindet sich in dem gebildeten Stromkreis eine elektrolytische Lösung, in welche zwei Elektroden tauchen, so herrscht zwischen den Elektroden in der Zelle eine Spannung, die man als „Elektrodenspannung“ bezeichnet und die für die Elektrolyse von maassgebender Bedeutung ist. Denn sie stellt diejenige elektromotorische Kraft dar, welche in der Zelle selbst zur Wirkung kommt. Jede der drei im Ohm'schen Gesetze erwähnten Grössen ist für die quantitative Elektrolyse von Bedeutung; ihrer Besprechung wollen wir uns zunächst zuwenden.

Die Bedeutung der Spannung.

Da die quantitative Elektrolyse sich vornehmlich mit der Bestimmung von Metallen beschäftigt, so möge, was allgemein gilt, in Bezug auf Metallsalzlösungen auseinandergesetzt werden. Nach der heute geltenden Theorie kommt eine elektromotorische Kraft auf folgende Weise zu Stande. Die in einer Lösung vorhandenen Ionen haben das Bestreben, in den atomistischen Zustand überzugehen, sich zu entladen; man kann diese Tendenz als einen von der Lösung aus auf ein Stück in die Flüssigkeit tauchendes Metall, an dem die Entladung stattfinden soll, gerichteten Druck auffassen, welchen man als den osmotischen Druck der Ionen bezeichnet. Gleichzeitig schreibt man den Metallatomen und den ausgeschiedenen Atomen einen entgegengesetzten, also von Metall in die Lösung gerichteten Druck zu, welchen man den elektrolytischen Lösungsdruck nennt. Derselbe bewirkt den Uebergang vom atomistischen Zustand in den Ionenzustand. Da die Ionen Träger elektrischer Ladungen sind, so ist es klar, dass die Bethätigung dieser stets gleichzeitig auftretenden Druckkräfte mit der Erzeugung von Elektricität verknüpft ist, und die Erfahrung hat gelehrt, dass man die elektromotorische Kraft zwischen Flüssigkeit und Metall als Funktion nur dieser beiden Druckkräfte betrachten kann. Osmotischer Druck und elektrolytischer Lösungsdruck erzeugen nun Ströme in entgegengesetzter Richtung. Während der osmotische Druck z. B. die positiv geladenen Metallionen der Salzlösung zur Abgabe ihrer positiven Ladung an das eingetauchte Metall nöthigt und dieses positiv ladet, entsendet der elektrolytische Lösungsdruck aus dem elektrisch neutralen Metall positive Ionen in die Lösung und lässt natürlich auf dem Metall selbst den gleichen Betrag negativer Elektricität zurück. Ueberträgt man diese Anschauungen auf eine vom

Strom durchflossene Metallsalzlösung, in welche zwei Platinelektroden tauchen, so erhält man folgendes Bild. Zwischen den Elektroden herrscht eine bestimmte elektromotorische Kraft, durch welche am negativen Pol Metall, am positiven im Allgemeinen Sauerstoff ausgeschieden wird. Sobald aber Metall und Sauerstoff in den atomistischen Zustand übergetreten sind, kommt der elektrolytische Lösungsdruck zur Geltung, welcher sie wieder in den Ionenzustand zurückzutreiben sucht und daher eine der ursprünglich angewandten elektromotorischen Kraft entgegengesetzt gerichtete erzeugt. Der durch die letztere gebildete Strom, welcher in manchen Fällen eine höhere Spannung als der Primärstrom besitzen kann, heisst der Polarisationsstrom.

Bei allen zwischen unangreifbaren Elektroden, wie Platin (um solche handelt es sich vornehmlich bei der quantitativen Elektrolyse) muss demnach Polarisation eintreten. Es ergeben sich direkt aus diesen Ueberlegungen Forderungen für die Wahl der Spannung bei der Elektrolyse. Dieselbe muss immer grösser sein als die des entstehenden Polarisationsstromes. Denn im entgegengesetzten Falle würde nach Einleitung der Zersetzung der Polarisationsstrom dieselbe wieder rückgängig machen und einen elektrolytischen Effekt überhaupt verhindern.

In nahem Zusammenhang mit der Erscheinung der Polarisation steht die für die quantitative Elektrolyse oft maassgebende der Zersetzungsspannung. Die Thatsache, welche mit dem Zustandekommen des Polarisationsstromes zusammenhängt, dass zur dauernden elektrolytischen Zersetzung einer Lösung eine bestimmte Minimalspannung erforderlich ist, hat Le Blanc auf das Studium der Zersetzungswerthe geleitet. Als die letzteren bezeichnet man diejenigen elektromotorischen Kräfte, bei welchen gerade der Strom die Zelle passiren kann. Bezeichnet man mit E die elektromotorische Kraft, mit I und W Intensität und Widerstand, mit P schliesslich die Polarisation, so ist

$$E = I . W + P.$$

E muss dieser Gleichung genügen, ohne dass I = 0 wird; dann erst kann der Strom dauernd die Lösung zersetzen. Für $^1/_1$ n-Lösungen fand Le Blanc folgende Zersetzungswerthe:

$Zn SO_4$	= 2,35 Volt	$Cd (NO_3)_2$	= 1,98 Volt
$Zn Br_2$	= 1,80 -	$Cd SO_4$	= 2,03 -
$Ni SO_4$	= 2,09 -	$Cd Cl_2$	= 1,88 -
$Ni Cl_2$	= 1,85 -	$Co SO_4$	= 1,92 -
$Pb (NO_3)_2$	= 1,52 -	$Co Cl_2$	= 1,78 -
$Ag NO_3$	= 0,70 -		

Säuren.

Schwefelsäure	= 1,67 Volt	Brenztraubensäure	= 1,57 Volt
Salpetersäure	= 1,69 -	Trichloressigsäure	= 1,51 -
Phosphorsäure	= 1,70 -	Salzsäure	= 1,31 -
Monochloressigsäure	= 1,72 -	Stickstoffwasserstoffsäure	= 1,29 -
Dichloressigsäure	= 1,66 -	Oxalsäure	= 0,95 -
Malonsäure	= 1,69 -	Bromwasserstoffsäure	= 0,94 -
Ueberchlorsäure	= 1,65 -	Jodwasserstoffsäure	= 0,52 -
Rechtsweinsäure	= 1,62 -		

Basen.

Natronlauge	= 1,69 Volt	$^1/_4$ n-Methylamin	= 1,75 Volt
Kalilauge	= 1,67 -	$^1/_2$ n-Diäthylamin	= 1,68 -
Ammoniak	= 1,74 -	$^1/_8$ n-Tetramethylammoniumhydrat	= 1,74 -

Erdalkali- und Alkali-Sulfate oder -Nitrate zeigen annähernd den gleichen Zersetzungspunkt, rund 2,20 Volt. In zweierlei Richtung sind diese Zersetzungswerthe von maassgebender Bedeutung. Erstens geben sie die zur Ausfällung eines Metalles nöthige Minimalspannung an, dann aber wesentlich ermöglichen sie die quantitative Trennung mittelst Variation in der Spannung.

Während z. B. Zink aus einer $ZnSO_4$-Lösung $^1/_1$ n erst bei 2,35 Volt ausfällt, zersetzt sich die $^1/_1$ n Silbernitratlösung bereits bei 0,70 Volt. Es gelingt also bei einer unterhalb 2,35 Volt liegenden Spannung, das Silber quantitativ auszufällen, während das Zink in der Lösung bleibt. Nach der Abscheidung des Silbers kann man die elektromotorische Kraft über 2,35 Volt erhöhen und nun das Zink metallisch fällen.

Der erste, welcher auf die Bedeutung der Spannung behufs elektrolytischer Trennungen aufmerksam gemacht hat, war der leider zu früh verstorbene Kiliani. Unter Benutzung der Studien Le Blanc's hat später Freudenberg in Ostwald's Laboratorium die einschlägigen Verhältnisse genau untersucht. Die einzelnen Angaben werden im speciellen Theile bei den einzelnen Metallbestimmungen und Trennungen angegeben werden.

Die Bedeutung der Strom-Intensität.

Ermöglicht die Wahl der Spannung die elektrolytische Ausscheidung eines Metalles überhaupt, so ist die Natur des entstehenden Niederschlages hauptsächlich abhängig von der Intensität des die Zelle durchfliessenden Stromes. Das erhellt aus dem Faraday'schen Gesetze. Die Anzahl der Ionen, welche an den Elektroden unter Entladung atomistisch sich abscheiden, ist für die Zeiteinheit nur von der Stromstärke abhängig. Ein doppelt so starker Strom schlägt, unabhängig von der angewandten Spannung, stets die doppelte Menge eines Metalles in gleichen Zeiten nieder. Die Intensität regelt demnach die Anzahl Ionen, welche sich innerhalb einer bestimmten Zeit entladen, und dadurch die Schnelligkeit der Lagerung auf den Elektroden. Für die Art der letzteren ist aber ein zweiter Faktor von wesentlicher Bedeutung, nämlich die Grösse und Form der Elektroden. Denn von diesen hängt es ab, wie die durch eine bestimmte

Intensität ausgeschiedene Metallmenge sich ablagert. Ist z. B. die Elektrodenfläche klein, die Stromstärke gross, so werden die einzelnen Metallatome sich übereinander in schneller Folge lagern; dann aber kann der Niederschlag an den Elektroden nicht festhaften, sondern blättert ab. Für die quantitative Elektrolyse und die Wägung des Metalles ist aber natürlich das feste Haften des Niederschlages an den Elektroden Voraussetzung. Umgekehrt wird, wenn bei kleiner Intensität der Abscheidung eine sehr grosse Oberfläche geboten ist, unmöglich eine zusammenhängende Metallschicht durch den Strom entstehen können, sondern das Metall wird in einzelnen Flecken die Elektrodenfläche bedecken. Auch diese Form der Ausscheidung ist für die quantitative Bestimmung unbrauchbar. Dazu bedarf es eines gleichmässigen, festhaftenden Ueberzuges auf der Elektrode.

Die Bedeutung der Intensität liegt also wesentlich in ihrem Verhältniss zu der Elektrodenoberfläche; man nennt dasselbe die „Stromdichte" und definirt als Einheit derselben die Intensität von einem Ampère auf 100 qcm Elektrodenfläche. Die Stromdichte wird daher stets als die Intensität in Bezug auf 100 qcm Oberfläche angegeben und durch das Zeichen ND_{100} (normale Dichte für 100 qcm) ausgedrückt. Besitzt z. B. die Elektrodenoberfläche 250 qcm, während 3 Ampère die Zelle durchströmen, so nimmt man bei gleichmässiger Vertheilung der elektrischen Stromlinien an, dass die 3 Amp. gleichmässig auf die 250 qcm vertheilt sind, dass mithin auf 100 qcm $\frac{3}{2,5}$ Ampère sich geltend machen. Es ist demnach

$$ND_{100} = 1,2 \text{ Ampère}.$$

Während die Stromintensität in einem Stromkreise allenthalben dieselbe ist, besitzt die Stromdichte für Kathode und Anode nur dann gleiche Werthe, wenn die Elektroden genau dieselben Dimensionen haben. Bei der Metallausscheidung genügt oft die Angabe der Stromdichte nur an der Kathode, während z. B. die Halogenabscheidung die Kenntniss der Stromdichte an der Anode verlangt. Die Intensität spielt demnach in der Form der Stromdichte eine maassgebende Rolle bei der Elektrolyse.

Bedeutung des Widerstandes.

Die dritte Grösse des Ohm'schen Gesetzes, der Widerstand, tritt hauptsächlich bei der Frage nach dem geeigneten Lösungs- oder Zusatzmittel zu Tage. Es ist klar, dass bei der Wahl einer bestimmten Spannung, welche zu jeder Elektrolyse innerhalb gewisser Grenzen erforderlich ist, die Schnelligkeit der Operation von dem Widerstand der Lösung abhängig ist. Denn durch diesen wird nach der Gleichung $I = \frac{E}{W}$ die Stromstärke bestimmt. Es ist deshalb nothwendig, das Leitvermögen der Flüssigkeit möglichst gut zu gestalten. Dazu bedient man sich, da es sich ausschliesslich um wässrige Lösungen handelt, gewisser Zusatzmittel, deren Natur von dem chemischen Verhalten des gelösten Metalles in maassgebender Weise bedingt ist. Bei einigen Fällungen sind Säuren, bei anderen Alkalien, bei dritten Salze angebracht. Die Erfahrung muss hier die entscheidende Rolle übernehmen. Eine Grundbedingung für das Zusatzmittel lässt sich aber aussprechen, unabhängig von den chemischen Eigenschaften des zu fällenden Metalles. Es muss ein guter Leiter des Stromes sein und darf keine unlöslichen oder die Analyse beeinträchtigenden Zersetzungsprodukte liefern. Geeignet sind daher die Alkalien und Säuren, welche sich an den Elektroden nach ihrer Zersetzung wieder regeneriren, und die organischen Säuren, deren Zersetzungsprodukte gasförmig entweichen. Der letztere Umstand, abgesehen von dem grossen Lösungsvermögen, hat der Oxalsäure für Metalle, besonders in der Form der Doppelsalze, die grosse Bedeutung für die Elektrolyse verschafft.

Die Theorie der elektrolytischen Fällung.

Nach Klarstellung der Ionentheorie und der Bedeutung der elektrischen Grössen gestaltet sich das Bild der quantitativen Elektrolyse folgendermaassen. Man kann die quantitative Bestimmung in zwei Klassen sondern, je nachdem es sich um die Ermittlung eines Kations (Metalle) oder Anions (Halogene und Metallsuperoxyde) handelt.

Die erste ist ohne weiteres verständlich. Die Metallionen wandern in der Richtung des positiven Stromes zur Kathode, entladen sich und scheiden sich in Form eines glatten Metallüberzuges an der Elektrode ab.

Ebenso gestaltet sich die Ausscheidung der Halogene; da dieselben aber zum Theil gasförmig und flüssig sind und ihre direkte Wägung nicht angängig ist, so benutzt man, statt wie bei den Metallen unangreifbare Platinelektroden, hier Silberelektroden, welche sich mit den gerade entladenen Halogenatomen zu, fest an der Elektrode haftendem, Halogensilber verbinden, so dass auch hier die Gewichtszunahme direkt die Menge des abgeschiedenen Halogens angiebt. Etwas komplicirter gestaltet sich der Vorgang bei der Abscheidung von Metallsuperoxyden, als welche hier nur Blei- und Mangansuperoxyd in Frage kommen. Während man früher die Bildung des PbO_2 und MnO_2 auf einen Oxydationsvorgang durch elektrolytisch entwickelten Sauerstoff zurückführte, haben die Untersuchungen von Liebenow[1]) und Löb[2]) es wahrscheinlich gemacht, dass in der Lösung selbst bereits Bleisuperoxydionen und analog auch Mangansuperoxydionen vorhanden sind. Da die Superoxyde sich

[1]) Ztschr. f. Elektrochemie 1895/96 S. 420, S. 653.

[2]) Ztschr. f. Elektrochemie 1895/96 S. 495, 1896/97 S. 100.

in stark salpetersaurer Lösung ausscheiden, so muss man annehmen, dass durch die oxydirende Kraft dieser Säure sich Sauerstoffionen in der Lösung befinden, welche mit den Blei- resp. Manganionen zu Superoxydionen sich vereinigen. Da in den Superoxyden der zweiwerthigen Metalle durch die letzteren zwei positive Ladungen mit den vier negativen Ladungen zweier Sauerstoffionen verbunden sind, so besitzt das resultirende Superoxydion zwei negative Ladungen und wirkt daher wie ein zweiwerthiges Anion. Es schlägt sich an der positiven Elektrode wie ein Metall in glattem, festhaftendem Ueberzug nieder. Auf die Einzelheiten der Reaktionen wird im speciellen Theil verwiesen werden.

Aus dem Gesagten ergiebt sich die Nothwendigkeit bestimmter Angaben bei der Ausführung der Elektroanalysen, damit durch Festlegen aller wichtigen Momente ein jeder in den Stand gesetzt wird, die Versuche genau zu wiederholen. Da eine Widerstandsbestimmung der Zellflüssigkeit aus dem Rahmen des analytischen Arbeitens herausfällt, so muss statt dessen, genau Volumen und Zusammensetzung der Flüssigkeit, sowie Grösse und Form der Elektroden angegeben werden. Ferner die Elektrodenspannung, die direkt am Ampèremeter abgelesene Intensität und die Umrechnung derselben auf normale Stromdichte für diejenige Elektrode, an welcher die quantitative Abscheidung stattfindet. Alle elektrischen Verhältnisse der Lösung werden durch die Temperatur beeinflusst, so dass deren genaue Kenntniss unumgänglich erforderlich ist. Hat man ferner Dauer der Elektrolyse, Form der Stromquelle bezeichnet, so sind sämmtliche nothwendigen und ausreichenden Daten gegeben, dass jeder die Analyse unter genau den gleichen Bedingungen wiederholen kann.

Die Bestimmung der Stromgrössen.

1. Die Messung der Stromintensität.

Zur Messung der Stromstärke bedient man sich entweder der chemischen oder der elektromagnetischen Wirkung des Stromes. Die ersteren führten zu der Konstruktion der Knallgas- und Gewichtsvoltameter, deren ersteres das entwickelte Volumen Gas, deren zweites das Gewicht des niedergeschlagenen Metalles als Maass für die Intensität verwerthet.

Das Knallgasvoltameter.

Die Einrichtung desselben ist aus Fig. 1 ersichtlich.

In das mit reiner verdünnter Schwefelsäure von 33 % theilweise gefüllte cylindrische Gefäss *g* sind 2 Platinbleche *p* und p_1*) an den Platindrähten *d* und d_1 eingeschmolzen. Zur Abkühlung der verdünnten Schwefelsäure ist das Gefäss in einen grösseren, mit Wasser gefüllten Cylinder *C* eingesetzt. Die beiden Platindrähte münden in den Polschrauben *s* und s_1, welche mit der Batterie verbunden werden. Das sich entwickelnde Knallgas passirt die Röhre *r*, welche eine kleine Menge Wasser enthält, und gelangt dann in die in $^1/_{10}$ ccm eingetheilte, mit Wasser gefüllte Messröhre *R*. Will man mit dem Voltameter Strommessungen ausführen, so sättigt man zunächst das zum Absperren des Gases dienende Wasser mit Knallgas und beobachtet alsdann mit Hülfe einer Sekundenuhr die Menge von Knallgas, welche der Strom innerhalb einer Minute oder bei schwächeren Strömen während einer grösseren Zeitdauer erzeugt. Für vergleichende Messungen ist die Reduktion des Gasvolumens auf 0^0 und 760 mm Druck erforderlich.

*) In den früher von mir benutzten Apparaten ist jedes Platinblech 31 mm lang und 13 mm breit, der Abstand der Bleche von einander beträgt 20 mm.

Bedeutet v das beobachtete Volumen des Knallgases, v_1 das auf 0^0 und 760 mm Quecksilber reducirte Volumen, t die beobachtete Temperatur, h den in mm Quecksilber

Fig. 1.

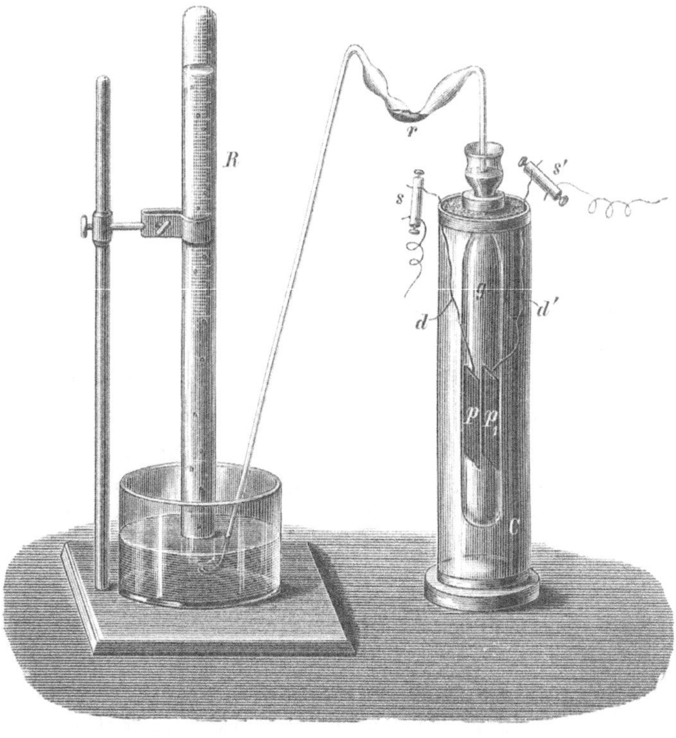

von 0^0 gemessenen Druck, unter welchem das Gas aufgefangen wurde, so ist:

$$v_1 = \frac{v}{1 + 0{,}00367 \cdot t} \cdot \frac{h}{760}.$$

Bezeichnet l die Höhe der Flüssigkeitssäule in mm über die Oberfläche, s die Dichtigkeit der Flüssigkeit, b den Barometerstand, so ist:

$$h = b - l \frac{s}{13,6^{*})}.$$

Das Knallgasvoltameter, welches leider noch häufig angewandt wird, ist für gedachte Zwecke ganz unbrauchbar, weil es u. A. eine bedeutende Spannung für sich verlangt, welche unter Umständen um vieles grösser ist als die des Versuches. Dann sind vergleichende Angaben mit Knallgasvoltametern nur bei vollkommener Kongruenz der Apparate möglich, wie sie in Wirklichkeit überhaupt sich nicht herstellen lässt.

Das Gewichtsvoltameter.

Ebenso wenig hat das Gewichtsvoltameter, das entweder als Kupfer- oder Silbervoltameter Anwendung, in der Fig. 2 gekennzeichneten Einrichtung findet, sich Eingang in die elektrolytischen Laboratorien verschaffen können.

Fig. 2.

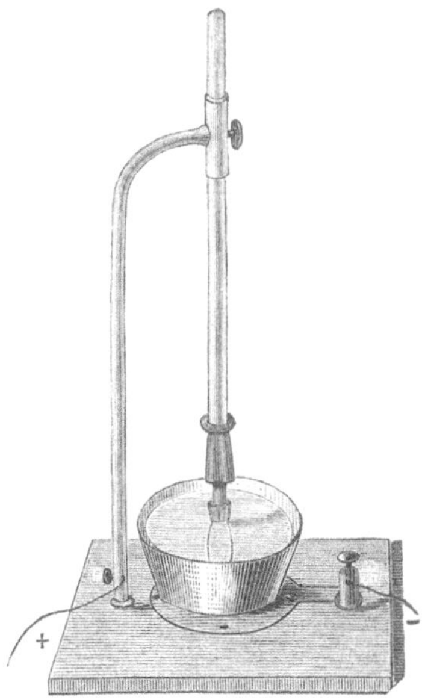

Beide Methoden sind durch die elektromagnetischen Messinstrumente verdrängt worden, welche theils auf der Ablenkung der Magnetnadel durch den Strom basiren, theils die einem weichen Eisenkern inducirten magnetischen Eigenschaften benutzen. Zu den ersteren gehören Sinus-, Tangentenbussole und Galvanometer, zu den zweiten die für die Praxis wichtigsten Instrumente, die Ampèremeter.

*) 13,6 spec. Gew. des Quecksilbers.

Die Tangentenbussole.

Bei der Tangentenbussole (Fig. 3) befindet sich in horizontaler Lage senkrecht zu der Windungsebene eines Kreis-

Fig. 3.

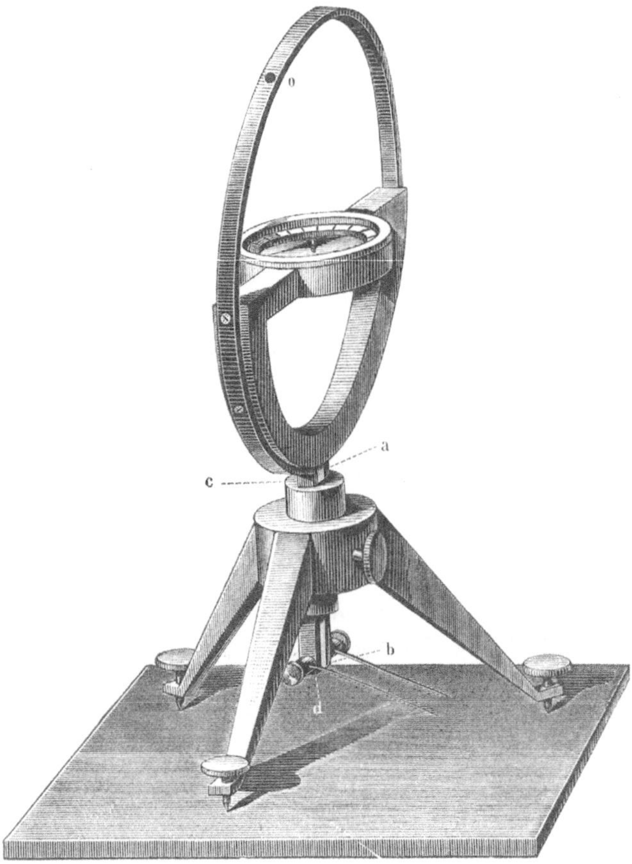

stromes die Schwingungsebene eines kleinen Magneten; die Richtung des letzteren, ebenso wie die Windungsebene des Kreisstromes muss in der Ruhelage durch den magnetischen

Meridian bestimmt sein. Wird aber der Drahtring von einem Strome durchflossen, so erfolgt eine Ablenkung der Nadel, welche von der Stärke des Stromes und der Anzahl der Windungen abhängig ist. Bezeichnet H die Horizontalkomponente des Erdmagnetismus, n die Zahl der im Ringe vorhandenen Drahtwindungen, r den Radius des Ringes und φ den durch den Strom hervorgerufenen Ablenkungswinkel, so ist die Intensität des Stromes I

$$I = \frac{r \,.\, H}{2\,\pi \,.\, n} \operatorname{tg} \varphi.$$

$\frac{r \,.\, H}{2\,\pi\, n}$ ist eine jedem Apparate eigene Konstante, welche durch Einschaltung einer bekannten Stromstärke nach der Gleichung

$$\frac{r \,.\, H}{2\,\pi\, n} = \frac{I}{\operatorname{tg} \varphi} = C$$

leicht zu ermitteln ist. Dann findet man eine zu bestimmende Intensität leicht; sie ist $I = C \,.\, \operatorname{tg} \varphi$.

Die Sinusbussole.

Die Sinusbussole (Fig. 4) unterscheidet sich von der Tangentenbussole dadurch, dass die Ebene der Drahtwindungen nicht im magnetischen Meridian festgestellt wird, sondern der durch den Strom abgelenkten Nadel so lange nachgedreht wird, bis die Richtung der letzteren wieder mit der Ebene des Stromkreises zusammenfällt. Es wird dann der Winkel φ abgelesen, um welchen der Kreisstrom aus seiner ursprünglichen Lage im magnetischen Meridian gedreht ist. Dann ist die Intensität des Stromes

$$I = C \,.\, \sin \varphi,$$

wobei C den konstanten Reduktionsfaktor des Instrumentes bedeutet.

Fig. 4.

Das Galvanometer.

Das Galvanometer, welches zur Ausführung feinster Messungen benutzt wird, beruht gleichfalls auf der Ablenkung der Magnetnadel durch einen Kreisstrom. Jedoch schwebt hier die Nadel an einem feinen Kokonfaden frei zwischen Drahtspulen, welche eine sehr grosse Anzahl von Windungen enthalten. Um den Magneten frei von der Wirkung des Erdmagnetismus zu machen, benutzt man häufig ein sogenanntes „astatisches“ Nadelpaar. Zwei genau gleiche Magnete werden in der Weise starr mit einander verbunden, dass der Nordpol des einen über dem Südpol des anderen und umgekehrt sich befindet, so dass die Einflüsse des Erdmagnetismus auf die beiden Nadeln sich aufheben. Die

Fig. 5.

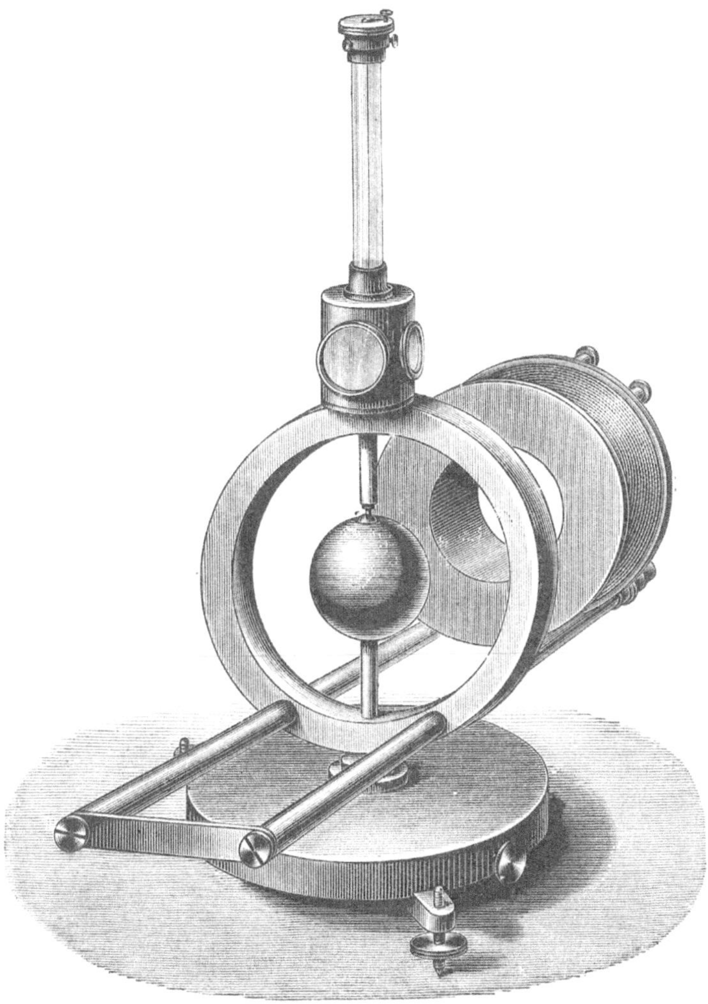

Ablesung des Ablenkungswinkels geschieht durch Fernrohr und einen mit der Nadel gleichzeitig schwingenden Spiegel, während die Skala, fest am Fernrohr befestigt, die entsprechenden Theilstriche im Spiegel anzeigt. Fig. 5 und 6 zeigen zwei gebräuchliche Galvanometer.

Die Wirkung des einem weichen Eisenkern inducirten

Fig. 6.

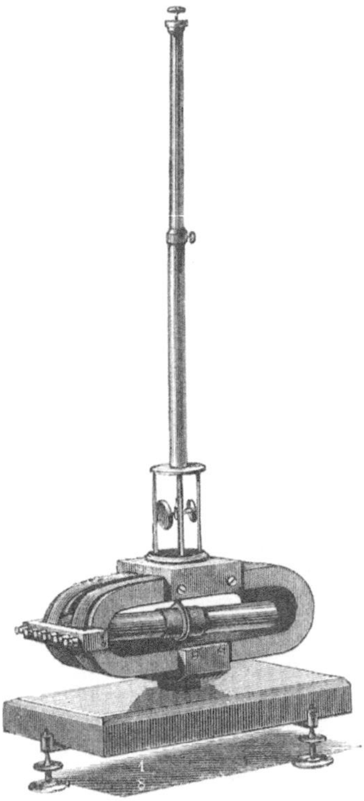

Fig. 7.

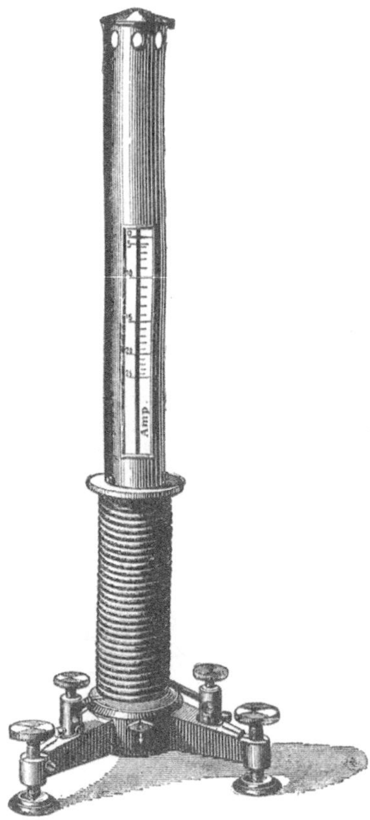

Magnetismus benutzen die für die Elektrolyse brauchbarsten Instrumente, das Kohlrausch'sche Federgalvanometer und das Ampèremeter.

Das Federgalvanometer.

Dieser Apparat von Kohlrausch (Fig. 7) trägt in einem senkrechten Solenoid an einer Zugfeder einen Hohlcylinder von Eisenblech. Bei Durchgang des Stromes wird der letztere in das Solenoid hinabgezogen, bis die Spannung der Zugfeder der anziehenden Kraft des Solenoides das Gleichgewicht hält. An der Feder ist ein kleiner Zeiger befestigt, welcher auf einer Skala einspielt, die durch empirische Aichung die Stromstärke direkt in Ampère anzeigt.

Das Ampèremeter.

Bei dem Ampèremeter liegt das Solenoid gewöhnlich horizontal und trägt excentrisch ein gebogenes dünnes Eisen-

Fig. 8.

blech, welches mit einem langen Zeiger versehen ist, der wie bei dem obigen Instrument auf einer Skala einspielt. Die Empfindlichkeit dieser Instrumente ist bei geeigneter Arbeit eine ausserordentlich grosse (Fig. 8).

2. Bestimmung der Spannung.

Für die Messung der Spannung ist eine ganze Anzahl Apparate im Gebrauch, deren Anwendung sich nach der Feinheit der auszuführenden Messung richtet. Für die Elektrolyse kommen da zwei Apparate in Betracht, das Voltmeter und das Torsionsgalvanometer, während für die exakte Bestimmung von Potentialdifferenzen und hauptsächlich geringer, das Lippmann'sche Kapillarelektrometer und das Quadrantenelektrometer, neuerdings in der zweckmässigen Form von Nernst, sich eingebürgert haben.

Das Voltmeter.

Da nach dem Ohm'schen Gesetz E = I . W ist, kann jede Spannungsmessung auf eine Intensitätsmessung zurückgeführt werden, wenn der Widerstand W konstant bleibt. Das wird in dem Voltmeter, welches die äussere Form eines Ampèremeters hat, dadurch erreicht, dass man dem Solenoid einen sehr grossen Widerstand, z. B. 1000 Ohm giebt. Hierdurch wird bezweckt, dass man den Widerstand der Zuleitungsdrähte vernachlässigen kann und der Spannungsabfall sich praktisch ganz auf die Drahtwindungen des Solenoides beschränkt. Ferner bedeutet die Einschaltung eines Voltmeters stets die Anlage eines Nebenschlusses. Ist in diesem Nebenschluss der Widerstand gering, dann geht ein grosser Theil des Stromes durch ihn hindurch und bewirkt eine Spannungserniedrigung in der zu messenden Zelle und zeigt daher zu niedrige Werthe der Spannung an. Ist aber der Widerstand des Voltmeters sehr gross, so geht der Strom mit nahezu unveränderter Spannung hauptsächlich durch die Zelle und nur zu verschwindendem Theile durch den Apparat. Die Skala ist mit Berücksichtigung des Widerstandes so eingerichtet, dass die Amp.

direkt in Volt umgerechnet sind nach der für das erwähnte Solenoid geltenden Gleichung

$$E = 1000\,I.$$

Eine ausgezeichnete Form des Apparates ist das Voltmeter von Wheston. Dasselbe giebt Werthe bis zu $^1/_{10}$ Volt genau an und lässt noch die $^1/_{100}$ Volt schätzen. Ein unterhalb der Skala angebrachter Spiegel, längs dessen der Zeiger ausschlägt, verhindert beim Ablesen die Parallaxe.

Das Torsionsgalvanometer.

Das Princip dieses Apparates ist ein elektromagnetisches. Ein leichter Glockenmagnet schwebt zwischen zwei parallel stehenden, mit vielen Windungen versehenen Drahtspulen, die so mit einander verbunden sind, dass ein durch beide hindurchfliessender Strom die Magnetnadel in gleichem Sinne abzulenken sucht. Der Magnet, dessen Schwingungen gewöhnlich durch eine Kupferdämpfung gehemmt werden, ist an dem Deckel des Gefässes mittels einer Spiralfeder aus Metall befestigt, welche einen unter dem Deckel des Apparates horizontal schwebenden Zeiger enthält; ein zweiter Zeiger steht direkt mit dem Magneten in Verbindung.

Die Anwendung des Apparates ist folgende. Man stellt zuerst durch Drehung des Kastens die Nadel so in den magnetischen Meridian ein, dass beide Zeiger den Nullpunkt der auf dem Glasdeckel angebrachten Skala einnehmen und überzeugt sich, dass der Magnet vollständig frei schwebt, was nur durch genaue Horizontalstellung mittels der Fussschrauben zu erreichen ist. Verbindet man die beiden Klemmen des Torsionsgalvanometer mit der Stromquelle oder der auf Spannung zu untersuchenden Zelle, so wird der Magnet aus seiner Ruhelage abgelenkt und es ist eine bestimmte Drehung des an der Spiralfeder befestigten Zeigers nothwendig, um den starr mit dem Magneten verbundenen Zeiger auf den Theilstrich Null der Skala zurückzubringen und hierdurch dem Magneten selbst die ursprüngliche Lage wieder zu geben. Hierbei nimmt der

Fig. 9.

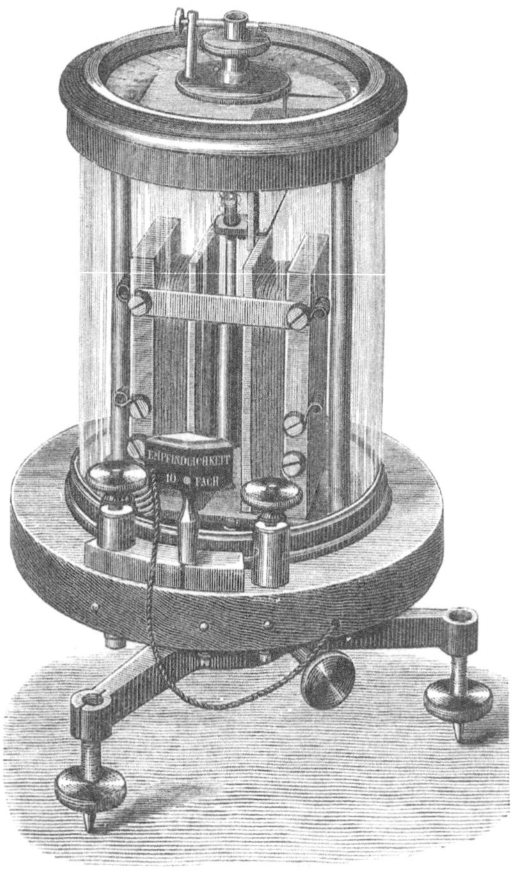

Zeiger der Spiralfeder einen bestimmten Theilstrich der Skala ein, und diese Aichung ist empirisch so festgelegt, dass durch die Stellung des Zeigers direkt die Spannung in $\frac{1}{100}$ Volt gegeben wird. Durch Einschalten von Widerständen kann man die Empfindlichkeit so abschwächen, dass die Theilung Zehntel oder ganze Volt abzulesen gestattet. Fig. 9 zeigt ein Torsionsgalvanometer in der von Siemens & Halske gelieferten Form.

Das Princip des Instrumentes ist das gleiche wie das des Voltmeters. Die Ablenkung der Nadel ist natürlich proportional der Intensität des Stromes. Da aber der Widerstand der Spulwindungen sehr gross ist und konstant bleibt, herrscht hier strenge Proportionalität zwischen Intensität und Spannung, so dass nach der Gleichung $E = k . I$ eine direkte Ablesung in Volt ermöglicht ist.

Das Lippmann'sche Kapillarelektrometer.

Dieses Instrument findet hauptsächlich Anwendung bei der Messung elektromotorischer Kräfte nach der Poggendorff'schen Kompensationsmethode, zweckmässig in der von Ostwald vorgeschriebenen Anordnung.

Danach wird eine bekannte elektromotorische Kraft gegen die zu messende geschaltet und die erstere durch Aenderung des Widerstandes um bestimmte Grössen so lange modificirt, bis die beiden gegen einander gerichteten Kräfte gleich sind und sich aufheben. Zur Ausführung wird ein Element mit bekannter Potentialdifferenz mit einem Widerstandskasten, der z. B. 1000 Ohm enthält, so verbunden, dass der ganze Spannungsabfall längs der 1000 Ohm stattfindet. Je 10 Ohm des Widerstandes besitzen nun eine Klemme, welche die Einschaltung eines Drahtes gestattet. Beträgt die elektromotorische Kraft z. B. 1 Volt, so vertheilt sich dieselbe auf den Widerstand in der Weise, dass die 1000 Ohm einen Spannungsabfall von 1 Volt, je 100 Ohm einen solchen von 0,1 Volt, je 10 Ohm einen solchen von 0,01 Volt bedeuten. Die zu messende elektromotorische Kraft wird nun der bekannten entgegengesetzt geschaltet, mit zwei Klemmen des Widerstandes verbunden, und der zwischen ihnen liegende Widerstand so lange regulirt, bis die beiden elektromotorischen Kräfte einander gleich sind und sich kompensiren. Liegt zwischen den Klemmen z. B. ein Widerstand von 100 Ohm, so besitzt die zu bestimmende elektromotorische Kraft 0,1 Volt, für 110 Ohm wäre dieselbe 0,11 Volt, für 120 Ohm 0,12 Volt u. s. w.

Um nun zu erkennen, wann die zu messende und die entgegengesetzt geschaltete elektromotorische Kraft gleich

Fig. 10.

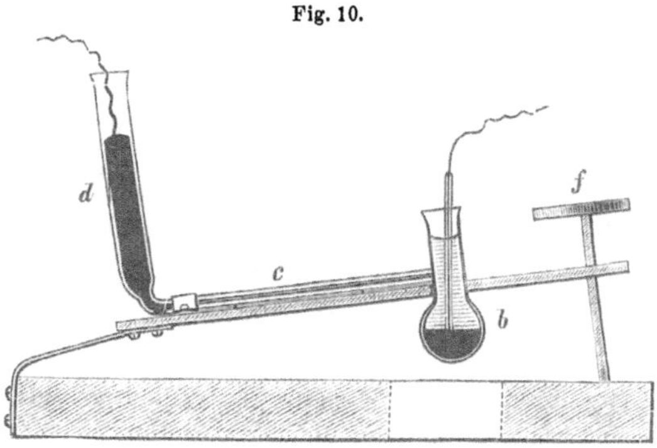

sind, bedient man sich eines Lippmann'schen Elektrometers in der von Ostwald[1]) gegebenen Form (Fig. 10):

„Von einer isolirten Klemmschraube führt ein Platindraht, der zum Theil mit Glas bekleidet ist, zum Quecksilber in *b*; über dem Quecksilber steht 10 % Schwefelsäure, die auch einen Theil des Kapillarrohres *c* einnimmt, dessen anderer Theil, sowie ein Theil der Röhre *d* wiederum von Quecksilber ausgefüllt wird. Letzteres steht dann weiter mit einer zweiten Klemmschraube in Verbindung. Durch die Schraube *f* kann die Quecksilbersäule in der Kapillare *c*

---

[1]) Ztschr. f. phys. Chem. 1890, S. 471.

bewegt werden. Erforderniss für den Gebrauch des Elektrometers ist, dass dasselbe, bevor eine Messung vorgenommen wird, in sich geschlossen ist. Deswegen war das Elektrometer mit dem Stromunterbrecher derart verbunden, dass bei Oeffnung des Stromes das Elektrometer in sich geschlossen, bei Schliessung „dieser Schluss in sich" aufgehoben und das Elektrometer in den Stromkreis eingeschaltet wurde. Gemessen wurde nun in der Art, dass so viel Widerstand eingeschaltet wurde, bis der Quecksilberfaden sich in Ruhe befand. Tausendstel Volt konnte man noch schätzen; einem Hundertstel Volt entsprach ein Ausschlag von $3^1/_2$ Skalentheilen. Ueber dem Quecksilbermeniscus wird eine Lupe gemacht, um genauere Ablesungen machen zu können."

Das Lippmann'sche Kapillarelektrometer, auf dessen Theorie an dieser Stelle nicht eingegangen werden kann, beruht auf der Eigenthümlichkeit des Quecksilbers, dass die Oberflächenspannung desselben im neutralen Zustand ihren Maximalwerth erreicht. Sind also die beiden einander entgegengesetzt geschalteten elektromotorischen Kräfte gleich, so ist das Quecksilber elektrisch neutral und kehrt wieder in die ursprüngliche Ruhelage zurück.

Das Quadrantenelektrometer.

Das Quadrantenelektrometer, welches in den verschiedensten Formen von W. Thomson konstruirt wurde und vielfach zur Messung statischer Potentiale verwandt wird, besitzt folgende principielle Einrichtung. Auf vier isolirenden Glasträgern ruhen vier gesonderte Sektoren einer flachen, cylindrischen Dose aus Metall. Jeder solcher Sektoren heisst ein Quadrant. Je zwei sich gegenüberliegende Quadranten stehen in metallischer Verbindung. Innerhalb des durch die vier Quadranten gebildeten Hohlraumes schwebt an einem feinen Draht, der zur Ablesung gleichzeitig einen Spiegel trägt, die sogenannte Nadel, eine dünne, horizontale Platte aus Aluminium, von der aus ein Draht in ein unterhalb der Quadranten stehendes Gefäss mit koncentrirter Schwefelsäure führt.

Fig. 11.

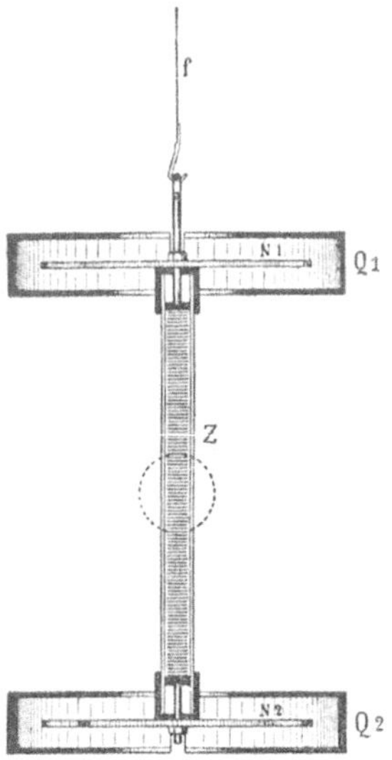

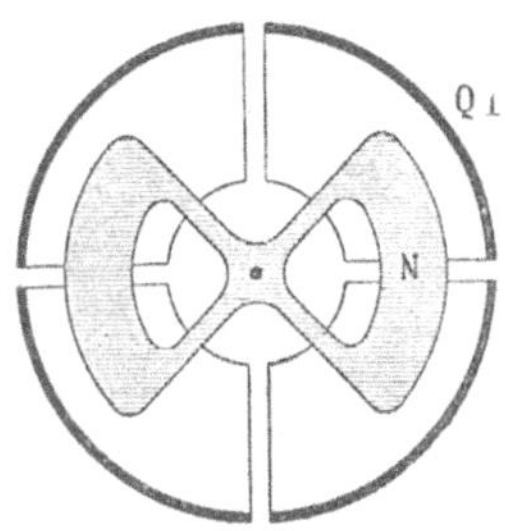

Fig. 12.

Bei dem Gebrauch wird die Aluminiumnadel durch Verbindung des in die Schwefelsäure tauchenden Drahtes mit einer Elektricitätsquelle auf ein ziemlich hohes Potential geladen, gewöhnlich mit Hülfe einer Leydener Flasche. Sodann wird ein Quadrantenpaar zur Erde abgeleitet, eines mit der zu messenden elektromotorischen Kraft verbunden. Solange die Quadranten gleiches Potential haben, bleibt die Aluminiumnadel in Ruhe; die Verschiedenheit des Potentiales der Erde von der untersuchten wird durch den mit Spiegel und Skala abgelesenen Ausschlag der Nadel gemessen.

Nernst und Dolezalek[1]) haben diesem Apparat eine einfachere und genauere Anwendungsweise ermöglicht dadurch, dass sie die stets vor der Benutzung zu ladende Aluminiumnadel durch eine senkrecht hängende, kleine Zamboni'sche Säule mit einer Spannung von ca. 1400 Volt ersetzten (Fig. 11 u. 12).

---

[1]) Ztschr. f. Elektrochemie 1896/97, S. 1.

Ein kleines Zamboni'sches Säulchen Z ist an einem Quarzfaden f aufgehängt und trägt an seinen Polen die Elektrometernadeln N_1 und N_2, welche in den über einander angeordneten Quadrantenschachteln Q_1 und Q_2 schweben.

Die Messung einer Potentialdifferenz kann nach Aichung des Apparates mit einer Normalspannung entweder durch direkten Ausschlag oder nach der Kompensationsmethode gemessen werden.

Die Stromquellen.

Man unterscheidet zwei Arten von Stromquellen, welche für die Elektrolyse in Betracht kommen, die chemische und physikalische Stromerzeugung. Die erste Klasse wird durch die galvanischen Elemente repräsentirt, die wieder in Primär- und Sekundärelemente zerfallen, je nachdem man die bei einer chemischen Reaktion sofort auftretende Potentialdifferenz zur Stromentnahme benutzt, oder den Polarisationsstrom verwerthet (Akkumulatoren). Die zweite Klasse bilden die elektromagnetischen Maschinen und die Thermoelemente. Die wichtigsten Apparate sollen im Folgenden kurz beschrieben werden.

1. Galvanische Primärelemente.

Element von Leclanché.

Dasselbe bildet ein Element mit einer Flüssigkeit: Chlorammoniumlösung, welche den negativen Pol, Zink, umgiebt. Das Element wird vielfach in der nebenstehenden Form, Fig. 13, angewendet. In dem viereckigen Glase mit runder Ausbiegung steht ein poröser Thoncylinder, aus welchem ein Kohlenstab K herausragt, der mit grob gepulvertem Braunstein oder einem Gemenge desselben mit grob ge-

Fig. 13.

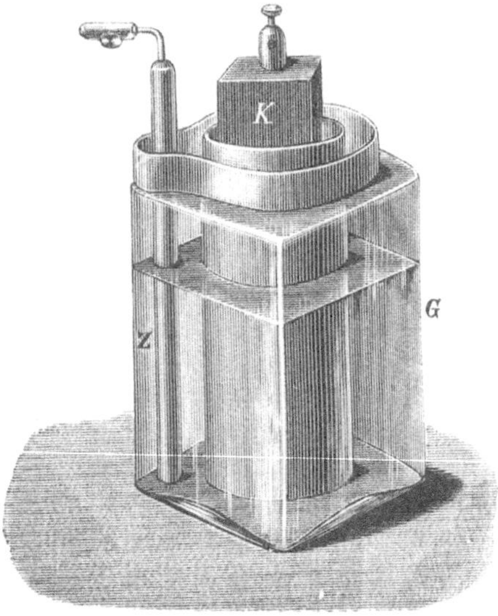

Fig. 14.

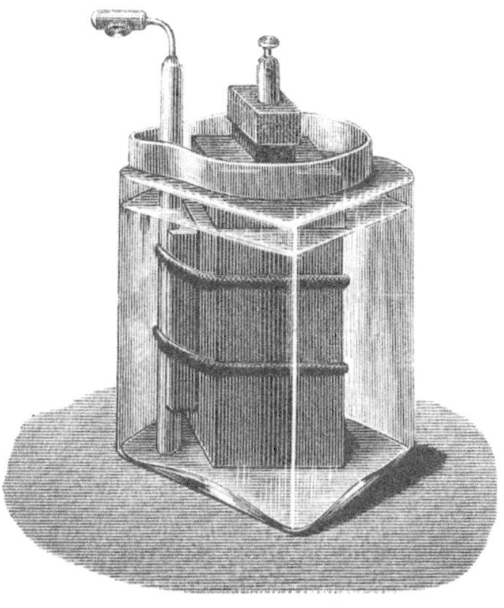

pulverter Retortenkohle umgeben ist. Im äusseren Glase steht ein amalgamirter Zinkstab Z.

Kohlen- und Zinkstab, beide mit Klemmschrauben versehen, sind von einer koncentrirten Lösung von Salmiak umgeben. Statt des Braunsteinpulvers wendet Leclanché auch gepresste Cylinder, bestehend aus 40 Theilen Braunstein, 55 Theilen Gaskohle und 5 Theilen Schellack an, welche, um die Leitungsfähigkeit zu erhöhen, noch einen Zusatz von einigen Procenten Kaliumsulfat erhalten. Fig. 14 zeigt die Anordnung des Elementes. Seine elektromotorische Kraft ist 1,48 Volt.

Element von Meidinger.

Im Gegensatz zum Leclanché'schen Elemente enthält das Meidinger'sche zwei Flüssigkeiten: Magnesium- und Kupfersulfatlösung. Das Element ist folgendermaassen konstruirt. In dem Glasgefässe G, Fig. 15, steht auf dem Boden ein kleineres Glas g und in diesem ein Kupfercylinder K, an welchem ein isolirter Kupferdraht D befestigt ist.

Fig. 15.

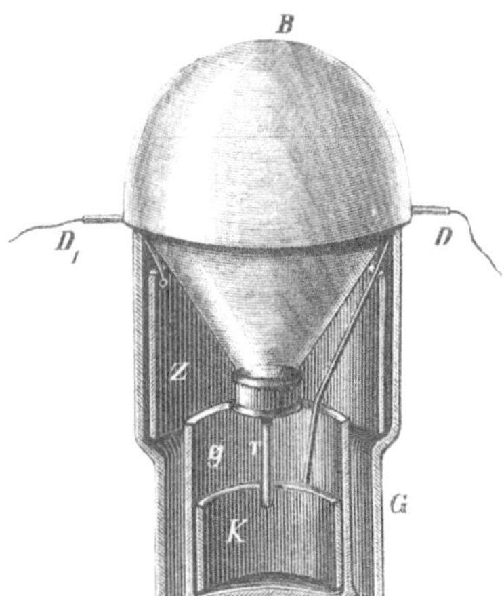

Ein zweiter, aus Zink gefertigter Cylinder Z, an welchem ebenfalls ein nach oben herausragender Draht D_1 befestigt ist, ist im oberen Theile des Glases G eingesetzt. Der mit Kupfervitriolkrystallen gefüllte Glasballon B schliesst das Element. Man füllt das Element zu etwa $^3/_4$ des Raumes mit einer Lösung von 1 Theil krystallisirtem Magnesiumsulfat in 7 Theilen Wasser und den Kupfervitriol enthaltenden Ballon mit Wasser. Letzterer wird mit einem Pfropfen, in welchen ein Glasrohr *r* eingesetzt ist, geschlossen und, wie die Abbildung zeigt, in das Element eingesetzt. Elektromotorische Kraft ca. 1 Volt.

Element von Daniell.

In einen Glascylinder, Fig. 16, ist ein poröser Thoncylinder *T* und in diesen ein gegossener Zinkcylinder

Fig. 16.

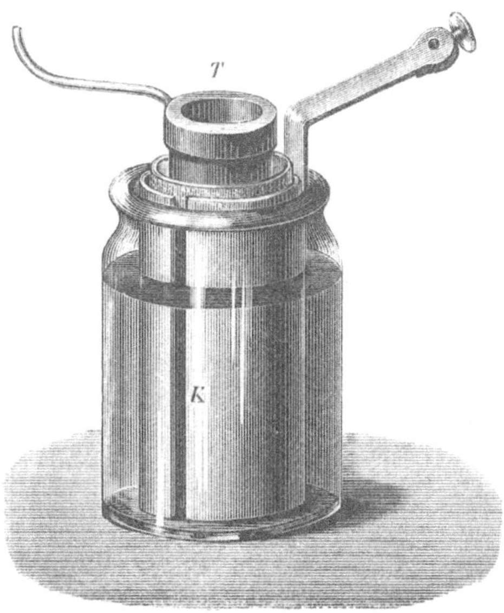

Fig. 17.

(negativer Pol), Fig. 17, eingesetzt. Der Thoncylinder ist von einem aus Kupferblech gefertigten Cylinder *K* (positiver Pol) umgeben.

Der amalgamirte Zinkcylinder[1]) steht in verdünnter Schwefelsäure (1 : 20), der Kupfercylinder in Kupfervitriollösung; die Schwefelsäure kann auch durch Zinkvitriollösung ersetzt werden. Das Element besitzt eine elektromotorische Kraft von 1,079 Volt.

Fig. 18.

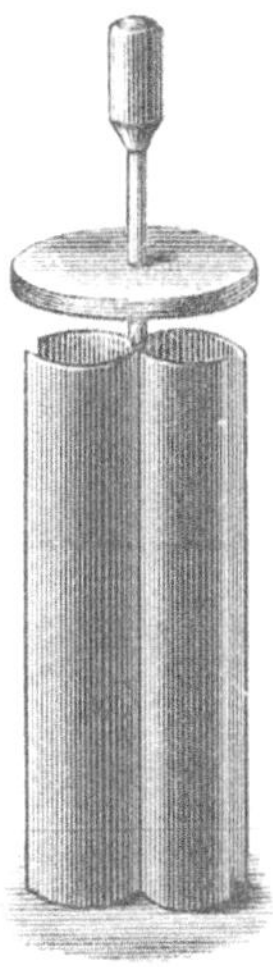

Fig. 19.

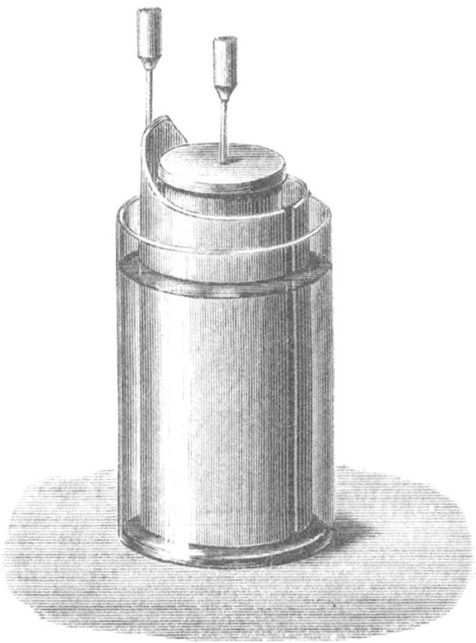

Element von Grove.

Als positiver Pol dient ein Platinblech von der in Fig. 18 abgebildeten Form, welches in einen mit Salpetersäure gefüllten Thoncylinder eingesenkt wird, als negativer Pol ein in einem mit verdünnter Schwefelsäure (1 : 20) gefüllten

[1]) Die Amalgamirung des Zinks vollzieht sich leicht, wenn man den Cylinder in Quecksilber eintaucht, nachdem man vorher auf letzteres eine geringe Menge von Chlorwasserstoffsäure aufgegossen hat. Den amalgamirten Cylinder stellt man in ein Gefäss mit Wasser, damit das überflüssige Quecksilber abtropft und die Salzsäure entfernt wird.

Glasgefässe stehender, amalgamirter Zinkcylinder. Fig. 19 zeigt die Anordnung des Elementes. Elektromotorische Kraft 1,81 Volt.

Element von Bunsen.

Beim Bunsen'schen Element ist das Platin durch ein aus Retortenkohle hergestelltes Kohlenprisma, Fig. 20, ersetzt, welches in einem mit Salpetersäure gefüllten Thoncylinder

Fig. 20.

Fig. 21.

Fig. 22.

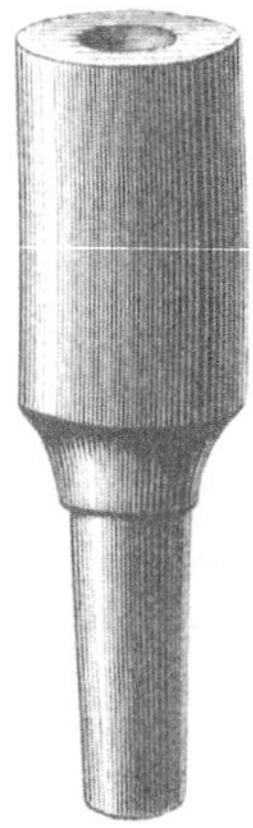

steht. Als negative Elektrode dient, wie beim Grove'schen Element, ein amalgamirter Zinkcylinder, welcher in ein mit verdünnter Schwefelsäure (1 : 20) gefülltes Glasgefäss eingesetzt wird. Um die Verbindung des Kohlenprismas mit einer Metallfassung zu bewirken, benutzt man vielfach die in Fig. 21 abgebildete Klemmschraube. Die Anwendung einer solchen Verbindung hat indess den Nachtheil, dass durch Einwirkung der Zersetzungsprodukte der Salpetersäure die Schraube bald oxydirt und hierdurch der Kontakt unterbrochen wird. Zweckmässiger ist es daher, in die Kohle eine Metallhülse, Fig. 22, einzulassen, deren Stift mit einem Platinblech dicht umgeben ist.

Fig. 23 stellt das Bunsen'sche Element in der am meisten verbreiteten Form dar. Elektromotorische Kraft 1,80 Volt.

Fig. 23.

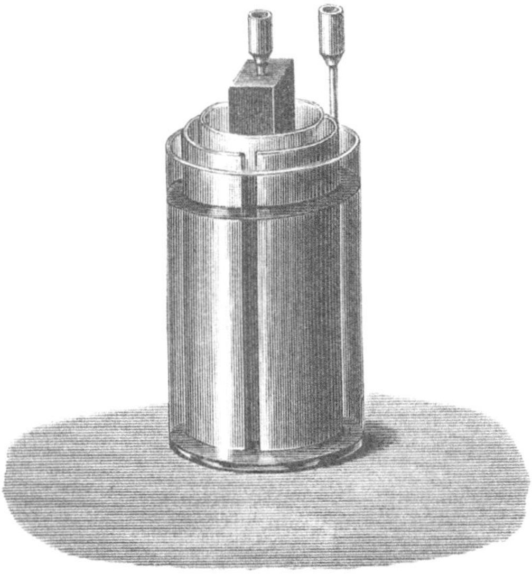

Das Cupronelement.

Eine Kupferoxydplatte und eine Zinkplatte tauchen in eine wässrige Natriumhydratlösung in der in Fig. 24 gezeichneten Form. Bei der Stromentnahme gehen folgende Reaktionen vor sich:

I. $Zn + 2\,NaOH = Zn(OH)_2 + 2\,Na.$

II. $CuO + 2\,H = Cu + H_2O.$

Sobald demnach alles Kupferoxyd reducirt oder alles Zink gelöst ist, versagt die Stromquelle. Bei der von Umbreit und Matthes (Leipzig) in den Handel gebrachten Form der Kupferoxydplatte genügt nach der Reduktion ein 15stündiges Aufbewahren an einem warmen Orte, um die Oxydschicht zu regeneriren. Die elektromotorische Kraft des Elementes beträgt bei einem inneren Widerstande von 0,05 Ohm circa 0,8 Volt.

Fig. 24.

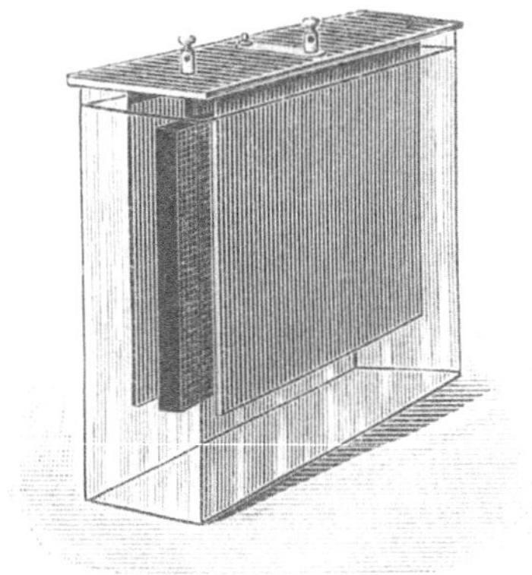

Die galvanischen Sekundärelemente.

(Akkumulatoren.)

Während die bisher beschriebenen Primärelemente alle elektrische Energie durch chemische Reaktionen liefern, welche einen allmählichen Verbrauch der die Elemente bildenden Bestandtheile bedingen, besteht das Typische der Akkumulatoren oder Sekundärelemente darin, durch Einleiten eines elektrischen Stromes in einen Zustand überzugehen, welcher sie befähigt, einen Polarisationsstrom zu liefern, unter gleichzeitiger Wiederherstellung des ursprünglichen Zustandes. Solche Elemente bezeichnet man als umkehrbare Elemente. Akkumulatoren sind daher Apparate, welche abwechselnd chemische Energie in aufbewahrbare elektrische und elektrische Energie in aufbewahrbare chemische Energie umwandeln[1]. Ihre principielle Einrichtung

[1] Elbs. Die Akkumulatoren 1896.

beruht auf dem Verhalten von Bleiplatten in verdünnter Schwefelsäure bei Durchgang des Stromes. Denken wir uns zwei solcher Platten, eine als Kathode, eine als Anode in verdünnte Schwefelsäure getaucht, so bemerkt man bei Stromschluss, dass die positive Elektrode sich mit einer braunen Schicht Bleisuperoxyd überzieht, während auf der negativen Elektrode sich schwammiges Blei abscheidet. Diese Erscheinung beruht darauf, dass in erster Linie an beiden Polen sich eine gesättigte Lösung von Bleisulfat bildet, an der Kathode entladen sich die Bleiionen als schwammiges Blei, an die Anode gelangen Blei- und Sauerstoffionen als Bleisuperoxydionen, die sich abscheiden. Unterbricht man den Primärstrom und „entladet" den Polarisationsstrom durch Verbindung der beiden Bleiplatten, so ist der Vorgang nun folgender. An der negativen Polplatte löst die Schwefelsäure das schwammige Blei zu Bleisulfat; die hierdurch verfügbar werdenden Wasserstoffionen wandern mit ihrer positiven Ladung zur Anode und reduciren das dort vorhandene Bleisuperoxyd zu Bleioxyd, welches mit Schwefelsäure wieder zu Bleisulfat zusammentritt. Sobald alles schwammige Blei gelöst und alles Bleisuperoxyd reducirt ist, hört der Polarisationsstrom wieder auf, der Akkumulator ist entladen und der Anfangszustand wiederhergestellt. Durch einen erneuten Primärstrom (Ladestrom) kann nun der Akkumulator wieder in brauchbaren Zustand versetzt werden.

Die Einrichtung der Akkumulatoren bezweckt eine möglichst lange Dauer des Polarisationsstromes bei möglichst geringem Widerstande des Elementes. Die elektromotorische Kraft von Blei gegen Bleisuperoxyd in verdünnter Schwefelsäure beträgt rund 2 Volt. Um die zweckmässigste Konstruktion zu erlangen, verbindet man eine Anzahl paralleler Blechplatten metallisch und hängt sie als Kathoden in den für die Schwefelsäure bestimmten Trog.

Ebenso wird die gleiche Anzahl paralleler Anodenplatten eingehängt und zwar so, dass je eine Kathodenplatte sich zwischen zwei Anodenplatten und umgekehrt je eine Anoden-

Fig. 25.

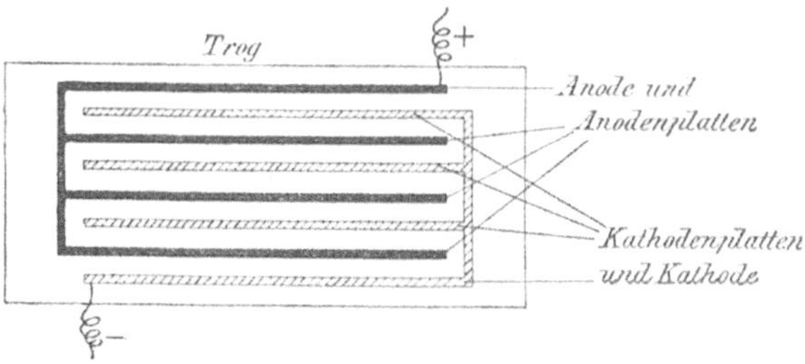

platte sich zwischen zwei Kathodenplatten befindet. (Fig. 25, Ansicht von oben.)

Die Dauer des Entladungsstromes ist ausser von der grossen Oberfläche noch von der Art des schwammigen Bleis

Fig. 26.

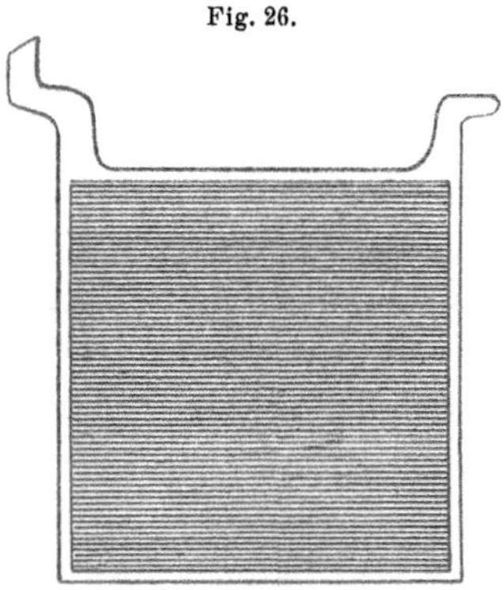

Fig. 27.

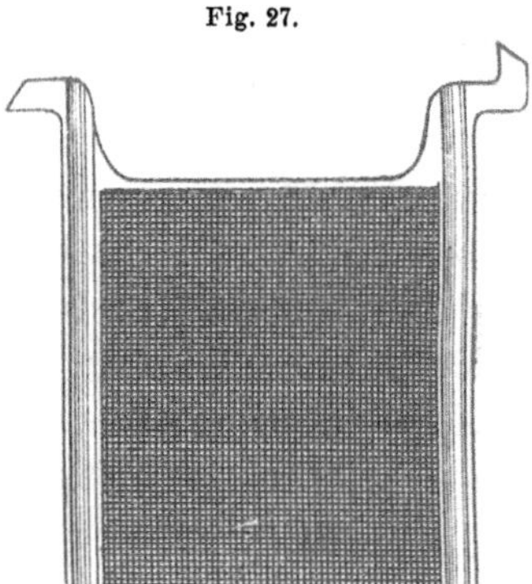

und des Superoxydes abhängig. Um allen Ansprüchen zu genügen, bringt man in einer Reihe von Processen (Formirung etc.), auf die hier nicht eingegangen werden kann, die sogenannte aktive Masse auf ein festes Bleigitter. Fig. 26 zeigt eine negative, Fig. 27 eine positive Platte, während

Fig. 28 einen Akkumulator in häufig angewandter Form wiedergiebt.

Die ersten Versuche mit Akkumulatoren behufs Anwendung zur quantitativen Analyse wurden im Aachener Laboratorium, speciell mit den von den Professoren Farbaky und Scheneck*) in Schemnitz (Ungarn) konstruirten Apparaten angestellt. Die genannten Herren hatten die Freundlichkeit, mir zwei Akkumulatoren zur Verfügung zu

Fig. 28.

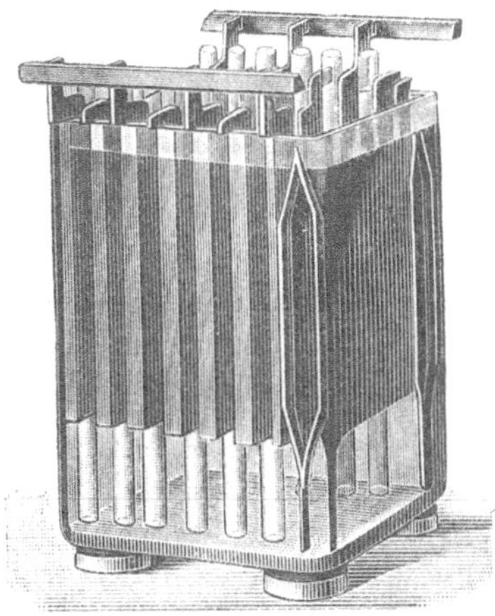

stellen, und führte ich die ersten Versuche im Jahre 1888, gemeinschaftlich mit dem im hiesigen Laboratorium beschäftigt gewesenen Studirenden, Herrn R. Schelle, z. Z. Professor an der Schemnitzer Kgl. Bergakademie, aus. Die betreffenden Akkumulatoren enthalten 6 negative und 5 positive, 6 mm dicke Elektroden-Bleiplatten. Das Gesammtgewicht der Elektroden beträgt 15,5 kg, das Volumen der

*) Vergleiche: Ueber die elektrischen Akkumulatoren von Farbaky und Scheneck. (Dingler polyt. Journ. 257, 357); ferner Bericht über die Akkumulatoren von Farbaky und Scheneck von A. v. Waltenhofen. Zeitschr. f. Elektrotechnik 1886.

33procentigen Schwefelsäure 3,5 l und das Totalgewicht eines Akkumulators 35 kg. Die wirksame Fläche der Elektroden ist 3133 qcm, in Folge dessen ist der innere Widerstand sehr klein und schwankt zwischen 0,0166 bis 0,017 Ohm. Die Akkumulatoren können mit 20 bis 25 Ampères geladen werden und geben beim Entladen mit 23, 30, 40 und 60 Ampères = 150, 148, 140 und 125 Stunden-Ampères, ohne dass die Polspannung um mehr als 10 % abnimmt. Entladet man mit schwächeren Strömen, oder ist die geringe Abnahme der Spannung, wie beispielsweise bei elektrolytischen Analysen, nicht so maassgebend wie bei der Beleuchtung; so kann ein Akkumulator über 250 Stunden-Ampères abgeben.

Zwei solcher Akkumulatoren wurden mit einem Strome von 20 bis 25 Ampères durch eine Dynamomaschine vollkommen geladen, bis deutliche Knallgasentwickelung eintrat. Zur Kontrolle des zur Ladung dienenden Stromes wurde ein Kohlrausch'sches Federgalvanometer (Konstruktion von Hartmann & Braun in Bockenheim-Frankfurt a. M.), dessen Skala von 0—60 Ampère getheilt ist, eingeschaltet. Den zu den Versuchen den Akkumulatoren entnommenen Strom zeigte ein zweites Kohlrausch'sches Ampèremeter (von 0—15 Ampère getheilt) an.

Im geladenen Zustande zeigte das Siemens'sche Torsionsgalvanometer für je einen Akkumulator eine Spannung von 2,05 Volt.

Mit Hülfe dieser beiden geladenen Akkumulatoren wurden nun je 4 bis 8 Analysen gleichzeitig ausgeführt, in der Art, dass die Akkumulatoren Tag und Nacht unausgesetzt in Thätigkeit waren, abgesehen von der kurzen Unterbrechung, welche das Auswechseln der Platinschalen verlangte.

Erster Tag.

Spannung 2,55 Volt.

Bestimmung von Kupfer aus salpetersaurer Lösung.

Angewendet $CuSO_4\ 5H_2O$	Gefunden Cu
4,0140 g	1,0170 g = 25,33 %
4,1376 -	1,0180 - = 25,33 -
2,2340 -	0,5661 - = 25,34 -
2,3575 -	0,5978 - = 25,35 -

Zinn aus saurem oxalsaurem Ammoniumdoppelsalz [1]).

Angewendet $SnCl_4\ 2NH_4Cl$	Gefunden Sn
1,8450 g	0,5964 g = 32,33 %
2,0210 -	0,6548 - = 32,39 -

Antimon aus der Lösung in Schwefelnatrium [2]).

Angewendet Sb_2S_3	Gefunden Sb
0,2404 g	0,1720 g = 71,50 %
0,2551 -	0,1827 - = 71,60 -

Zweiter Tag.

Spannung 1,95 Volt.

2,0490 g	$NiSO_4 + (NH_4)_2SO_4\ 6H_2O$	gaben	0,3053 g	Nickel	= 14,90 %	[3])
2,0180 g	- - -	-	0,300 -	-	= 14,91 -	
2,340 -	$CoSO_4 + K_2SO_4\ 6H_2O$	-	0,3440 -	Kobalt	= 14,70 -	[4])
2,1200 -	- -	-	0,3120 -	-	= 14,71 -	
1,8920 -	$FeSO_4 + (NH_4)_2SO_4\ 6H_2O$	-	0,2697 -	Eisen	= 14,25 -	[5])
2,1240 -	- -	-	0,3027 -	-	= 14,25 -	
1,0 -	$CuSO_4\ 5H_2O$	-	0,2533 -	Kupfer	= 25,33 -	[6])
1,0 -	-	-	0,2533 -	-	= 25,33 -	
1,0 -	-	-	0,2534 -	-	= 25,34 -	
1,0 -	-	-	0,2537 -	-	= 25,37 -	
1,9210 -	$SnCl_4 + 2NH_4Cl$	-	0,6219 -	Zinn	= 32,37 -	[7])
2,1320 -	- -	-	0,6900 -	-	= 32,36 -	

[1]) Methode von A. Classen, siehe Zinn.

[2]) Methode von A. Classen, siehe Antimon.

[3]) Methode von A. Classen, siehe Nickel.

[4]) Methode von A. Classen, siehe Kobalt.

[5]) Methode von A. Classen, siehe Eisen.

[6]) Aus der Lösung des sauren oxalsauren Doppelsalzes, Methode von A. Classen.

[7]) Aus saurem oxalsaurem Ammoniumdoppelsalz.

Dritter Tag.

Spannung 1,95 Volt.

6 Analysen zu gleicher Zeit.

1,005 g	$CuSO_4\,5\,H_2O$	gaben	0,2550 g Cu	= 25,37 %
1,0170 -	- -	-	0,2580 - -	= 25,36 -
1,0006 -	- -	-	0,2539 - -	= 25,37 -
1,0013 -	- -	-	0,2540 - -	= 25,37 -
1,5680 -	$SnCl_4 + 2\,NH_4Cl$	-	0,5070 - Sn	= 32,34 -
2,4520 -	- -	-	0,7946 - -	= 32,40 -

Vierter Tag.

Spannung 1,95 Volt.

1,0 g	$CuSO_4\,5H_2O$	gaben	0,2532 g Cu	= 25,32 %
1,0 -	- -	-	0,2535 - -	= 25,35 -
1,0 -	- -	-	0,2532 - -	= 25,32 -
1,0 -	- -	-	0,2536 - -	= 25,36 -
1,0 -	- -	-	0,2535 - -	= 25,35 -
1,0 -	- -	-	0,2538 - -	= 25,38 -
1,0 -	- -	-	0,2539 - -	= 25,39 -
1,0 -	- -	-	0,2537 - -	= 25,37 -
2,20 -	$NiSO_4 + (NH_4)_2SO_4\,6\,H_2O$	-	0,3277 - Ni	= 14,89 -
2,45 -	- -	-	0,3650 - -	= 14,89 -
2,1340 g	$CoSO_4 + K_2SO_4\,6\,H_2O$	-	0,3148 - Co	= 14,75 -
2,4350 -	- -	-	0,3587 - -	= 14,73 -

Fünfter Tag.

Spannung 1,95 Volt.

1,0 g	$CuSO_4\,5\,H_2O$	gaben	0,2537 g Cu	= 25,37 %
1,0	- - -	-	0,2537 - -	= 25,37 -
2,4120 -	$FeSO_4 + (NH_4)_2SO_4\,6\,H_2O$	-	0,3438 - Fe	= 14,25 -
2,2130 -	- - -	-	0,3156 - -	= 14,26 -

Sechster Tag.

Spannung 1,92 Volt.

8 Kupferbestimmungen zu gleicher Zeit.

1,0 g	$CuSO_4\,5\,H_2O$	gaben	0,2533 g Cu	= 25,33 %
1,0 -	- -	-	0,2534 - -	= 25,34 -
1,0 -	- -	-	0,2536 - -	= 25,36 -
1,0 -	- -	-	0,2533 - -	= 25,33 -
1,0 -	- -	-	0,2537 - -	= 25,37 -
1,0 -	- -	-	0,2534 - -	= 25,34 -
1,0 -	- -	-	0,2536 - -	= 25,36 -
1,0 -	- -	-	0,2535 - -	= 25,35 -

In sechs Tagen demnach 50 Analysen. Da am sechsten Tage die Spannung auf 1,85 Volt gesunken war, so wurden die Akkumulatoren mit einem Strom von 10 Ampères vollkommen entladen, wobei noch 54 Stunden-Ampères erhalten wurden. Da die ganze Kapacität eines solchen Akkumulators über 250 Stunden-Ampères beträgt, so kann man mit Sicherheit annehmen, dass mit einer Ladung 60 bis 70 Analysen ausgeführt werden können, eine Annahme, welche durch die langjährige Erfahrung inzwischen bestätigt wurde.

Zur Prüfung, ob die im Gebrauche befindlichen Akkumulatoren noch elektrische Energie aufgespeichert enthalten, misst man die Spannung derselben oder das specifische Gewicht der Schwefelsäure, welches im geladenen Zustande höher ist als im ungeladenen Zustande.

Als besonderer Vorzug der Akkumulatoren muss noch hervorgehoben werden, dass die Schönheit der Metallniederschläge in Folge des sehr konstanten Stromes bei Weitem diejenige übertrifft, welche mit galvanischen Elementen oder direktem Maschinenstrom erzielt werden. Im hiesigen Laboratorium sind seit dem Jahre 1888 8 Stück ununterbrochen und ohne jede Störung im Betrieb. Vier Akkumulatoren sind für das elektrochemische Laboratorium bestimmt und dieselbe Anzahl für mein Privatlaboratorium. Vor einiger Zeit hat F. Rüdorff*) anstatt der „so viel gepriesenen Dynamomaschinen mit und ohne Akkumulatoren**), wie

*) Zeitschr. f. angewandte Chemie 1892, S. 3.

**) Der Vorschlag der Anwendung von Dynamomaschinen und Akkumulatoren rührt von mir her. (Kiliani: Berg- und Hüttenmännische Zeitung, März 1886). Von einer Anpreisung genannter Stromquellen ist mir nichts bekannt, in den bezüglichen Publikationen waren nur die Vorzüge gegenüber Elementen unter Mittheilung der Versuchsergebnisse hervorgehoben. Dynamomaschinen bezw. Akkumulatoren haben auch inzwischen nicht allein Eingang in Unterrichtslaboratorien, sondern auch in den Laboratorien von Fabriken und Hüttenwerken gefunden. (Laboratorium des Züricher Polytechnikums,

Herr Rüdorff sich ausdrückt, die Anwendung von Meidinger'schen Elementen aus dem Grunde vorgeschlagen, weil die Anschaffung von Dynamomaschinen und Akkumulatoren nur solchen Laboratorien möglich sei, welche über reichliche Mittel und über einen Motor verfügen, welcher indess wiederum besonders beaufsichtigt werden müsse. Was die Anwendung von Meidinger'schen Elementen anbelangt, so konstatire ich zunächst, dass ich, wie aus den früheren Auflagen dieses Buches und den Veröffentlichungen in den Berichten der Chem. Gesellschaft ersichtlich ist, Meidinger'sche Elemente zur Bestimmung einer Anzahl von Metallen vorgeschlagen, ferner Angaben über Stromstärke gemacht und aus Meidinger'schen Elementen gebildete Batterien Jahre lang im hiesigen Laboratorium angewendet habe. Diese Elemente genügen auch für die Bestimmung gewisser Metalle und unter der Voraussetzung, dass die Elemente nicht längere Zeit täglich benutzt werden (also für kleine Handelslaboratorien) und es sich nicht darum handelt, eine grössere Anzahl von Analysen zu gleicher Zeit auszuführen. Diese Erfahrung haben auch viele frühere Schüler von mir in der Praxis gemacht, welche mit Meidinger'schen Batterien gearbeitet haben bezw. noch arbeiten. Zu Unterrichtszwecken ist die Anwendung Meidinger'scher Batterien schon deshalb nicht zu empfehlen, weil mit diesen Elementen die quantitative Ausscheidung der Metalle lange Zeit (12 bis 14 Stunden) bean-

---

der techn. Hochschule in München, der Kgl. Bergakademie in Chemnitz in Ungarn, der Universität in Louvain, der Cornell-Universität (Amerika), der École des mines in Madrid, Realschule in Aachen, Laboratorium des Hütten-Aktien-Vereins, Rothe Erde, Laboratorium der Aktien-Gesellschaft Stolberg und Westphalen in Stolberg, Rheinl., Laboratorium der Bleiweissfabrik von Leyendecker in Köln, Laboratorium des Bochumer Vereins für Gussstahlfabrikation in Bochum, Schlagwetter-Laboratorium der Bochumer Bergschule etc. etc.)

spricht und der Schüler die Reaktion nicht verfolgen kann. Aus diesem Grunde empfiehlt es sich für ein Unterrichtslaboratorium auch nicht, Elektrolysen während der Nacht auszuführen, wie dies Hr. Rüdorff vorgeschlagen hat. Wenn auch die Trennung verschiedener Metalle (z. B. Antimon von Zinn und Arsen, Kadmium, Wismuth, Quecksilber von anderen Metallen) mit Meidinger'schen Elementen möglich ist, so ist die Trennung vieler Metalle nicht durchführbar. Thomälen*) hat im hiesigen Laboratorium die Frage nach der Brauchbarkeit der Meidinger-Elemente zu Zwecken der Elektrolyse experimentell zu beantworten unternommen und auf die Unzuverlässigkeit und daher wenig geeignete Benutzung hingewiesen. Da ausserdem, wie später ausführlich erörtert wird, den von Rüdorff mit Meidinger-Elementen ausgearbeiteten Methoden jede kontrollirbare Stromangabe abgeht, so sind dieselben, besonders für Studirende, vollständig zu verwerfen. Die Meidinger-Elemente haben den besonders grossen Uebelstand, in ihrer Stromstärke von den Bedingungen ihrer Zusammensetzung, wie Elektrodenform und Koncentration der Lösungen, in hohem Maasse abzuhängen. Thomälen wirft bei den verschiedenen Leistungen der einzelnen Elemente die Frage auf, ob es möglich sei, aus der Angabe der Zahl der verwandten Meidinger-Elemente überhaupt ein Bild von der benutzten Stromstärke zu erhalten. Nachdem er auf Grund seiner Untersuchungen diese Frage vom wissenschaftlichen Standpunkt verneint hat, fährt er fort:

„Rüdorff macht seine Angaben nur unter der Voraussetzung, dass die Elemente konstant bleiben und unter sich nicht allzusehr differiren. Nun lässt es sich wohl bei vollständig gleichmässiger Zusammensetzung erreichen, dass die

---

*) Chemiker-Ztg. 1894, No. 59 u. 71.

Elemente gleichmässig funktioniren; letzteres muss aber als ausgeschlossen betrachtet werden, wenn die Elemente, von verschiedenen Firmen bezogen, nicht auf die gleiche Art zusammengesetzt sind. Der Widerstand der Elemente hängt wesentlich ab von der Koncentration der Kupfersulfatlösung in der Nähe der positiven Elektrode, und gerade hierbei wurden grosse Verschiedenheiten bei den einzelnen Elementen bemerkt. Der Widerstand der Elemente bedingt aber die Stromstärke.

Als Elektroden wurden benutzt Platinschalen von etwa 175 ccm Inhalt und durchlöcherte Platinscheiben.

Bei den einzelnen Metallen sind in der ersten Spalte angegeben die abgerundeten Mengen Metall, welche ausgewogen wurden, in der zweiten der gefundene Procentgehalt, in der dritten etwaige Reaktionen der abgegossenen Flüssigkeit. Da bei den betreffenden Analysen stets dieselben Salze untersucht wurden, so liefern die Procente, die ermittelt wurden, einen Anhalt, ob eine Methode brauchbar ist, oder nicht.

I. Kupfer (Kupfersulfat). A. Zusatz von Salpetersäure.

1. Bei 6 Elementen war der Niederschlag schwammig; der Grund hierfür liegt in der zu geringen Menge Säure. Setzt man mehrere ccm Salpetersäure zur Lösung, so kann man Ströme von 1—2 Amp. verwenden, ohne einen schwammigen Niederschlag befürchten zu müssen. Bei den von Rüdorff vorgeschriebenen 5 Tropfen Salpetersäure wird aber die immerhin noch geringe Stromdichte, die bei 6 Elementen entsteht, schon zu gross. — Die Abscheidung des Metalles war eine vollständige, selbst in der auf wenige ccm eingeengten Flüssigkeit war keine Blaufärbung durch Ammoniak zu bemerken. Die Methode, das Auswaschen bei nicht unterbrochenem Strom zu umgehen durch Zusatz von essigsaurem Natrium, erweist sich als brauchbar.

0,28 g	25,27 Proc.	kein Kupfer nachweisbar.
0,35 g	25,25 -	

2. Bei zwei Elementen war der Kupferniederschlag metallisch, das Metall wurde aber bei weitem nicht gefällt. Die Stromstärke der von Rüdorff vorgeschriebenen zwei Elemente reicht mithin nicht aus.

0,38 g	24,80 Proc.	intensive Blaufärbung der ganzen Flüssigkeit durch Ammoniak.
0,38 g	24,56 -	intensive Blaufärbung der ganzen Flüssigkeit durch Ammoniak.
0,38 g	25,08 -	brauner Niederschlag durch Schwefelwasserstoff in saurer Lösung.

B. Zusatz von Schwefelsäure.

Auch hier zeigen sich dieselben Erscheinungen, wie bei Zusatz von Salpetersäure.

1. Bei 6 Elementen war der Niederschlag stark schwammig, von brauner Farbe. Die hohen Procente, die gefunden wurden, beweisen, wie wenig Verlass auf schwammige Niederschläge ist. Die Abscheidung des Metalles war eine vollständige.

0,26 g	25,39 Proc.	kein Kupfer nachweisbar.
0,28 g	25,34 -	

2. Bei zwei Elementen war der Niederschlag metallisch, aber auch hier erwiesen sich 2 Elemente als nicht ausreichend. Die Verschiedenheit der Resultate beweist deutlich, wie wesentlich es ist, jedesmal die Stromstärke zu messen.

0,33 g	25,08 Proc.	Niederschlag durch Schwefelwasserstoff. Derselbe wurde aufgelöst und ergab Blaufärbung mit Ammoniak.
0,33 g	25,10 -	
0,30 g	24,73 -	Blaufärbung der ganzen Flüssigkeit durch Ammoniak.

C. Zusatz von Ammoniumnitrat und Ammoniak.

Bei 6 Elementen war der Niederschlag, wenn auch nicht glänzend, so doch auch nicht schwammig. Auf dem rothen Metall zeigten sich überall schwarze Punkte. Trotzdem der Niederschlag nicht schön aussah, muss diese Methode als brauchbar gelten, besonders da sie bei Gegenwart von Chloriden gute Resultate ergab. In der abgegossenen Flüssigkeit waren nur noch geringe Spuren Kupfer nachweisbar.

0,395 g	25,19 Proc.	Braunfärbung durch Schwefelwasserstoff.
0,39 g	25,15 -	

Der zweite Werth ist zu gering. Am Rande der Flüssigkeit hatte sich Kupfersulfat abgeschieden, das dann durch den Strom nicht zersetzt war.

Aehnliche Dinge werden öfter beobachtet; man muss die Möglichkeit haben, derartige Abscheidungen am Morgen wieder aufzulösen und durch starke Ströme schnell zu zersetzen. Dazu reichen aber die Elemente nicht aus.

II. Quecksilber (Quecksilberchlorid).

A. Zusatz von Salpetersäure.

B. Zusatz von Weinsäure und Ammoniak.

C. Zusatz von Salpetersäure, Natriumpyrophosphat, Ammoniak.

Die Methoden liefern selbst bei Anwendung von nur 2 Elementen befriedigende Resultate. Doch kann eine Methode, welche dreierlei Zusätze erfordert, nicht mehr empfehlenswerth genannt werden, wenn einfachere Methoden existiren. Der Zusatz von Natriumpyrophosphat erscheint so wie so bedenklich, da dasselbe störend einwirkt, wenn in der Flüssigkeit noch weitere Metalle bestimmt werden sollen.

A.	0,27 g	73,80 Proc.	kein Quecksilber durch Schwefelammonium nachweisbar.
B.	0,27 g	73,55 -	
C.	0,26 g	73,74 -	

D. Zusatz von Cyankalium.

Die vorgeschriebenen 2 Elemente liefern bei weitem nicht Strom genug, um bei 0,2 g Metall alles Quecksilber zu fällen.

0,20 g	55,76 Proc.	starke Fällung durch Schwefelammonium.
0,23 g	63,52 -	
0,20 g	53,45 -	

III. Silber (Silbernitrat). Zusatz von Cyankalium.

1. Bei 6 Elementen war der Niederschlag schwammig, das eine Mal nur wenig, das andere Mal stärker, so dass das Metall nicht festhaftete. Die Abscheidung des Silbers war eine vollständige. Die Vorschrift, Cyankalium in geringem Ueberschuss zuzusetzen, ist gut, da dann keine Zersetzungsprodukte des Cyankaliums auftreten, welche die Beschaffenheit des Niederschlages beeinflussen können.

0,30 g	63,30 Proc.	kein Silber nachweisbar.
0,26 g	63,32 -	

2. Bei drei Elementen war der Niederschlag tadellos. Der Strom reichte zur Abscheidung aus.

0,28 g	63,20 Proc.	kein Silber nachweisbar.
0,30 g	63,35 -	

IV. Nickel (Nickelammoniumsulfat). Zusatz von Ammoniumsulfat und Ammoniak.

Der Niederschlag war metallisch; in der abgegossenen Flüssigkeit, welche aufs Neue mit starkem Strom elektrolysirt wurde, erfolgte keine weitere Abscheidung von Nickel. Auch durch Schwefelammonium wurde keine Braunfärbung bewirkt. Elektrolysirt wurde mit 4 und mit 6 Elementen.

4	Elemente	0,30 g	14,73 Proc.	kein Nickel nachweisbar.
4	-	0,30 g	14,76 -	
6	-	0,30 g	14,74 -	
6	-	0,30 g	14,71 -	

Die empfohlene Methode, das Nickel unter Zusatz von Natriumpyrophosphat abzuscheiden, wurde aus dem schon früher angegebenen Grunde nicht weiter untersucht.

V. Kobalt (Kobaltkaliumsulfat). Zusatz von Ammoniumsulfat und Ammoniak.

In den Angaben von Rüdorff finden sich keine Vorschriften, wie viel Metall in der Lösung vorhanden sein darf. Da aber das Kobalt „in derselben Weise wie Nickel" bestimmt wird, so sollte man meinen, dass man auch 0,3 g Metall anwenden dürfe. Dazu reichte aber der Strom selbst von 8 Elementen bei weitem nicht aus. Die Flüssigkeit war nach 14 Stunden noch intensiv gefärbt. Das Resultat fiel um über 3 Proc. zu gering aus. Der Niederschlag war metallisch.

0,23 g	11,21 Proc.	starke Fällung durch Schwefelammonium.
0,21 g	10,65 -	

Auch bei nur 0,13 g Metall wurde in der abgegossenen Flüssigkeit durch Akkumulatorenstrom noch 1,3 mg Metall abgeschieden. Dasselbe war zum Theil allerdings Nickel, doch wurde durch Kaliumnitrit auch Kobalt nachgewiesen.

VI. Cadmium (Cadmiumsulfat). Zusatz von Cyankalium.

Selbst bei Anwendung von 6 Elementen wurde das Cadmium nicht vollständig abgeschieden. Die Prüfung der Flüssigkeit auf Cadmium bereitete Schwierigkeiten. Selbst bei Gegenwart von 0,2 g Metall konnte durch Schwefelwasserstoff kein eigentlicher Niederschlag, sondern nur eine Trübung hervorgerufen werden. Erst auf Zusatz von Schwefelsäure erfolgte in diesem Falle starker Niederschlag. Auf der anderen Seite sind Spuren Cadmium nur dann durch Schwefelwasserstoff zu fällen, wenn die Lösung ganz schwach sauer ist. In Folge dessen wurde die abgegossene Flüssigkeit zunächst zur Zerstörung des Cyankaliums mit Schwefelsäure gekocht, dann nahezu neutralisirt und darauf erst Schwefelwasserstoff eingeleitet. Der Niederschlag war metallisch, das heisst, wenn die richtigen Mengen Cyankalium zugesetzt wurden. Die Vorschrift, zur Lösung so viel Cyankalium zuzufügen, bis eine klare Lösung entsteht, ist nicht genau genug. Bei Zusatz von wenig Cyankalium entstand in der Kälte überhaupt keine Fällung, dieselbe musste erst durch Erwärmen hervorrufen werden. Wurde nicht die richtige Menge Cyankalium hinzugesetzt, so schied sich das Metall stark schwammig ab.

0,40 g	43,89 Proc.	gelber Niederschlag durch
0,40 g	43,83 -	Schwefelwasserstoff.

VII. Mangan (Manganammoniumsulfat). Zusatz von Schwefelsäure.

Das Mangansuperoxyd haftete dreimal nicht fest an der Schale, das vierte Mal sprang es im Exsikkator von der Schale ab. Während der Wägung war eine starke Zunahme des Gewichts zu beobachten. Bei der geringen Wichtigkeit, welche die Abscheidung des Mangans bis jetzt für die Praxis hat, da es elektrolytisch von Eisen nicht zu trennen ist, wurden weitere Versuche nicht gemacht.

VIII. Zink (Zinkammoniumsulfat).

1. Zusatz von Natriumacetat und Essigsäure, 5 El.
2. Zusatz von Kaliumoxalat und Kaliumsulfat, 4 El.

Das Zink schied sich nach beiden Methoden schwammig ab, bei der ersten Methode haftete der Niederschlag nicht fest. Die Werthe waren um einige Zehntel Proc. zu hoch. Das eine Mal konnte Zink in der Lösung nachgewiesen werden, das zweite Mal nicht.

1.	0,25 g	16,45 Proc.	weisser Niederschlag durch Schwefelammonium.
2.	0,25 g	16,55 -	keine Fällung durch Schwefelammonium.

IX. Eisen (Eisenchlorid, Ferroammoniumsulfat, Ferrikaliumoxalat). Zusatz von Ammoniumoxalat.

Bei Anwendung von 8 Elementen wurde das Eisen nahezu quantitativ abgeschieden. Durch Schwefelammonium trat in der Flüssigkeit keine Fällung ein. Aber wohl wurde bei allen Analysen durch Rhodankalium noch Eisen nachgewiesen. Die vorgeschriebenen 60 ccm Ammoniumoxalat waren nur in einem Falle ausreichend, um die Abscheidung von Hydroxyd während der Analyse zu verhindern, nämlich beim Ferrikaliumoxalat. In geringem Maasse zeigte sich die Abscheidung beim Ferroammoniumsulfat und war sehr beträchtlich beim Eisenchlorid, namentlich bei der grösseren Einwaage. Der Niederschlag zeigte, abgesehen von Ferrikaliumoxalat, Neigung, sich beim Trocknen zu oxydiren.

Eisenchlorid:		Rothfärbung durch Rhodankalium, nachdem vom ausgeschiedenen Hydroxyd abfiltrirt war.
0,15 g	19,66 Proc.	
0,26 g	18,56 -	
Ferroammoniumsulfat:		
0,29 g	14,26 Proc.	
0,28 g	14,14 -	
Ferrikaliumoxalat:		
0,28 g	11,30 Proc.	

X. Blei (Bleinitrat). Zusatz von Salpetersäure und Kupfernitrat.

Seitdem es nach Classen'schen Angaben gelingt, grössere Mengen Bleisuperoxyd auf mattirten Schalen niederzuschlagen, können Methoden, bei welchen nur 0,1 g Blei in der Lösung sein dürfen, nicht mehr als ausreichend gelten; dazu sind bei der grossen Oberfläche der Schalen die Wägefehler zu bedeutend. Doch wurde die Methode im Zusammenhang mit untersucht; sie lieferte befriedigende Resultate bei Anwendung von 4 Elementen. Der Niederschlag haftete sowohl in der mattirten als auch in der glatten Schale. Doch muss der Zusatz von Kupfernitrat schwere

Bedenken erregen. Richtig ist, dass sich bei zu geringer Menge Salpetersäure, namentlich in der Kälte, metallisches Blei abscheidet, ebenso, dass Bleisuperoxyd bei grösseren Mengen Salpetersäure ohne Stromunterbrechung ausgewaschen werden muss. Letzteres hat aber den grossen Nachtheil, dass man dabei zu grosse Flüssigkeitsmengen erhält, deren Einengung bei weiteren Analysen lästig ist. So wäre es sehr angebracht, wenn man das Auswaschen auch hier umgehen könnte. Der Zusatz von Kupfernitrat wird aber in den meisten Fällen unzweckmässig sein, da das Kupfer bei weiteren Analysen hinderlich ist, eventuell erst wieder gefällt werden müsste. Soll aber überhaupt nur Blei in der Substanz bestimmt werden, so kann auch ohne Nachtheil bei nicht unterbrochenem Strome ausgewaschen werden.

0,12 g	Bleisuperoxyd	63,33 Proc.	kein Blei durch Schwefelsäure nachweisbar, weder in der Flüssigkeit, noch im aufgelöst. Kupferniederschl.
0,12 g	-	63,33 -	

XI. Zinn (Zinnammoniumchlorid). Zusatz von saurem Ammoniumoxalat.

Die Methode liefert auch bei Anwendung von Meidinger-Elementen gute Resultate. Der Niederschlag war metallisch, in der Flüssigkeit kein Zinn nachweisbar.

3 und 4 Elemente:

0,29 g	32,21 Proc.	keine Fällung durch Schwefelwasserstoff.
0,25 g	32,32 -	

6 Elemente:

0,29 g	32,26 Proc.	keine Fällung durch Schwefelwasserstoff.
0,29 g	32,21 -	

XII. Wismuth (basisches Wismuthnitrat). Zusatz von Natriumpyrophosphat, Kaliumoxalat, Kaliumsulfat.

Das Wismuth wird in 20 Stunden quantitativ abgeschieden mit 4 Elementen. Das Metall haftet fest, ist aber grauschwarz, auch schwammig. Ich bin der Meinung, dass auf derartige Analysen kein Verlass ist. Gegen die Methode an sich muss geltend gemacht werden, dass die Menge der Salze reichlich gross, sowie, dass die Menge Metall, welche in der Lösung vorhanden sein darf, zu gering ist.

0,1 g	73,43 Proc.*)	keine Fällung durch Schwefelammonium.
0,1 g	72,05 - **)	

XIII. Antimon. XIV. Gold. XV. Platin.	Die Methoden sind ursprünglich für Elemente angegeben, oder es sind ganz schwache Ströme vorgeschrieben, so dass kein Zweifel ist, dass auch durch Meidinger'sche Elemente alles Metall abgeschieden werden kann.

Die bisherigen Resultate ermuthigen mich nicht, auf die Trennungen der Metalle näher einzugehen. Es liegt mir fern, hiermit ein von vorne herein absprechendes Urtheil über die betreffenden Methoden fällen zu wollen. Aber die Rüdorff'schen Angaben über die anzuwendenden Stromstärken sind zu ungenau, als dass man bei schlechten Resultaten sagen könnte, die Methoden wären nicht geeignet. Ebenso würden gute Resultate keine Garantie bieten, dass man bei Wiederholung der Versuche mit derselben Elementezahl günstige Resultate erhält. So kann denn auch über die bisher untersuchten Methoden kein abschliessendes Urtheil gefällt werden.

Fassen wir das Ergebniss der Untersuchungen zusammen, so haben wir günstige Resultate zu verzeichnen bei Kupfer, ammoniakalische Lösung, 6 El.; Quecksilber, sämmtliche Lösungen, mit Ausnahme von Cyankalium, 2 El.; Silber 3 El.; Nickel 4—6 El.; Blei 4 El.; Zinn 3—6 El.; Wismuth 4 El. Auch bei Kaliumeisenoxalat war das Resultat nicht ganz ungünstig.

---

*) Bei 60—65° getrocknet.

**) Bei 50—55° getrocknet.

Zu hohe Stromstärke, in Folge dessen schwammiger Niederschlag, zeigte sich beim Kupfer in salpetersaurer und schwefelsaurer Lösung mit 6 El. und beim Silber mit 6 El. Auch beim Zink mag, wenn anders die Methoden überhaupt brauchbar sind, die zu hohe Stromdichte den Niederschlag schädlich beeinflusst haben. Vielleicht beruht die Abscheidung von Hydroxyd beim Eisen auch auf zu hoher Stromstärke im Verhältniss zur geringen Menge Ammoniumoxalat.

Zu geringe Stromstärke ergab sich bei Kupfer in salpetersaurer und schwefelsaurer Lösung mit 2 El., Quecksilber in Cyankaliumlösung 2 El., Kobalt 8 El., Cadmium 6 El. Auch bei Eisen wurden die letzten, allerdings nur geringen Spuren nicht abgeschieden.

Zwei Fehlerquellen sind es hauptsächlich, die ein exaktes Arbeiten unmöglich machen, wenn man sich mit der Zahl der Elemente als Maass für die Stromstärke begnügt. Das eine sind schlechte Kontakte, die in einem Laboratorium unvermeidlich sind, wenn man nicht viel Zeit mit dem Reinigen der Klemmen etc. vergeuden will. Die andere Fehlerquelle liegt in dem Widerstande der Elemente, der nicht konstant ist, und von dem doch die Stromstärke abhängig ist. Bei elektrotechnischen Messungen wird deshalb der Widerstand eines Elementes stets als Unbekannte betrachtet, die man durch wiederholte Messungen eliminirt. Oder man schaltet so viel Widerstand in den Stromkreis, dass der Widerstand des Elementes verschwindet.

Möchten diese Untersuchungen dazu dienen, die grosse Unsicherheit, die noch vielfach auf dem Gebiete der Elektrolyse herrscht, nach einer Richtung hin zu beseitigen, dass künftig Angaben über die elektrischen Grössen so gemacht werden, dass jeder sie befolgen kann und dass sie ein sicheres Resultat garantiren.“

Ueber den Vergleich von Akkumulatoren und Meidinger-

Elementen zu Zwecken der Elektrolyse äussert sich Thomälen folgendermaassen:

„Es muss zunächst kurz auf die Frage eingegangen werden, ob Meidinger-Elemente oder Akkumulatoren die geeignetsten Stromquellen sind. Für erstere spricht die Billigkeit der Anschaffung, die Einfachheit des Betriebes. Gegen dieselben spricht der Umstand, dass viele Metalle in 14 Stunden selbst mit 6—8 Elementen nicht gefällt werden, dass auch eine erhebliche Verstärkung des Stromes am Schluss der Analyse, um die letzten Spuren abzuscheiden, mit Meidinger-Elementen nicht gut möglich ist. Mit jedem hinzugeschalteten Element erhöht man zwar die Spannung um etwa 1,1 Volt, vergrössert aber auch den Widerstand des ganzen Stromkreises sehr bedeutend. Daneben macht sich ein anderer Uebelstand geltend. Wenn man nicht mit unverhältnissmässig viel Elementen arbeiten will, ist ein grösserer Betrieb von vornherein unmöglich. Es ist nämlich bei Elementen ausgeschlossen, die Zersetzungsquellen parallel zu schalten.

Es sei E die elektromotorische Kraft, R der Widerstand der Batterie, e die Gegenspannung, r der Widerstand der Zelle. Bei Einschaltung nur einer Zelle wird

$$i = \frac{E - e}{R + r} \quad (I).$$

Bei Parallelschaltung zweier gleichartiger Zellen wird

$$i_1 = \frac{E - e}{R + \frac{r}{2}} \quad (II).$$

Bei Anwendung mehrerer Elemente ist aber r klein gegen R, so dass sich i_1 nicht wesentlich von i unterscheiden wird. Da aber $i_2 = \frac{i_1}{2}$ ist, so kommt im zweiten Falle auf jede Zelle nur die Hälfte des vorgeschriebenen Stromes.

Noch ungünstiger gestaltet sich die Sache, wenn zwei ungleichartige Zellen parallel geschaltet werden. Es herrscht dann an den Klemmen beider Zellen dieselbe Spannung, und zwar wird die Grösse derselben bedingt durch diejenige Zelle, welche die kleinste elektromotorische Gegenkraft besitzt. Die Spannung reicht mithin vielfach nicht aus, um in der zweiten Zelle ein Metall zu fällen, welches eine grössere elektromotorische Gegenkraft ausübt. Schaltet man z. B. eine Kupferanalyse allein ein, so herrscht vielleicht eine Spannung von 2 Volt an den Klemmen der Zelle. Schaltet man nun eine Zinkanalyse parallel, so fällt hier keine Spur

Fig. 29.

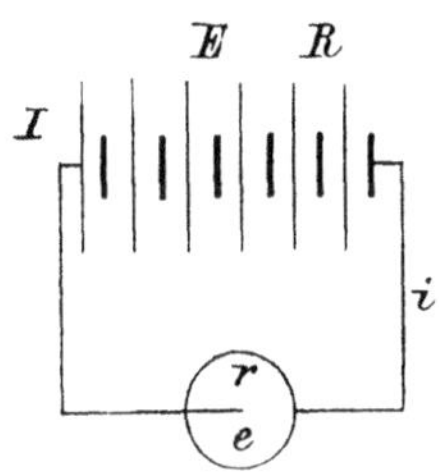

Fig. 30.

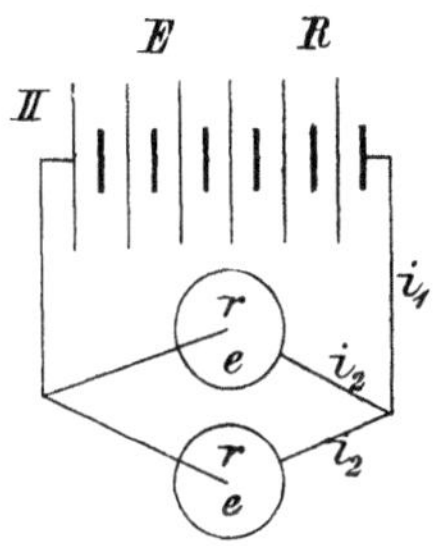

von Metall. Erst wenn alles Kupfer abgeschieden oder der Widerstand in dieser Zelle so gross geworden ist, dass die Spannung den Betrag von 2,35 erreicht, beginnt das Zink zu fallen. — Um den Beweis hierfür zu liefern, wird sich eine kurze Erläuterung des Begriffes des Spannungsverlustes erwünscht machen.

Was konstant ist bei Elementen, ist nie die Stromstärke, auch nicht die Spannung an den Klemmen, sondern nur die elektromotorische Kraft E. Die Klemmspannung e ist variabel mit der Stromstärke, da sie sich von der elektromotorischen Kraft um den Betrag i.w unterscheidet, wo i die Stromstärke, w den inneren Widerstand der Elemente bezeichnet. $e = E - i\,w$. Es tritt mithin ein Spannungsverlust auf, der es erklärlich macht, dass wir trotz der 6,6 Volt elektromotorischen Kraft bei 6 Elementen nur eine Klemmspannung von 2 Volt haben.

Angenommen nun, dass beim Hinzuschalten der Zinkzelle auch Zink abgeschieden würde, so müsste sich die Spannung an beiden Zellen auf 2,35 erhöhen. In Folge dessen würde der Strom in der Kupferzelle wachsen. Auf der anderen Seite haben wir eine grössere Klemmspannung, mithin geringeren Spannungsverlust, also auch geringere Stromstärke in den Elementen. Da dies mit dem Anwachsen des Stromes in der Kupferzelle nicht in Einklang zu bringen ist, so ergiebt sich, dass die Annahme eine falsche war, mithin stets nur die kleinere Spannung herrschend ist. Jede Zelle beansprucht also eine bestimmte Zahl von Elementen für sich allein. Man ist also bei seinen Analysen durch die Zahl der vorhandenen Elemente beschränkt, und es kann der Fall eintreten, dass eine nothwendige Analyse nicht gemacht werden kann, weil keine Elemente zur Verfügung stehen.

Ganz anders verhält sich die Sache bei Akkumulatoren. Da der innere Widerstand derselben verschwindend gering ist, so herrscht an den Klemmen derselben stets dieselbe Spannung, ob man nun viel oder wenig Strom entnimmt. Es tritt eben kein Spannungsverlust in den Akkumulatoren selbst auf. Man kann mithin so viel Zellen parallel schalten, wie man will, ohne dass man befürchten müsste, dass sich die Zellen gegenseitig beeinflussen. Die Stromstärke regulirt man durch einen vor jede Zelle geschalteten Rheostaten. Dabei hat man den Vortheil, den Strom zum Schluss beliebig verstärken zu können.

Rüdorff macht gegen Akkumulatoren geltend, dass zum Laden derselben Maschinenbetrieb nothwendig sei. Allerdings kann derselbe zu Unannehmlichkeiten führen, aber nur, wenn die treibende Maschine wechselnd belastet ist und nicht für genügende Beaufsichtigung der Dynamomaschine gesorgt wird. Indessen lässt sich dieser Punkt beseitigen, da man bei kleinerem Betriebe recht gut mit Thermosäulen laden kann. Wo Strom vom Elektricitätswerk zur Verfügung steht, liegt der Gedanke nahe, denselben zum Laden zu benutzen. Leider ist aber bei wenigen Akkumulatoren der Betrieb sehr unökonomisch, da bei 100 Volt Spannung etwa 90 Volt in einem vorgeschalteten Widerstand verbraucht werden müssen, was einem Energieverlust von 90 Proc. gleichkommt. Ein Gleichstromtransformator ist vom ökonomischen Standpunkt aus vorzuziehen, doch ist dies auch wieder eine Maschine, ähnlich wie eine Dynamomaschine.

Noch ein Punkt muss bei der Frage, ob Meidinger-Elemente oder Akkumulatoren zweckmässiger sind, erörtert werden. Man muss absolut sicher sein, dass die Elektricitätsquellen in Ordnung sind und richtig funktioniren. Bei Akkumulatoren hat man diese Garantie, eventuell genügt eine Messung der Spannung. Nun giebt zwar auch Rüdorff eine Methode an, die Elemente zu prüfen, indessen ist dieselbe sehr unbequem und zeitraubend. Ein Knallgasvoltameter ist ein Instrument, welches ein Elektrotechniker nur mit Widerwillen brauchen wird. Ausserdem ist diese Methode nur einwandfrei, wenn man ein Voltameter anwendet, welches genau denselben Widerstand besitzt, wie das von Rüdorff angewendete. Nur dann kann man sicher sein, dass man auch in der Zelle denselben Strom hat, wie Rüdorff bei seinen Versuchen. Zwei Elemente lieferten z. B. in meinem Voltameter nicht 0,02, wie Rüdorff angiebt, sondern 0,04 ccm Knallgas. Und als einmal die Menge auf 0,02 herabsank, vermuthlich, weil ein Element nicht in Ordnung war, fielen die Resultate viel zu niedrig aus. Wer also nicht durch Beschränkung der Mittel gezwungen ist, Elemente wählen zu müssen, wird im Interesse leichten und exakten Arbeitens Akkumulatorenbetrieb einführen.

Doch mag man über diese Frage denken, wie man will, so muss doch von wissenschaftlichen Methoden erwartet werden, dass sie bei beiden Elektricitätsquellen anwendbar sind, dass mithin, wie es allgemein üblich ist, die Stromstärken in Ampère angegeben werden. Rüdorff musste mit der Thatsache rechnen, dass vielfach mit Akkumulatoren gearbeitet wird; er scheint diesen Vorwurf selbst gefühlt zu haben, wenn er schreibt: „Um aber bei Anwendung einer andern Elektricitätsquelle die Angaben übertragen zu können, will ich die Stromstärke meiner Meidinger-Elemente in Ampère ausdrücken.“ (So scheint die Angabe der Zahl der Elemente denn doch nicht zu genügen.) Und nun folgen Angaben von Stromstärken, die in einem Galvanometer mit unbekanntem, jedenfalls aber enorm hohem Widerstand abgelesen wurden. Es mag davon abgesehen werden, dass es falsch ist, „von der Stromstärke eines Elementes“ zu reden. Jedenfalls aber sollen die gemachten Angaben nicht nur „zur Charakterisirung der Elemente“ dienen, sondern die „Benutzung einer andern Elektricitätsquelle“ ermöglichen. Und jeder Unbefangene wird die Sache so ansehen, dass er, statt 6 Elemente zu benutzen, gerade so gut einen Strom von 0,046 Amp. anwenden darf. Nicht Jeder hat Zeit und Lust, nicht jeder Chemiker die Befähigung, der Sache auf den Grund zu gehen. Nicht Jeder wird mithin die vollständige Werthlosigkeit dieser Angaben erkennen. Deswegen sei ausdrücklich darauf hingewiesen, dass die Elemente in den Zellen eine viel höhere Stromstärke hervorrufen, als Rüdorff in seinem Galvanometer abgelesen hat. Ich habe bei verschiedenen Analysen die Stromstärken beobachtet. 4 Elemente lieferten 0,15 Amp. beim Blei, 0,18 Amp. beim Kupfer, 0,12 Amp. beim Quecksilber. Rüdorff giebt 0,034 Amp. an, wahrscheinlich, weil das von ihm benutzte Galvanometer 100 Ω Widerstand hatte. Es ist klar, dass jede beliebige Stromstärke gemessen werden konnte, wenn nur das entsprechende Galvanometer gewählt wurde. So können die Angaben auch nicht einmal zur Charakterisirung der Elemente dienen, sondern höchstens zur Charakterisirung des Galvanometers. Natürlich muss die Stromstärke, die die Elemente liefern, erheblich wachsen, wenn statt des Galvanometers mit grossem Widerstand eine Zelle mit geringem Widerstand eingeschaltet wird.

Nun meint zwar Rüdorff, es komme nicht auf genaue Angaben an, „wenn durch eine Methode bei Anwendung von 2—6 Elementen ein durchaus zufriedenstellendes Resultat erzielt wird". Man mag zugeben, dass man innerhalb so weiter Grenzen auch bei Anwendung anderer Elektricitätsquellen die richtige Stromstärke trifft; indessen sind die Grenzen nicht immer so weit gesteckt. Wiederholt finden sich Angaben von 3—4 Elementen. Ausserdem ist das Resultat keineswegs immer so günstig. 7 Metalle wurden untersucht, und es zeigte sich, dass beim Maximum der Elementenzahl die Stromdichte zuweilen zu gross wurde, um einen tadellosen, schwammfreien Niederschlag zu erzeugen. In anderen Fällen reichte selbst das Maximum nicht aus, um alles Metall zu fällen. Noch in anderen Fällen waren beim Minimum der Elementezahl in der abgegossenen Flüssigkeit die Metalle noch nachzuweisen.

Als ein grosser Fehler muss es betrachtet werden, wenn man von einer Messung der Stromstärke überhaupt absieht. Man muss vergewissert sein, dass überall guter Kontakt ist, und das kann nur geschehen, wenn man sich überzeugt, ob die richtige Stromstärke in der Zelle herrscht."

Zu einem ähnlichen Resultat kommen Nissenson und Rüst*), welche unter vollständiger Verwerfung der Mei-

*) Zeitschrift für angew. Chemie 1892, Heft 15.

dinger'schen Elemente die Akkumulatoren auch für den technischen Betrieb jeder primären galvanischen Stromquelle vorziehen.

Die Ausführung von Analysen während der Nacht ist ein unbestrittener Vorzug der Elektrolyse, in der Technik kommt es jedoch häufig darauf an, Analysen ebenso rasch als genau auszuführen, und dies ist nicht allein als Kontrolle gewisser Betriebe durchaus erforderlich, sondern auch dann, wenn es sich darum handelt, Ankäufe von Erzen auf den Märkten des Auslandes auszuführen. Zur raschen Ausführung von Elektrolysen sind nun die Meidinger'schen Elemente keineswegs geeignet. Wie mir der Betriebsdirektor des grössten Hüttenwerkes Rheinlands und Westfalens s. Z. mittheilte, herrscht auf den meisten Märkten, namentlich denjenigen des Auslandes, der Gebrauch, Muster der zur Versteigerung gelangenden Erze an solche Hüttenwerke zu schicken, welche mit der Verarbeitung derselben sich befassen. Eine rasche und genaue Bestimmung der in dem Erze enthaltenen Metalle ist nun von höchster Wichtigkeit, weil die Versteigerungen nach kurzen Fristen stattfinden und der Werth, welchen die Erze für die Hütte haben, schnellstens dem Verkäufer aufgegeben werden muss. Es wird mir bei dieser Gelegenheit bestätigt, dass eine rasche und scharfe Bestimmung der in Frage kommenden Metalle erst durch Anwendung meiner elektrolytischen Methoden und Apparate möglich geworden sei und der Ankauf von Antimon-, Blei-, Silber- und Golderzen etc. erst seit Einführung der Elektrolyse sich wesentlich steigern konnte. In dem betreffenden Laboratorium, in welchem die Bestimmungen früher mit Meidinger'schen Elementen ausgeführt wurden, werden seit mehreren Jahren, mit Hülfe von zwei Akkumulatoren, durchschnittlich 3000 Elektrolysen und mehr pro Jahr ausgeführt. Der Einwand von Rüdorff, dass die Anwendung von Dynamomaschinen, mit oder ohne Akkumulatoren, nur solchen Laboratorien möglich sei, welche über reichliche Mittel und über einen Motor verfügen, ist nicht zutreffend. Die Beschaffung einer kleinen Dynamomaschine und zweier Akkumulatoren lässt sich für einige Hundert Mark bewirken und was den Motor anlangt, so hat Rüdorff nur Unterrichtslaboratorien im Auge. In den gewerblichen Etablissements wird die Dynamomaschine an eine Transmission gehängt und die Füllung der transportablen Akkumulatoren ohne Schwierigkeiten bewirkt. Grössere Fabrikanlagen besitzen meist Lichtmaschinen, welche bei Tage ebenfalls zur Füllung der Akkumulatoren verwendet werden können. In gedachter Art wird beispielsweise auf mehreren Hüttenwerken verfahren. In Städten mit Elektricitätswerken besorgen letztere die Füllung der Akkumulatoren, es reducirt sich alsdann die Ausgabe auf Beschaffung von 2 Akkumulatoren. In jedem Falle kann die Ladung der Akkumulatoren, auf die weiter unten genauer eingegangen wird, mit Bunsen'schen Elementen oder besser einer Thermosäule geschehen; man hat nur nöthig, die für die betreffenden Akkumulatoren zum Füllen vorgesehene Maximalstromstärke zu kontrolliren.

Allgemeine Regeln über die Behandlung der Akkumulatoren[1]).

Die Akkumulatoren, welche für die Zwecke der quantitativen Analyse in Betracht kommen, werden von den Fabriken nicht, wie die kleineren Typen, fertig montirt versandt, sondern Glasgefässe, Kathoden- und Anodenplatten, sowie Säure in getrennter Verpackung. Man setzt die Blei- und Bleisuperoxydplatten nach sorgfältiger Reinigung des Glasgefässes ein und füllt das letztere mit verdünnter reiner

---

[1]) Vergl. Elbs, Die Akkumulatoren. Eine gemeinfassliche Darlegung ihrer Wirkungsweise, Leistung und Behandlung. II. Auflage 1896.

Schwefelsäure (spec. Gew. 1,15), so dass die Platten vollständig von der Flüssigkeit bedeckt sind. Auf die Dichte der Säure kommt es nicht soviel an, wie auf die unbedingte Reinheit derselben. Völlig reine (chlorfreie) Schwefelsäure muss man entweder direkt von den Akkumulatorenwerken beziehen oder sich solche selbst darstellen, indem man in die käufliche reine Säure nach der nöthigen Verdünnung einige Minuten Schwefelwasserstoff einleitet. Hierdurch werden die etwa gelösten Metalle, welche auf den Akkumulator äusserst schädlich einwirken, gefällt. Nach dem Absitzen des Niederschlages und Abgiessen der reinen Säure vertreibt man den gelösten Schwefelwasserstoff durch kurzes Erwärmen oder durch Einblasen von Luft.

Ist die Aufstellung und Einrichtung der Akkumulatoren beendet, so schreitet man zu ihrer Ladung, welche mit geeigneten Stromquellen je nach der Anzahl der vorhandenen Akkumulatoren besorgt werden kann.

Der Ladungsstrom darf die von der Fabrik für das betreffende Modell vorgeschriebene Stärke unter keiner Bedingung überschreiten, er muss deshalb stets durch Messinstrumente kontrollirt werden. Am zweckmässigsten entnimmt man den Ladungsstrom einer Dynamomaschine oder Thermosäule; von galvanischen Elementen kommen als Nothbehelf nur Bunsen'sche Elemente und die sogenannten Postelemente in Betracht. Die Superoxydplatten werden mit dem positiven, die Bleiplatten mit dem negativen Pole der Stromquelle in Verbindung gebracht. Handelt es sich um die Ladung mehrerer Akkumulatoren, so schaltet man dieselben in der Regel hintereinander, so dass der Ladungsstrom die doppelte elektromotorische Kraft, wie für die Ladung eines Akkumulators besitzen muss.

Maassgebend für die Dauer der Ladung ist die sogenannte Kapacität des Akkumulators. Darunter versteht man seine Leistung in Ampèrestunden. Ein Akkumulator z. B. von

100 Ampèrestunden Kapacität mit einem Maximalentladungsstrom von 10 Amp. kann entladen werden

mit	10 Amp.	während	10 Stunden		
-	5 -	-	20	-	[1])
-	1 -	-	100	-	u. s. w.

Durch die Intensität des Ladungsstromes ist demnach die Dauer der Ladung bei gegebener Kapacität bestimmt. Die Akkumulatoren sind, wie bereits erwähnt, umkehrbare Elemente, es muss also dieselbe Ampèrestundenzahl beim Laden aufgewandt werden, welche die Entladung wieder leisten kann. Das Ende der Ladung wird entweder durch Spannungsmessung ermittelt, da jeder Akkumulator im gebrauchsfähigen Zustande ca. 2,2 Volt Spannung besitzen muss, oder man betrachtet das Auftreten einer Gasentwicklung (Kochen der Säure) als den Punkt, bei welchem der Primärstrom unterbrochen werden muss. Denn dieselbe zeigt an, dass der Wasserstoff am negativen Pol nicht mehr zur Reduktion des Bleisulfates benutzt wird und somit die chemische Reaktion, welche das Wesen des Akkumulators ausmacht, beendigt ist. Bei der ersten Ladung hat es sich als zweckmässig herausgestellt, die Ueberladung (Auftreten der Gasentwicklung) ungefähr eine Stunde lang fortzusetzen.

Bei der Entladung sinkt die Spannung jedes einzelnen Akkumulators schnell auf 2 Volt und bleibt nun lange Zeit konstant. Sobald sie geringer wird, muss der Ladeprocess erneuert werden.

Die Art und Weise der Schaltung bei der Ladung ist von der Natur der Stromquellen abhängig. Steht eine Dynamomaschine zur Verfügung, so schaltet man zweckmässig die Akkumulatoren hintereinander, so dass die Spannung der Maschine die Gegenspannung der Akkumulatoren (2 Volt für jeden einzelnen) um ein weniges übertrifft. Ist die primäre

---

[1]) Anleitung zu elektrochemischen Versuchen von Dr. Felix Oettel.

elektromotorische Kraft eine zu hohe, so muss eine Reduktion derselben entweder durch Einschalten von Widerständen oder durch einen Transformator bewerkstelligt werden.

Benutzt man zum Laden eine Gülcher'sche Thermosäule, so ist durch deren Spannung von 4 Volt eine andere Schaltung der Akkumulatoren nothwendig. Man setzt die letzteren dann parallel, d. h. verbindet die gleichnamigen Pole mit einander, so dass das ganze System wie ein Akkumulator mit 2 Volt Polarisationsspannung wirkt. Bei der beschränkten Anzahl Ampère einer Thermosäule erfordert eine Ladung mit ihr eine geraume Zeit (8 Zellen à 8 Ampère-Stunden gebrauchen ca. 32 Stunden).

Um den Akkumulatoren eine lange Dauer zu sichern, beachte man folgende Regeln[1]):

1. Man muss sie vor Kurzschluss bewahren.

2. Man darf die von der Fabrik angegebene Maximalstärke des Entladungsstromes nicht überschreiten.

3. Man darf jeden einzelnen nicht weiter als bis 1,85 Volt entladen.

4. Man darf sie nicht im entladenen Zustande stehen lassen; auch bei Nichtbenutzung soll alle 3—4 Monate neu geladen werden.

5. Heftige Erschütterungen sind zu vermeiden, weil sie das Ausfallen der aktiven Masse befördern.

Physikalische Stromerzeugung.

I. Elektromagnetische Maschinen.

Für elektrochemische Processe bedarf man konstanter Ströme von grosser Quantität und gleicher Richtung.

Zur Ausführung von Analysen durch Elektrolyse habe ich zuerst (vom Jahre 1881—1885) eine magnetelektrische

---

[1]) Vergl. Anleitung zu elektrochemischen Versuchen von Dr. Felix Oettel.

Maschine von Siemens & Halske angewendet. Auf der Achse des Induktors dieser Maschine war eine Riemscheibe angebracht, welche mit einer zweiten Scheibe auf einem Vorgelege korrespondirte. Das Vorgelege trug eine Riemscheibe von fünf Stufen von 30, 25, 20, 15 und 10 cm Durchmesser und korrespondirte mit einem zweiten Vorgelege, sowie Stufenriemscheiben von gleicher Konstruktion. Das Vorgelege war mit zwei Wechselscheiben, einer festen und einer losen Scheibe zum Ausrücken, versehen und stand mit der Haupttransmission in Verbindung. Je nachdem man also die Stufenscheiben wechselt, wird auch die Tourenzahl der magnetelektrischen Maschine verändert.

Die beobachtete Geschwindigkeit der Maschine betrug bei dieser Anordnung 700, 500, 300, 200 und 100 Umdrehungen in einer Minute.

Um die Stromstärke noch mehr reguliren zu können, wurde noch ein Stromregulator mit Widerstandsspiralen und sechs Kontakten, 0,01, 0,02, 0,06, 0,6 1,45 1,4 und 3 Ohm, eingeschaltet, so dass die Maschine zu allen Bestimmungen und Trennungen zu verwenden war.

Diese Einrichtung gestattete selbstverständlich nur die Ausführung ziemlich gleichartiger Versuche nebeneinander; es gelang z. B. nicht, neben Eisenbestimmungen, Antimon- oder Kupferbestimmungen auszuführen.

Die Firma Siemens & Halske hatte für das hiesige Laboratorium eine Einrichtung konstruirt, welche gestattet, eine grössere Anzahl von Versuchen verschiedenster Art gleichzeitig zu betreiben, ohne dass die Versuche sich gegenseitig stören. Die Wirkung der Einrichtung beruht im Wesentlichen darauf, dass der Hauptstrom der Maschine durch einen künstlichen Widerstand mit vielen Unterabtheilungen geschickt, und die Polspannung der letzteren konstant erhalten wird; es herrscht dann an jeder Unterabtheilung eine bestimmte konstante Spannung, welche unverändert bleibt, wenn an derselben ein Zweigstrom von verhältnissmässig geringer Stärke angelegt wird, welcher einen Versuch speist.

Ehe ich die Einzelheiten der gedachten Einrichtung erläutere, muss ich vorausschicken, dass der Strom mittelst einer Dynamomaschine von der in Fig. 31 abgebildeten Form

Fig. 31.

erzeugt wurde, welche, bei 1000 Umdrehungen in der Minute bis 60 Ampère Stromstärke, bei 10 Volt Polspannung, liefert. Der Arbeitsverbrauch der Maschine beträgt etwas mehr als 1 Pferdekraft.

Die Wirkung der Dynamomaschine beruht darauf, dass in einem in sich geschlossenen Elektricitätsleiter ein Strom entsteht, wenn ein Theil desselben zwischen zwei einander entgegengesetzten Polen, die in feststehendem oder sich bewegendem Eisen auftreten können, hindurchgeführt wird. Die Richtung dieses Stromes ist von der Lage der Magnetpole zur Bewegungsrichtung abhängig. Der Leiter, durch dessen Bewegung der elektrische Strom erzeugt wird, ist umsponnener Kupferdraht, welcher in mehreren Abtheilungen und vielen Windungen auf einen eisernen Kern so gewickelt ist, dass er dessen ganze äussere Oberfläche auch an den Stirnseiten bedeckt. Diesen Kern bildet ein um seine Längenachse drehbarer, aus weichem Eisendraht oder Eisenblechen bestehender Hohl- oder Massivcylinder, Fig. 32 *nn' ss'*. Dieser Hohlcylinder wird von links und rechts von entsprechend geformten Eisenstücken *NN' SS'* umfasst, deren geradlinige Fortsätze zwei mit den gleichnamigen Polen einander zugekehrte hufeisenförmige Elektromagnete *NmS* und *N'oS'* bilden.

Fig. 32.

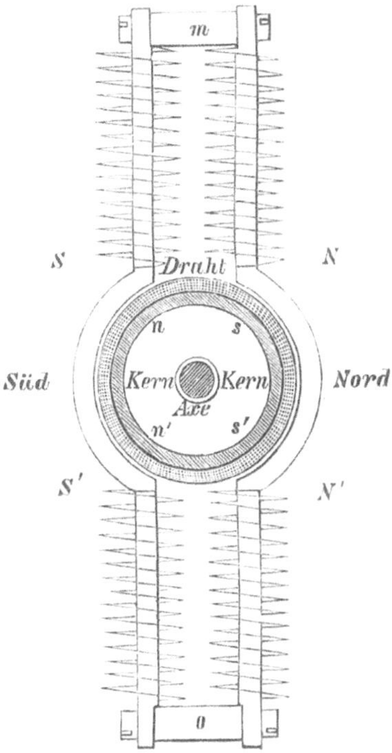

Unter der Einwirkung der Elektromagnete werden während der Thätigkeit der Maschine in den Eisenstücken links und rechts von dem rotirenden Drahtmantel kräftige Magnetpole von entgegengesetzter Polarität hervorgerufen.

Der innere Eisenkern wird durch Induktion zum Transversalmagneten, welcher den äusseren Polen stets die entgegengesetzte Polarität zukehrt. Die Zwischenräume, in denen sich die Drähte bewegen, werden zu magnetischen Feldern von hoher Intensität. Bei jeder Umdrehung des Drahtcylinders entstehen in jeder Drahtumwindung bei dem zweimaligen Durchgang durch die magnetischen Felder zwei Stromimpulse von einander entgegengesetzter Richtung. Durch das Zusammenwirken dieser einzelnen, ihre Richtung wechselnden Stromimpulse und vermöge einer Kommutatorvorrichtung, die mit den einzelnen Drähten in eigenthümlicher Schaltungsweise verbunden ist, wird ein kontinuirlicher in seiner Richtung sich gleichbleibender Strom hervorgerufen. Der Kommutator *C* (Fig. 31) besteht aus einer Anzahl unter einander isolirter Kupferplatten, welche in ihrer Gesammtheit einen auf die Achse des Eisenkerns aufgeschobenen und mit demselben rotirenden Cylinder bilden. Schleiffedern (Bürsten) von Kupferdraht vermitteln die Verbindung des Kommutators mit der Leitung.

Nach dem dynamo-elektrischen Princip wird der erzeugte elektrische Strom selbst benutzt zur Verstärkung des in der Maschine nöthigen Magnetismus, welcher Vorgang beim Ingangsetzen der Maschine durch den im Eisen vorhandenen, schwachen remanenten Magnetismus eingeleitet wird.

Der Strom durchfliesst deshalb sowohl die Drahtumwindungen der Elektromagnete, als auch den äusseren Stromkreis, in welchem er nutzbar gemacht wird.

Thermoelektrische Säulen.

Das Princip dieser Apparate beruht auf der Erscheinung, dass zwischen den Löthstellen zweier Metalle Potentialdifferenzen auftreten, wenn dieselben auf verschiedener Temperatur gehalten werden. Von diesen Säulen haben die von Clamond, Noë und Gülcher konstruirten Anwendung gefunden.

Fig. 33.

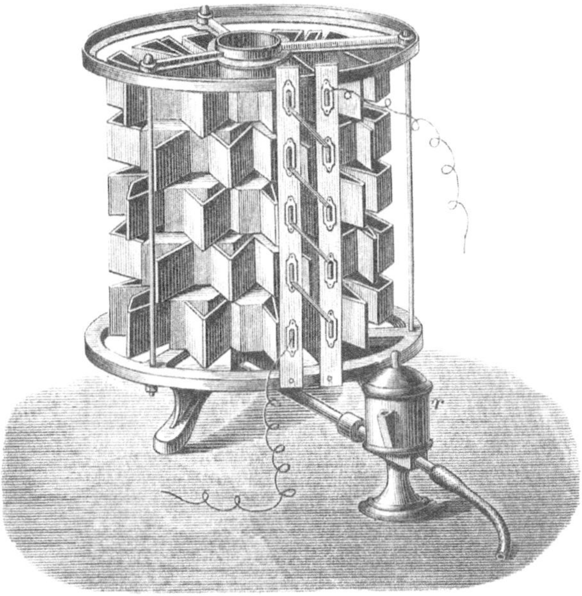

Fig. 34.

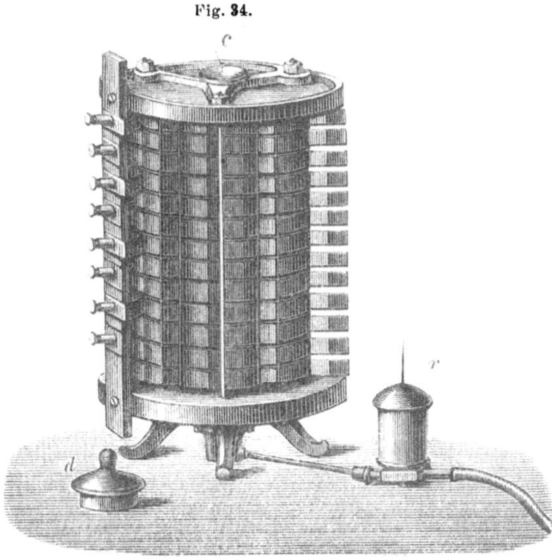

Die Clamond'sche Säule (Fig. 33 und 34 zeigen Totalansichten derselben) ist aus einer grossen Anzahl von Stäben, aus einer Legirung von Antimon und Zink bestehend, und verzinnten Eisenblechstreifen, welche die Elemente bilden, zusammengesetzt; die Eisenbleche liegen auf den oberen Flächen der Stäbe auf (Fig. 34a zeigt die Grundansicht der Stäbe mit Armaturen), so dass hierdurch gleichzeitig eine

Fig. 34 a.

Fig. 35.

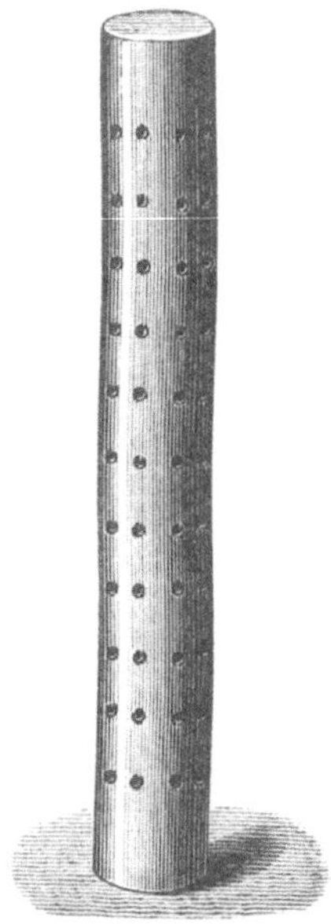

Verbindung des einen Elementes mit dem anderen Element hergestellt wird. Sowohl die einzelnen Elemente als die übereinander gelagerten, aus Elementen zusammengesetzten Kränze sind durch eine Schicht von Asbest getrennt.

Die Pole eines jeden Elementenkranzes endigen in Klemmschrauben. Der Strom wird erzeugt durch Erwärmen mit Leuchtgas, welches aus einem im Innern der Säule befindlichen, mit einer Anzahl von Löchern versehenen Thon-

oder Porzellancylinder (Fig. 35, $^1/_3$ nat. Grösse) heraus brennt. Dieser Röhrenbrenner ist mit einer Mischung von Asbestpulver und Kaliwasserglas im Innern des Cylinders eingekittet und kann bei etwaigem Zerspringen durch einen anderen ersetzt werden. Um den Zufluss des Gases konstant zu halten und zu starke Erhitzung der Elemente zu verhüten, passirt das Gas zuerst einen kleinen, mit Wasser gefüllten Regulator *r* (Fig. 34), dessen Ventil bei steigendem Gasdruck die Zuflussöffnung theilweise schliesst und bei niedrigerem

Fig. 36.

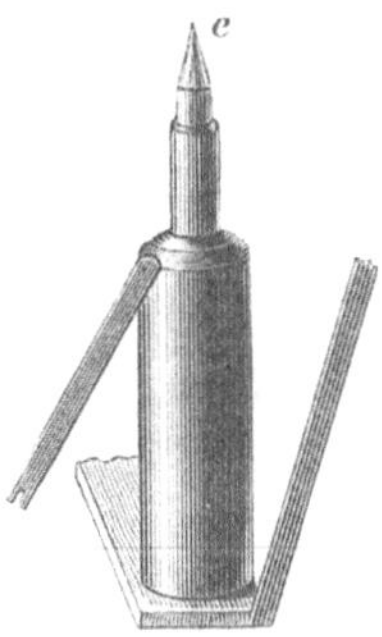

Fig. 37.

Druck mehr öffnet. Bei längerem Gebrauche der Säule muss das verdunstende Wasser in dem Regulator ersetzt werden. Nach etwa einstündigem Brennen des Gases besitzt die Säule die volle Stromstärke.

Nach Anwendung der Säule ist eine zu rasche Abkühlung des Röhrenbrenners zu vermeiden; man schliesst daher zuerst die Cylinderöffnung *c* (Fig. 34) mit dem eisernen Deckel *d* und dann erst den Gashahn.

Die Thermosäule von Noë besteht aus einer Anzahl Einzelelementen, Stäbchen aus 63% Antimon und 37% Zink, von etwa 7 mm Dicke und 27 mm Länge (Fig. 36), welche mit einem Eisenstifte (*e*), zur Zuleitung der Wärme, versehen sind. Die Elemente liegen in einem Kreise herum auf einem Ringe von Ebonit befestigt und ruhen mit den Eisenstiften auf einer Glimmerplatte, welche dazu dient, die Flamme des Gasbrenners auszubreiten (Fig. 37). Die Verbindung der Elementenstäbchen unter sich mit Neusilberdrähten *n n* etc. ergiebt sich aus Fig. 38. Die Elemente werden zu einer Säule vereinigt, indem man an dieselben spiralförmig gebogene Kupferblechstreifen anlöthet, welche als Gestell und Kühlvorrichtung dienen. Fig. 39 zeigt die Totalansicht der Noë'schen Säule. Beim mässigen Erhitzen der Säule genügt Abkühlung durch die Luft, während beim stärkeren Erhitzen die Säule in ein Gefäss mit Wasser gestellt werden muss.

Nach v. Waltenhofen besitzt eine aus 128 Elementen, in 4 Gruppen zu je 32 Elementen, gebildete Säule eine elektromotorische Kraft von ungefähr 2 Daniell'schen Elementen.

In letzter Zeit hat sich eine neue von Gülcher angegebene Konstruktion für die Zwecke der Elektrolyse besonders bewährt. Auf dem oberen Theile des den Apparat der Länge nach durchquerenden Gaszuleitungsrohres stehen zwei parallele Reihen von Nickelröhrchen, welche oben mit einer Anzahl sehr feiner Oeffnungen zum Ausströmen des Gases versehen sind. Dort wo die Flamme entzündet wird, sind auf die Nickelröhrchen Platten einer Antimonlegirung aufgelöthet, von welchen aus Kupferstreifen stets zu dem Fusse des nebenstehenden Nickelröhrchens gehen, sodass die wesentliche Temperaturdifferenz zwischen Kopf des einen Röhrchens und Fusse des zweiten stattfindet. Fig. 40 zeigt einen Apparat in der Ausführung der Firma Julius Pintsch. Derselbe entwickelt bei einem Verbrauch von 170 l Gas in der Stunde eine elektromotorische Kraft von 4 Volt, bei einem inneren Widerstande von 0,6—0,7 Ohm, sodass er auch zum Laden von Akkumulatoren benutzt

Fig. 38.

Fig. 39.

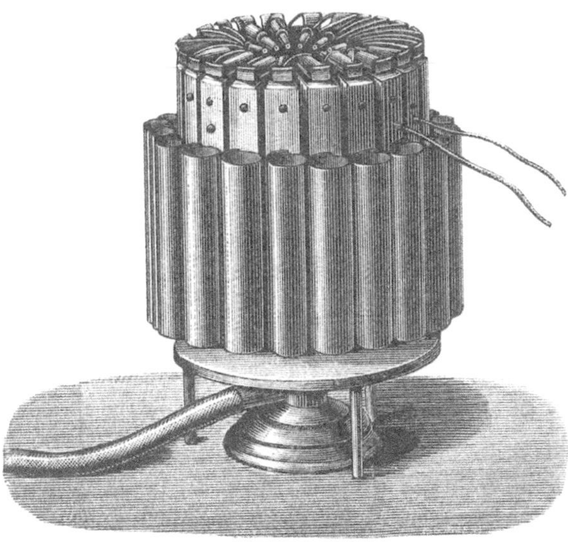

werden kann. An die einzelnen Nickelröhrchen sind noch Metallflügel angelöthet, von welchen aus man Bruchtheile der Gesammtspannung des Apparates ableiten kann.

Die Konstanz der Spannung einer Thermosäule ist wesentlich abhängig von der Gleichmässigkeit des Gasdruckes, welcher in Städten oft grossen Schwankungen unterworfen ist, ein Umstand, der z. B. ein unbeaufsichtigtes Arbeiten während der Nacht völlig illusorisch macht. Von den vielen Gasdruckregulatoren, die zur Verhinderung der

Fig. 40.

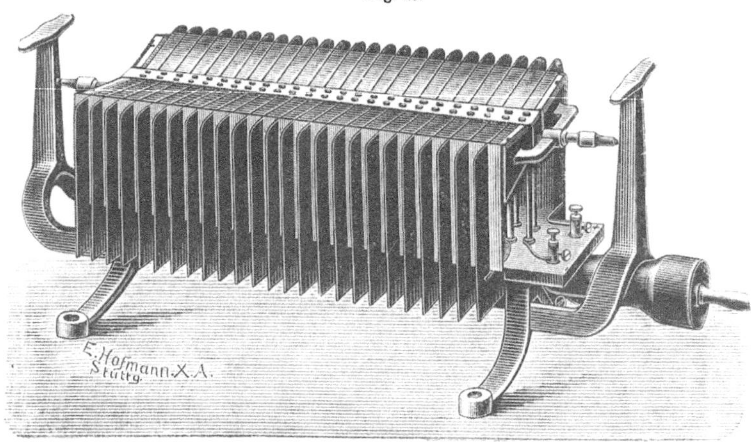

Schwankungen konstruirt worden sind, zeichnet sich der von Danneel im Nernst'schen Institute konstruirte durch einfache und handliche Konstruktion, sowie durch genügende Präcision aus[1]).

Die Anordnung des Apparates wird aus nebenstehender Skizze (Fig. 41) leicht ersichtlich. Das Solenoid *S*, welches seinen Strom von der Thermosäule oder nach Bedarf auch von den Polklemmen des Bades erhalten kann und gerade über die das Ganze einschliessende Glasröhre passt, zieht

[1]) Ztschrft f. Elektrochemie 1896/97, S. 81.

bei Spannungserhöhungen den Magneten *M* herunter. Die Gegenkraft wird von einer Feder geleistet, welche so abgepasst ist, dass sie durch das Gewicht des Eisenkernes nicht zu sehr gestreckt wird und doch kleinen Zugkräften leicht nachgiebt. Sie hängt mit einem Faden an einer aus der Zeichnung leicht ersichtlichen Stellvorrichtung, durch welche die Spannung an der Feder vergrössert werden kann. An den Eisenkern ist der Teller des Tellerventils gehängt. Die Gaszufuhr geschieht durch den ebenso wie Kopf und Solenoid im Schnitt gezeichneten Fuss. Durch *B* strömt das Gas ein, durch *A* wird es zur Thermosäule abgeführt. *C* ist eine stellbare, vorn konisch zugespitzte Schraube, welche einen zweiten Durchgang für das Gas von *A* nach *B* gerade so weit verschliessen kann, dass der hindurchgehende Gasstrom genügt, um bei völligem Ventilschluss das Erlöschen der Thermosäule zu verhindern. Die Thermosäule erhält eine Vorrichtung zur Regulirung der Luftzufuhr, um das Zurückschlagen bei kleiner Gaszufuhr zu verhindern. Der Apparat ist auf einem mit Stellschrauben versehenen Fusse montirt. Auf demselben ist ein Regulirwiderstand angebracht, welcher gestattet, jede gewünschte Spannung direkt von dem Apparat abzunehmen. Die Thermosäule, die ja im Gegensatz zu den meisten anderen Stromquellen Kurzschluss vertragen kann, ist durch einen veränderlichen Widerstand, Drahtspirale mit Kurbel, kurz geschlossen, an dessen Enden die gewünschten Spannungen abzunehmen sind. Diese Art der Spannungsänderung ist weit bequemer als die sonst übliche Abnahme von den Flügeln der einzelnen Thermoelemente.

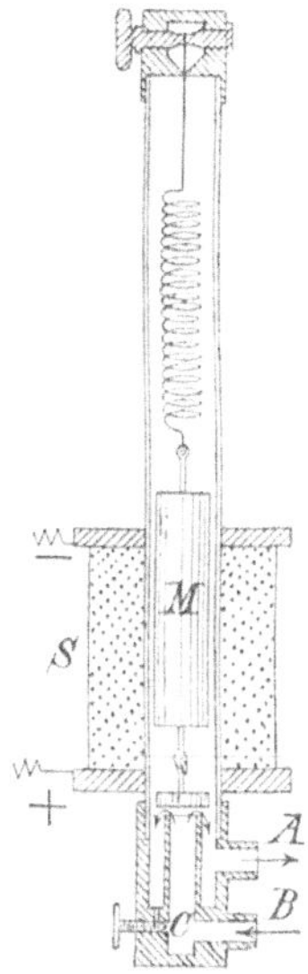

Fig. 41.

Besonders geeignet erscheint die Gülcher'sche Thermosäule in Verbindung mit Akkumulatoren, eine zu kleineren Versuchen äusserst handliche Einrichtung, wie sie von K. Elbs[1]) beschrieben ist.

Die Stromregulirung.

Durch das Ohm'sche Gesetz ist der Zusammenhang zwischen Stromstärke und Spannung klargelegt; aus ihm geht hervor, dass es niemals angängig ist, die beiden Grössen unabhängig von einander zu ändern. Sowohl die Variation der Spannung, wie die der Intensität ist nach den früheren Ausführungen (S. 13 u. ff.) für die quantitative Elektrolyse von grosser Wichtigkeit und die zu Gebote stehenden Mittel sind zahlreiche.

Die Veränderung der Spannung lässt sich bei Verwendung von Akkumulatoren oder galvanischen Elementen in der Weise erzielen, dass man eine grössere oder geringere Anzahl hintereinander schaltet. Besitzt ein Element eine Spannung von a Volt, so liefern n hintereinander geschaltete n a Volt.

Bei Dynamomaschinen ist die Tourenzahl sowohl, wie die Anzahl der Magnetwindungen von grossem Einfluss, sodass durch Variation dieser Grössen verschiedene Spannungen herzustellen sind.

Allgemein für jede Stromquelle anwendbar ist die Spannungsänderung durch zweckmässige Schaltung, die sogenannte Nebenschlussschaltung, oder durch Benutzung von Widerständen im Stromkreise.

Die Nebenschlussschaltung beruht auf folgender Erwägung. Denken wir uns bei einer Stromquelle die Verbindung des positiven und negativen Poles etwa durch einen 100 Meter langen Draht. Die elektromotorische Kraft sei

---

[1]) Chem. Ztg. 1893, S. 66 u. 97.

10 Volt, d. h. längs der 100 Meter findet ein Spannungsabfall von 10 Volt statt und zwar proportional dem Widerstande des Verbindungsdrahtes. Ist der Draht überall von gleichem Querschnitte und aus gleichem Material, so ist der Widerstand und somit der Spannungsabfall proportional der Länge. Der letztere wäre demnach für je 10 Meter 1 Volt, für je 1 Meter 0,1 Volt etc. Zweigen wir nun von 2 Punkten, welche etwa 20 Meter von einander entfernt sind, einen Zweigstrom ab, so besitzt derselbe eine elektromotorische Kraft von nahezu 2 Volt, und je nach dem Widerstande, welcher zwischen den beiden Abzweigungspunkten liegt, lässt sich jede beliebige Spannung innerhalb der durch die Stromquelle selbst gesetzten Grenze erzielen. Selbstverständlich findet gleichzeitig nach dem Ohm'schen Gesetze eine proportionale Aenderung der Stromstärke statt, jedoch ist bei bestimmter Spannung im Zweigstrom selbst die Intensität abhängig von dem Widerstand der Zelle: der letztere ist variabel und mit ihm die Intensität bei gegebener Spannung.

Ein einfacher Apparat, zu dem geschilderten Zwecke von mir konstruirt, ist der folgende. Seine Einrichtung erhellt aus Fig. 42 ($^1/_2$ nat. Grösse).

Der Strom der Batterie tritt bei *a* ein, derselbe cirkulirt durch den Neusilberwiderstand *N* und geht bei *b* zur Stromquelle zurück. Zur Ausführung von Elektrolysen kann man die als negative Elektrode dienende Platinschale beliebig mit den Polschrauben 1—20 verbinden, während das als positive Elektrode dienende Platinblech mit den mit + bezeichneten Polschrauben verbunden wird. Der Apparat gestattet demnach die Ausführung von 8 verschiedenen Versuchen gleichzeitig. Die Brauchbarkeit zu analytischen Zwecken wurde durch folgende Versuche dargethan. Um zunächst die Stromstärke an den mit 1—20 bezeichneten Klemmen zu bestimmen, wurden in 6 gleich grossen Platinschalen, unter Anwendung von Kupferelektroden*), je 150 ccm 15procentiger Kupfersulfatlösung in gleichen Zeiträumen, 7 Minuten, durch den Strom zersetzt. Als Stromquelle diente eine aus 5 Bunsen'schen Elementen bestehende

Fig. 42.

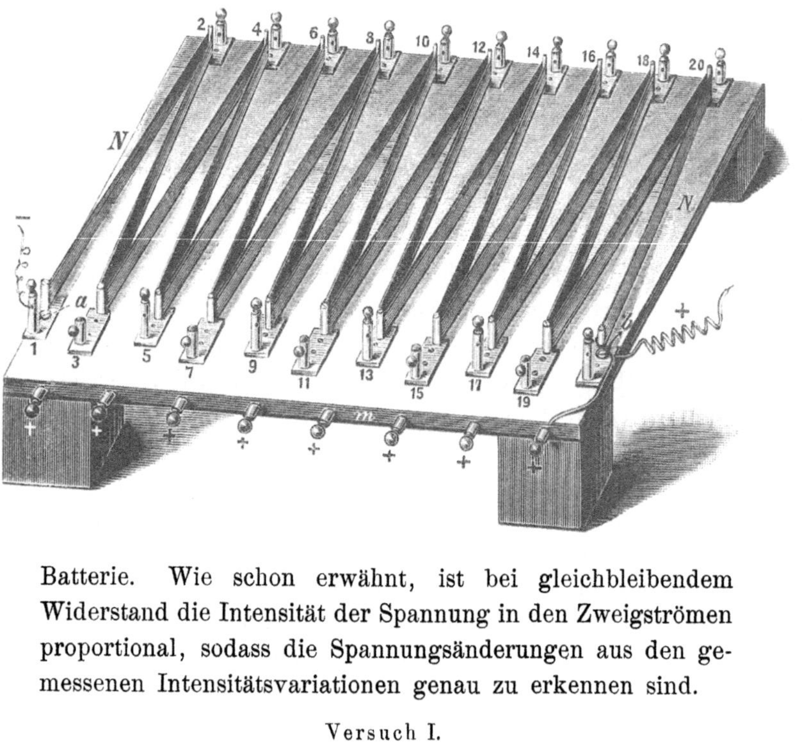

Batterie. Wie schon erwähnt, ist bei gleichbleibendem Widerstand die Intensität der Spannung in den Zweigströmen proportional, sodass die Spannungsänderungen aus den gemessenen Intensitätsvariationen genau zu erkennen sind.

Versuch I.

Klemme	1	0,5064 g Cu	= 3,75 Ampère
-	2	0,3507 - -	= 2,617 -
-	3	0,2873 - -	= 2,085 -
-	4	0,2358 - -	= 1,711 -
-	5	0,1857 - -	= 1,348 -

---

*) 6 cm, Durchmesser, 2 mm Dicke. Der Durchmesser der Platinschalen betrug 9 cm., der Abstand der Elektroden 2,5 cm.

Klemme	6	0,1453 g Cu	=	1,054	Ampère
-	7	0,1341 - -	=	0,973	-
-	8	0,1128 - -	=	0,818	-

Versuch II.

Klemme	7	0,2213 g Cu	=	1,606	Ampère
-	8	0,1622 - -	=	1,177	-
-	9	0,1356 - -	=	0,984	-
-	10	0,1083 - -	=	0,786	-
-	11	0,0846 - -	=	0,614	-
-	12	0,0744 - -	=	0,576	-
-	13	0,0506 - -	=	0,367	-
-	14	0,0410 - -	=	0,225	-

Versuch III.

Klemme	13	0,1983 g Cu	=	1,446	Ampère
-	14	0,1304 - -	=	0,946	-
-	15	0,1276 - -	=	0,926	-
-	16	0,0855 - -	=	0,620	-
-	17	0,0605 - -	=	0,439	-
-	18	0,0385 - -	=	0,280	-
-	19	0,0314 - -	=	0,227	-
-	20	0,0136 - -	=	0,098	-

Aus einer Anzahl von quantitativen Bestimmungen, welche Herr Nörrenberg mit dem Apparat ausgeführt hat, greife ich folgende heraus.

Versuchsreihe I.

Der Apparat wurde mit einer Batterie, aus 5 Bunsen'schen Elementen bestehend, verbunden und 8 Eisenbestimmungen zu gleicher Zeit ausgeführt. Nach 6 Stunden war der Versuch beendet.

Angewendet Mohr'sches Salz	Gefunden Eisen		
1,2918 g	0,1846 g = 14,30%	Klemme 2	24,0 ccm Knallgas[1])
1,4360 -	0,2059 - = 14,33 -		25,0 - -
1,1926 -	0,1708 - = 14,32 -		24,0 - -

[1]) Die hier gegebene, älteren Versuchen entnommene Messung mit dem nun gänzlich verlassenen Knallgasvoltameter lässt die Inten-

Angewendet Mohr'sches Salz	Gefunden Eisen		
1,1964 g	0,1700 g = 14,30 %	Klemme 3	16,8 ccm Knallgas
1,2945 -	0,1851 - = 14,30 -		16,6 - -
1,3218 -	0,1892 - = 14,31 -		17,2 - -
1,2931 -	0,1854 - = 14,34 -	Klemme 4	13,2 - -
1,3255 -	0,1895 - = 14,30 -		13,4 - -

Nach Beendigung der Versuche lieferte die Batterie (ohne Widerstand) noch 50 ccm Knallgas.

Versuchsreihe II.

Es wurden 3 Nickel- und 5 Kupferbestimmungen zu gleicher Zeit durchgeführt. Die Stromstärke der aus 5 Bunsen'schen Elementen bestehenden Batterie entsprach 65 ccm Knallgas.

Angewendet Nickel-ammonium-sulfat	Gefunden Nickel		
1,2848 g	0,1963 g = 15,28 %	Klemme 2	21,5 ccm Knallgas
1,4341 -	0,2201 - = 15,35 -		24,0 - -
1,2008 -	0,1842 - = 15,34 -		22,5 - -
Kupfervitriol	Kupfer		
1,1531 g	0,2910 g = 25,23 %	Klemme 7	2,5 - -
0,9787 -	0,2476 - = 25,30 -		2,5 - -
1,0092 -	0,2556 - = 25,32 -		2,5 - -
0,9938 -	0,2515 - = 25,30 -	Klemme 8	2,0 - -
1,0088 -	0,2550 - = 25,27 -		2,0 - -

Versuchsreihe III.

Dieselbe bestätigt die Anwendbarkeit des Apparates zur gleichzeitigen Bestimmung von Nickel, Antimon und Kupfer. Die Gesammtzahl der Analysen betrug wiederum 8. Die aus 5 Bunsen'schen Elementen bestehende Batterie lieferte 65 ccm Knallgas in der Minute.

---

sitätsvariation in diesem Falle richtig erkennen, weil stets dasselbe Instrument und zwar nur sehr kurze Zeit jedes Mal in Benutzung kam.

Angewendet	Gefunden		
Nickel-ammonium-sulfat	Nickel		
1,3022 g	15,30 %	Klemme 3	21,0 ccm Knallgas
1,1520 -	15,27 -		22,0 - -
1,4391 -	15,32 -		22,0 - -
Antimon-trisulfid	Antimon		
0,1609 g	71,44 %	Klemme 9	1,0 - -
0,1691 -	71,47 -		1,0 - -
0,1626 -	71,49 -		1,0 - -
Kupfervitriol	Kupfer		
0,2527 g	25,30 %	Klemme 7	3,6 - -
0,2550 -	25,30 -		3,6 - -

Die Stromstärke der Batterie betrug nach Beendigung der beiden letzten Versuchsreihen annähernd die Hälfte.

Diese Versuche beweisen deutlich die praktischen Vorzüge des Spannungs-Rheostaten. Will man 8 Eisenbestimmungen gleichzeitig (Reihe I) ohne diesen Rheostaten ausführen, so gehören hierzu ebensoviele Rheostaten anderer Konstruktion und mindestens 16 Elemente. Zu 3 Nickel- und 5 Kupferbestimmungen gleichzeitig sind erforderlich, 16 Bunsen'sche Elemente und 8 Rheostaten bezw. 6 Elemente, 4 Rheostaten und 5, aus je 3—4 Meidinger'schen Elementen gebildete Batterien, letztere zur Bestimmung des Kupfers. Aehnlich verhält es sich mit den Analysen, welche unter III aufgeführt sind.

Eine direkte Aenderung der Stromstärke wird im Allgemeinen durch Einschalten von Widerständen in den Hauptstromkreis erreicht. Dieselbe kann entweder im Elemente selbst stattfinden, indem man mehrere Elemente parallel schaltet, d. h. die gleichen Pole miteinander verbindet, wobei Vergrösserung der Elektrodenoberfläche und somit Verminderung des inneren Widerstandes stattfindet.

Bei Dynamomaschinen ist eine solche Parallelschaltung natürlich für den vorgesehenen Fall zwecklos.

Allgemeiner benutzt man zu Intensitätsvariationen Aenderungen im Aussenwiderstande, die theils in der Zelle selbst, durch Entfernung der Elektroden, oder durch gut und schlecht leitende Zusatzmittel erreicht wird. Ausserhalb der Zelle benutzt man die „Rheostaten“, das sind Metallwiderstände, bei denen durch Ein- und Ausschaltung des

Fig. 43.

Rheostatenmaterials Aenderungen im Widerstande erzielt werden. Von den unzähligen Konstruktionen, die zum grossen Theil in den Lehrbüchern der Physik beschrieben sind, möge nur eine im hiesigen Laboratorium seit langem bewährte Einrichtung Erwähnung finden.

Zur Reduktion von Stromstärken überhaupt empfehlen sich in erster Linie die Stöpsel-Rheostaten. In der bekannten Konstruktion sind dieselben aber zum Gebrauch im Laboratorium wenig geeignet, da die Stöpsel durch die Säuredämpfe der Elemente oder die Dämpfe im Laboratorium sehr bald angegriffen und hierdurch die eingeschalteten Widerstände verändert werden. Die genannten Apparate besitzen ferner den Fehler, dass die funktionirenden Stöpsel gelockert werden, wenn einer oder mehrere derselben ausgeschaltet werden. Beide Fehler lassen sich umgehen, wenn man statt der Stöpsel zur Verbindung der Metallstücke Quecksilberkontakte verwendet. Fig. 43 zeigt die Einrichtung eines solchen Rheostaten[1]). Durch Einstecken oder Herausnehmen der Kontakthäkchen *c* aus den Quecksilbernäpfchen kann man in Intervallen von 0,5 Ohm jeden Widerstand von 0,5 bis 80,5 Ohm in den Stromkreis einschalten.

Einige Daten über die Wirkung dieser Rheostaten enthält die folgende Versuchsreihe. Es wurde ein durch 3 Bunsen'sche Elemente erzeugter Strom, welcher am Voltameter gemessen 28 ccm Knallgas pro Minute lieferte, reducirt durch Einschalten von:

Ohm auf	ccm Knallgas pro Minute[2])
0,5	16
1,0	12,5
1,5	9,75
2,0	7,0
3,0	6,0
4,0	5,0
5,0	4,9
7,5	4,0
10,0	3,5
15,0	2,2
20,0	1,3
30,0	1,1
40,0	0,8

[1]) Auf meine Veranlassung haben sich Gebr. Fraas in Wunsiedel mit der Konstruktion dieser Apparate befasst.

[2]) Siehe Anmerkung Seite 89.

Ohm	auf ccm Knallgas pro Minute.
50,0	0,7
60,0	0,6
70,0	0,5
80,0	0,45

Einen Strom von 16 ccm Knallgas pro Minute (mit 2 Bunsen'schen Elementen erzeugt) reducirten 40 Ohm auf 0,4 und 80 Ohm auf 0,15 ccm Knallgas.

Fig. 44.

Empfehlenswerther noch ist die in Fig. 44 abgebildete vereinfachtere Form von Rheostaten, bei welchen die Messingstücke ganz fortgelassen sind und der Kontakt mit den Neusilber-Drahtrollen direkt durch Quecksilber vermittelt wird.

Von der Konstanz eines Stromes von 2 Bunsen'schen Elementen mit eingeschaltetem Rheostaten giebt die folgende Versuchsreihe ein Bild. Es wurde behufs Trennung des Antimons von Zinn der Strom von 2 Bunsen'schen Elementen auf 0,6 und 2 ccm Knallgas in der Minute reducirt.

Unter A und B sind die Stromstärken der beiden Bunsen'schen Elemente, unter C und D die Stromstärken mit eingeschalteten Rheostaten verzeichnet.

A und C sind vor den erwähnten Versuchen, B und D nach denselben (nach Verlauf von etwa 14 Stunden) gemessen.

A	B	C	D	
17	16	0,6	0,3	ccm Knallgas.
24	19	0,6	0,4	- -
18	11,5	0,6	0,3	- -
17	15,5	0,6	0,4	- -

Die Ausführung der Analyse.

Die Ausführung einer quantitativen Analyse durch Elektrolyse verlangt vor allen Dingen die Beachtung grösster Reinlichkeit. So wenig es möglich ist, in der Galvanoplastik irgend einen Metallüberzug auf einem Gegenstand zu erzeugen, wenn letzterer nicht vor Einsenkung ins Bad auf das allersorgfältigste gereinigt wurde, ebensowenig ist es möglich, eine quantitative Elektrolyse mit Erfolg durchzuführen, wenn nicht die als Kathode dienende Metallfläche vorher tadellos gereinigt und entfettet wird. Dasselbe bezieht sich auch auf die Metallkontakte der Elemente, ferner auf die zur Einführung des Stromes dienenden Gestelle u. s. w., da sonst Unterbrechung oder Schwächung des Stromes unvermeidlich ist.

Der Natur der Sache nach erscheint es vortheilhaft, die Oberfläche der Kathode möglichst gross zu wählen, da das ausgeschiedene Metall auf derselben besser haften muss. Wenn irgend ein Metall aus einem Lösungsmittel sich in dichter Form ausscheidet, wie dieses bei der Elektrolyse von oxalsauren Doppelsalzen der Fall ist, so ist die durch

Vergrösserung der Kathode vermehrte Aussicht der Oxydation des Metalls von keinem Belang.

Bei der Abscheidung von Superoxyden (z. B. Blei- oder Mangansuperoxyd), welche überhaupt schlechter festhaften, spielt die Grösse der Elektroden, auf welchen dieselben ausgeschieden werden sollen, jedenfalls eine grosse Rolle.

Platintiegel zu elektrolytischen Fällungen anzuwenden, ist daher nur in den Fällen statthaft, wo es sich um Ausscheidung weniger Milligramme handelt, da, abgesehen von der geringen Oberfläche der Kathode, die Entfernung der beiden Elektroden von einander nicht genügend ist, um eine Ausscheidung des Metalls in dichter Form zu ermöglichen.

Fig. 45.

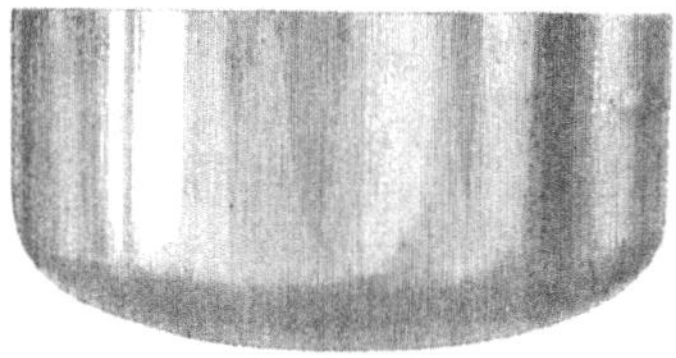

Aus diesen Gründen benutze ich als negative Elektrode eine dünn ausgeschlagene Platinschale, ca. 35—37 g schwer, von 9 cm Durchmesser, 4,2 cm Tiefe und ca. 250 ccm Inhalt. Die Schale hat die in Fig. 45 in $^1/_2$ nat. Grösse abgebildete Form.

Mehrere Metalle scheiden sich in gehämmerten Schalen weniger gut ab, wie in glatten, auf der Drehbank polirten. Wendet man beispielsweise gehämmerte Schalen zur Reduktion von Zink aus dem oxalsauren Doppelsalz an, so resultirt nach dem Auflösen des Metalls in Säure stets ein grauer Anflug von Platinschwarz, welcher selbst durch Schmelzen mit Kaliumhydrosulfat schwer entfernt werden kann und weitere Bestimmungen von Metallen in der Schale erschwert. Für manche Zwecke, wie zum Beispiel für die Bleibestimmung in Form des Superoxyds ist ein festes Haften des Niederschlags nur in Platinschalen zu erzielen, deren innere Oberfläche mit dem Sandstrahlgebläse mattirt worden ist[1]).

Es ist unter allen Umständen zu empfehlen, die zur Elektrolyse dienenden Schalen ausschliesslich zu dem gedachten Zwecke zu reserviren.

Die grosse Empfindlichkeit der weichen Platinschalen wird bei den in letzter Zeit hergestellten Platin-Iridiumschalen vermieden. Das Iridium, von dem ca. 10 % dem Platin zugesetzt werden, verleiht den aus dieser Legirung hergestellten Apparaten eine weit grössere Härte, und somit Widerstandsfähigkeit, als reine Platingegenstände besitzen.

Fig. 46.

Als Anode, positive Elektrode, benutze ich ein mässig dickes Platinblech von etwa 4,5 cm Durchmesser, welches an einem ziemlich starken Platindraht leitend befestigt ist (Fig. 46). Es ist zweckmässig, um während der Elektrolyse Mischung der Lösung zu ermöglichen, das Platinblech mit Hülfe eines Korkbohrers zu durchlöchern. Unterlässt man letzteres, so zeigt es sich, dass, infolge Vereinigung einer Anzahl kleiner Gasbläschen zu einer grossen Gasblase unterhalb der Anode ein Platzen derselben am Rande der Schale eintritt, und eine gewisse Menge von Lösung verspritzt wird, was unter Umständen geringe Verluste zur Folge haben kann.

Neben der in Fig. 46 abgebildeten Anode benutze ich als positive Elektrode eine solche von der Form der in Fig. 45 abgebildeten Platinschale von 50 mm Durchmesser und 20 mm Tiefe. Um eine bessere Cirkulation der Flüssigkeit

[1]) Classen, Ber. Deutsch. Chem. Gesell. Bd. XXVII. S. 163.

und raschere Reduktion zu ermöglichen, ist die Elektrode an fünf Stellen durchbrochen.

Zur Aufnahme von Anode und Kathode dienten ursprünglich, nach einem Vorschlage von anderer Seite, zwei besondere Gestelle. Diese habe ich zu einem einzigen Stativ vereinigt, welches mit einem zur Aufnahme der Platin-

Fig. 47.

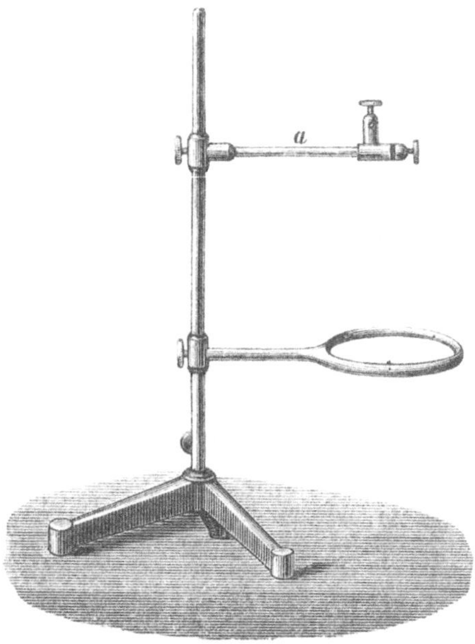

schale bestimmten Metallring, an welchem drei kurze Platinkontaktstifte festgenietet sind, und einem zur Befestigung der positiven Elektrode bestimmten, isolirten Arm *a* aus Glas versehen wird (Fig. 47). Der Gebrauch dieses Stativs hat jedoch den Uebelstand, dass das Messingstativ, an welchem Ring und Glasarm befestigt sind, von den Dämpfen im Laboratorium stark angegriffen wird, was Kontaktunterbrechung während der Elektrolyse zur Folge haben kann.

Seit längerer Zeit hat sich das in Fig. 48 abgebildete Stativ sehr gut bewährt. Ring und Arm sind an einer Glasstange *G* verstellbar befestigt, *n* wird mit dem negativen, *p* mit dem positiven Pole verbunden. Die positive Elektrode selbst wird bei *e* befestigt. Will man statt einer Platinschale einen Platinkonus zur Abscheidung eines Metalls verwenden (s. weiter unten), so befestigt man an der Glasstange zwei Arme, wie dies aus Fig. 49 ersichtlich ist. Diese Anordnung

Fig. 48.

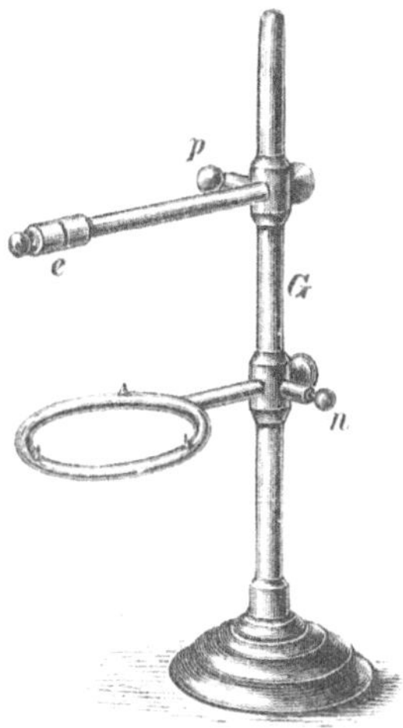

Fig. 49.

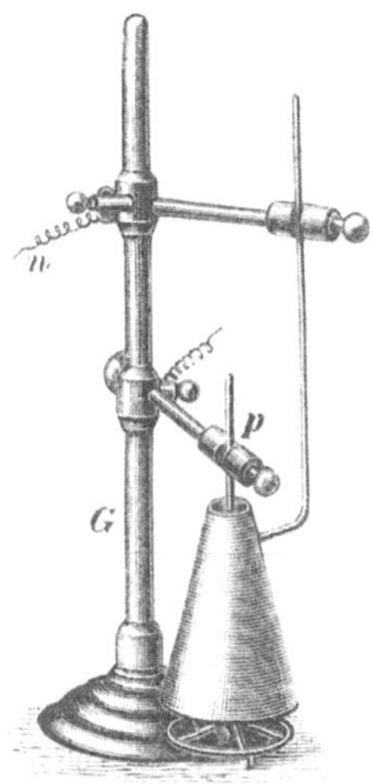

ist auch zweckmässig, wenn es sich darum handelt, aus schwach sauren Lösungen Metalle auszuscheiden: man hebt das Gestell mit den Elektroden rasch aus der Flüssigkeit heraus, senkt dasselbe ohne Verzug in ein geeignetes, theilweise mit Wasser gefülltes Glas und entfernt alsdann das Wasser an der negativen Elektrode durch Aufspritzen von Alkohol.

Bei Anwendung einer Platinschale kann man dieselbe auf ein Metalldreieck und dieses auf ein Becherglas stellen

Fig. 50.

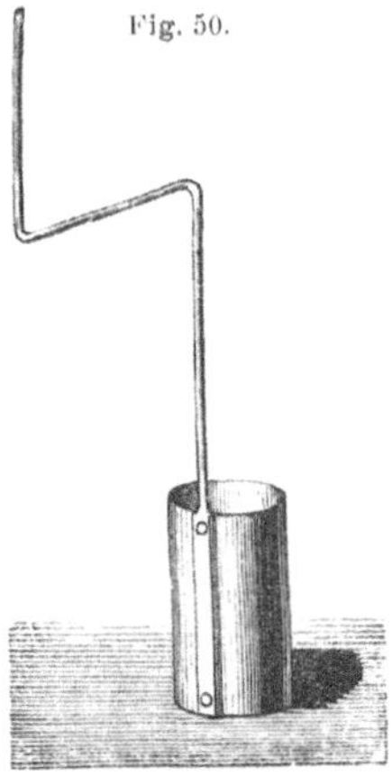

Fig. 51.

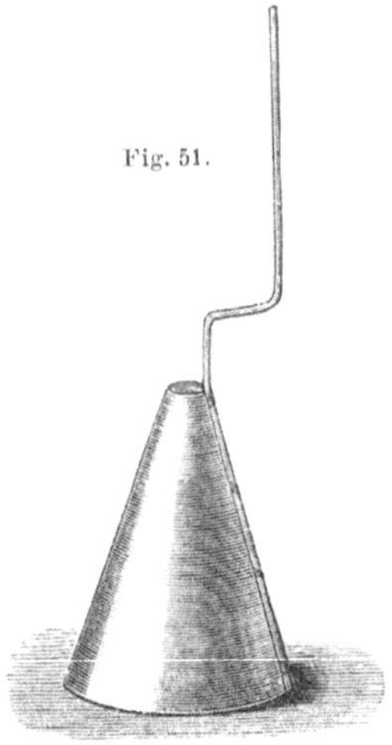

Fig. 52.

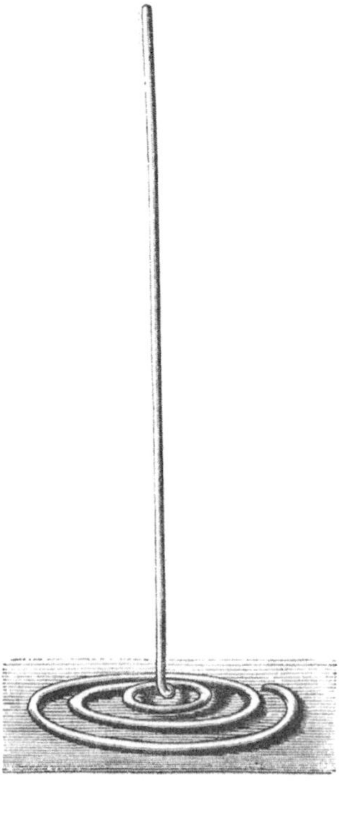

Fig. 53.

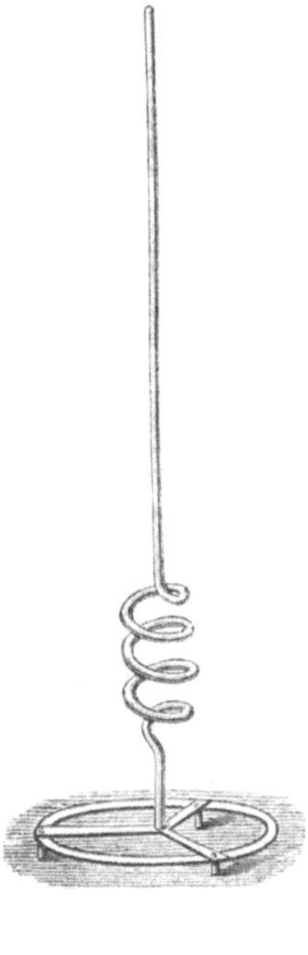

und nach beendeter Zersetzung die Säure durch einen Strahl Wasser aus der Schale verdrängen.

Die von der Mansfeld'schen Ober-Berg- und Hütten-direktion in Vorschlag gebrachten Elektroden, welche dort fast ausschliesslich zu Kupferbestimmungen benutzt werden,

Fig. 54.

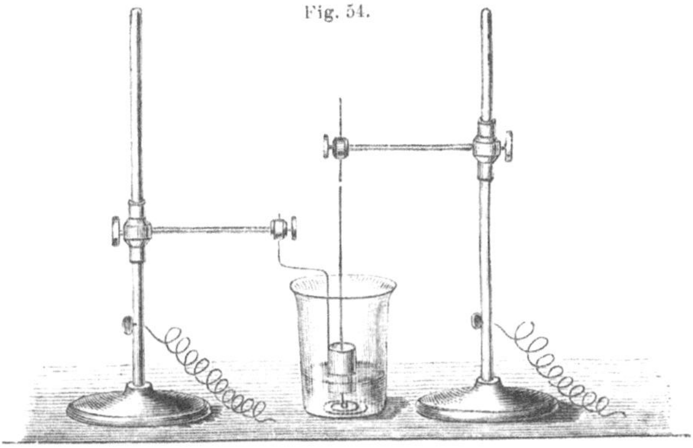

Fig. 55.

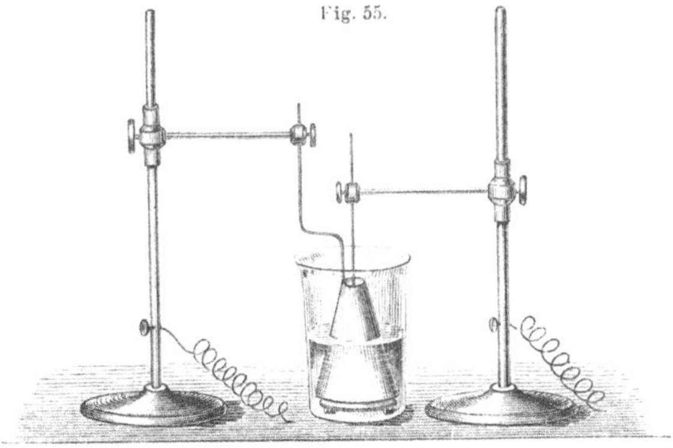

sind in den Figuren 50—55 abgebildet. Je nachdem grössere oder geringere Mengen eines Metalls zu bestimmen sind, wendet man entweder das in Fig. 50 ($^1/_3$ natürl. Grösse) abgebildete cylinderförmige Platinblech oder den in Fig. 51 ($^1/_3$ natürl. Grösse) abgebildeten Platinmantel an. Als posi-

Fig. 56.

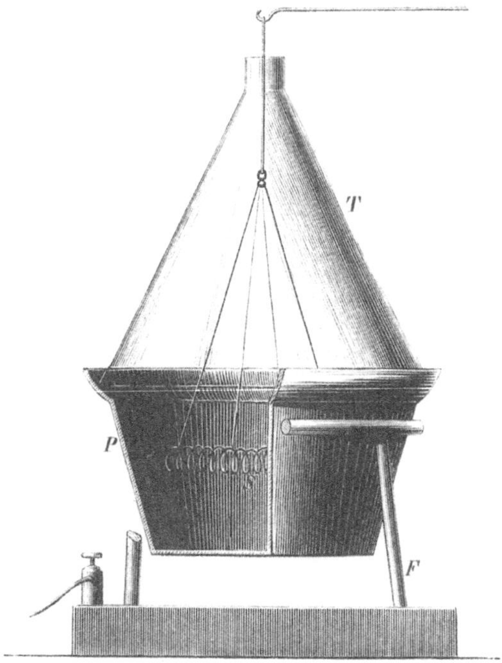

tive Elektrode dient dann entweder ein spiralförmig aufgewundener dicker Platindraht, Fig. 52, oder die in Fig. 53 abgebildete Elektrode. Die Anordnung der einzelnen Theile bei Anwendung von 2 Stativen statt des S. 99 beschriebenen Gestells ist aus den Figuren 54 und 55 leicht ersichtlich.

Fig. 57.

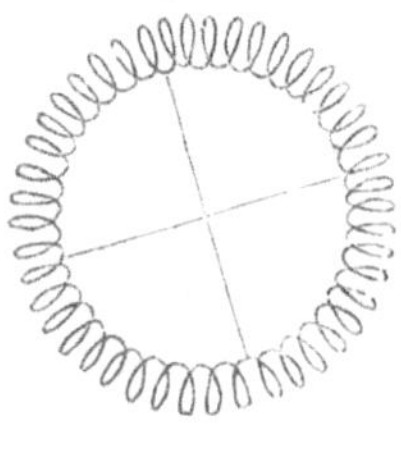

Herpin benutzt zur Ausführung von Elektrolysen den in Fig. 56 abgebildeten Apparat. Die auf einem Dreifuss *F* ruhende Platinscheibe *P* wird mit dem negativen Pol, die Platinspirale *S* (in Fig. 57 gesondert abgebildet) mit dem positiven Pole in Verbindung gebracht. Um Verlust durch Spritzen der Flüssigkeit zu vermeiden, ist die Schale mit einem Glastrichter *T* bedeckt.

Riche verwendet als Kathode einen an beiden Seiten offenen Platinkonus, Fig. 58, welcher die Form eines Tiegels hat und mit einem Bügel versehen ist. Um während der Reduktion eine gleichmässige Koncentration der Flüssigkeit

Fig. 58.

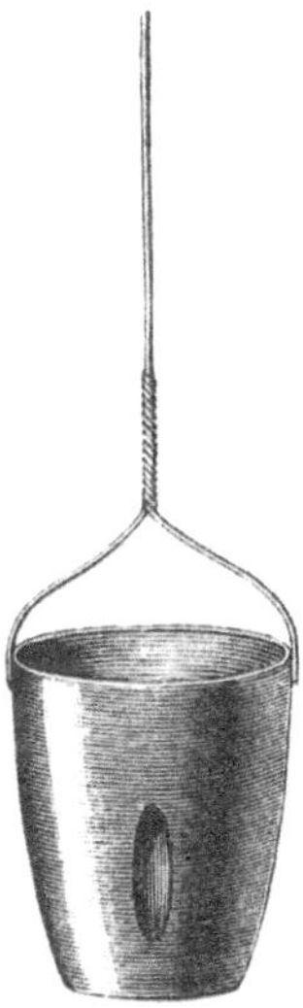

Fig. 59.

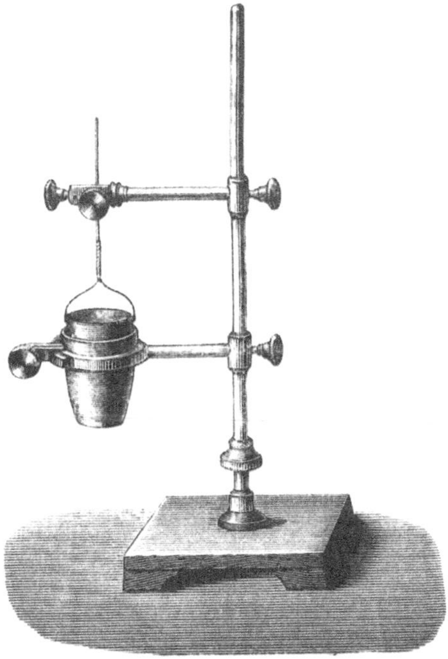

zu ermöglichen, sind in den Konus längliche Oeffnungen geschnitten. Der Konus wird in einen Platintiegel eingesenkt, so dass der Abstand 2—4 mm beträgt. Die ganze Anordnung ergiebt sich aus Fig. 59.

Was nun die Ausführung der Elektrolyse selbst anbelangt, so sind zur Ueberführung in oxalsaure Doppelverbindungen (siehe Seite 5) Sulfate am geeignetsten, weniger gut sind Chloride, während Nitrate ganz ungeeignet sind. Hat man Chloride angewendet und tritt bei der Elektrolyse der Geruch nach Chlor auf, so muss man nach und nach soviel Ammoniumoxalat in der Flüssigkeit auflösen, bis der Geruch verschwindet. Zur Bildung der Doppelsalze wird bald Kaliumoxalat, bald Ammoniumoxalat und zuweilen auch ein Gemenge beider angewendet.

Da heisse Flüssigkeiten den Strom besser leiten, so wird vielfach die vorher erhitzte Flüssigkeit der Elektrolyse unterworfen. In einzelnen Fällen erfordert indess die Ausführung derselben eine Flüssigkeit von gewöhnlicher Temperatur.

Zur Ausführung einiger Bestimmungen und Trennungen empfiehlt es sich, die zu elektrolysirende Flüssigkeit fortdauernd zu erhitzen. Welchen Einfluss das Erwärmen auf die Zeitdauer der Elektrolyse ausübt, mögen folgende Versuche belegen. Es wurden annähernd gleiche Mengen von Eisen und Nickel unter möglichst gleichen Bedingungen (Stromstärke, Concentration etc.) sowohl aus einer Lösung von etwa 50^0, als aus einer solchen von etwa 15^0 ausgeschieden.

Eisen.

	Angewendet	Gefunden	Zeitdauer Std.	Min.
I	0,2385 g Fe_2O_3 (kalt elektrolys.)	0,2384 g Fe_2O_3	4	20
	0,2345 - - (warm -)	0,2342 - -	2	10
II	0,2246 - - (kalt -)	0,2214 - -	4	10
	0,2369 - - (warm -)	0,2369 - -	2	15

Nickel.

	Angewendet	Gefunden	Zeitdauer Std.	Min.
I	0,2660 g Ni (kalt elektrolys.)	0,2660 g Ni	7	25
	0,2660 - - (warm -)	0,2659 - -	2	20
II	0,2660 - - (kalt -)	0,2661 - -	7	30
	0,2660 - - (warm -)	0,2660 - -	2	20

Aus den vorstehenden Versuchen geht auch hervor, dass bei Anwendung heisser Lösungen die Stromstärke erheblich reducirt werden kann, wenn es auf Beschleunigung der Elektrolyse nicht ankommt.

Die im vorliegenden Buche enthaltenen Angaben beziehen sich, wo nicht das Gegentheil bemerkt wird, auf Lösungen von gewöhnlicher Temperatur.

Zur Erwärmung der Flüssigkeit auf 60—80^0 (dieselbe darf in keinem Falle zum Sieden erhitzt werden, da sonst das reducirte Metall von der Platinscheibe abblättert und

Fig. 60.

alsdann nicht bestimmt werden kann) benutzt man Brenner von nebenstehender Form (Fig. 60). Man kann auch die Hülse eines Bunsen'schen Brenners abschrauben und die aus dem zickzackförmigen Einschnitt brennende, leuchtende Gasflamme, welche bis auf wenige Millimeter Höhe zu reduciren ist, zur Erwärmung der Flüssigkeit benutzen. Die Entfernung der Schale vom Brenner muss etwa 15 cm betragen. Um eine gleichmässige Ausscheidung des zu reducirenden Metalls auf allen Punkten der Schale zu ermöglichen, muss gleichmässige Erwärmung der Platinfläche bewirkt werden. Letzteres lässt sich mit Hülfe einer Unterlage von dünnem Asbestpapier erreichen, welches so ausgeschnitten wird, dass die Platinkontakte des die Schale tragenden Gestells frei bleiben. Die Anwendung von Asbestpapier verhindert auch, dass die Flüssigkeit ins Kochen geräth.

Um eine gleichmässige, leicht zu regulirende Erwärmung zu erzielen, schiebt Engels[1]), nach Versuchen im hiesigen Laboratorium, unter die auf dem Stativ sitzende Schale in einem Abstande von 2 cm eine auf einem Dreifuss ruhende Asbestplatte und unter diese einen gewöhnlichen Bunsenbrenner. Die Schale befindet sich dann in einem Luftbade; die Temperatur ist leicht konstant zu halten und die Erwärmung ist eine ganz gleichmässige, was bei der sonst üblichen Art der Erwärmung nicht der Fall ist, in dem an den Stellen der direkten Berührung von Schale und Stativ eine höhere Temperatur herrscht und in Folge dessen eine stärkere Abscheidung stattfindet als an den übrigen Theilen der Schale.

Bei längerer Einwirkung des Stroms ist das Verdampfen einer kleinen Menge von Flüssigkeit nicht zu vermeiden. Letzteres hat nun zur Folge, dass ein Theil des reducirten Metalls der Einwirkung von Wasserdampf und Luft ausgesetzt wird. Zur Vermeidung der Oxydation des durch Verdampfen blossgelegten Metalls giesst man von Zeit zu Zeit wenig Wasser auf das die Schale bedeckende Glas, so dass das Metall stets von Flüssigkeit bedeckt bleibt.

Nach beendeter Fällung führt man die in der Schale befindliche Flüssigkeit ohne Verlust in ein Becherglas über, spült die Schale nacheinander dreimal mit etwa 5 ccm kaltem Wasser und alsdann ebenso oft mit reinem, absolutem Alkohol aus. Die etwa 5 Minuten lang im Luftbade bei 70 bis 90° C. getrocknete Schale lässt man im Exsikkator völlig erkalten und bestimmt deren Gewicht.

---

[1]) Ztschr. f. Elektrochemie 1895/96. Heft 19.

Die bisher beschriebenen Apparate sind durchweg aus den Arbeiten des hiesigen Laboratoriums hervorgegangen. Andere Vorschläge, die theilweise Eingang gefunden haben, rühren hauptsächlich von v. Klobukow her[1]). So beschreibt er ein Universalstativ (s. Fig. 61), welches sämmtliche für die Elektrolyse nothwendigen Apparate an einer auf dem Arbeitsplatz angeschraubten Stange verstellbar enthält.

„Wird die Elektrolyse mit Anwendung einer Platinschale als Elektrode ausgeführt, so dient als Träger der Schale *s* der Ring *R* mit drei eingelöteten Platinspitzen. Die zweite Elektrode *E* wird in den Träger *d* eingeklemmt, welch letzterer am Muff *D*, bezw. an der Querstange *TT* aus Hartgummi verstellbar befestigt ist. Die Zuleitungen des Stromes erfolgen: zur Schale *s* bei *m*, vermittelst der Metallmasse des Stativs, zur Elektrode *E* bei *n* mittelst der am Ende des Trägers *d* angebrachten Klemmschraube.

Die Zuleitungsdrähte sind mit der am Arbeitstisch fest angebrachten Wippe *W* verbunden, welch' letztere in den betreffenden Stromkreis eingeschaltet wird. Ausserdem sind Zuleitungen zum Voltmeter vorhanden, deren Enden bei der Messung der Potentialdifferenz an den Elektroden in geeigneter Weise an *s* und *E* angelegt werden.

Als weitere Theile des „Universalstativs" funktioniren: der zur Erwärmung der Flüssigkeit in *s* während der Elektrolyse dienende Mikrobrenner *B* und die mit einem Heber von besonderer Konstruktion verbundene Flasche *F*, welche die zum Auswaschen des Metallniederschlages in der Schale während des Durchganges des Stromes dienende Flüssigkeit enthält. Die Einrichtung des genannten Hebers ist so getroffen, dass beim entsprechenden Oeffnen der Hähne h, h_1, h_2

[1]) J. pr. ch. (2) 34, 539 u. 40, 121, 33, 473.
S. a. Krüger, Elektrochem. Ztschr. 1896. S. 106 u. ff.

einerseits die Waschflüssigkeit in die Schale, — andrerseits der Inhalt der Schale in das Glas *G* übergeführt werden."

Fig. 61.

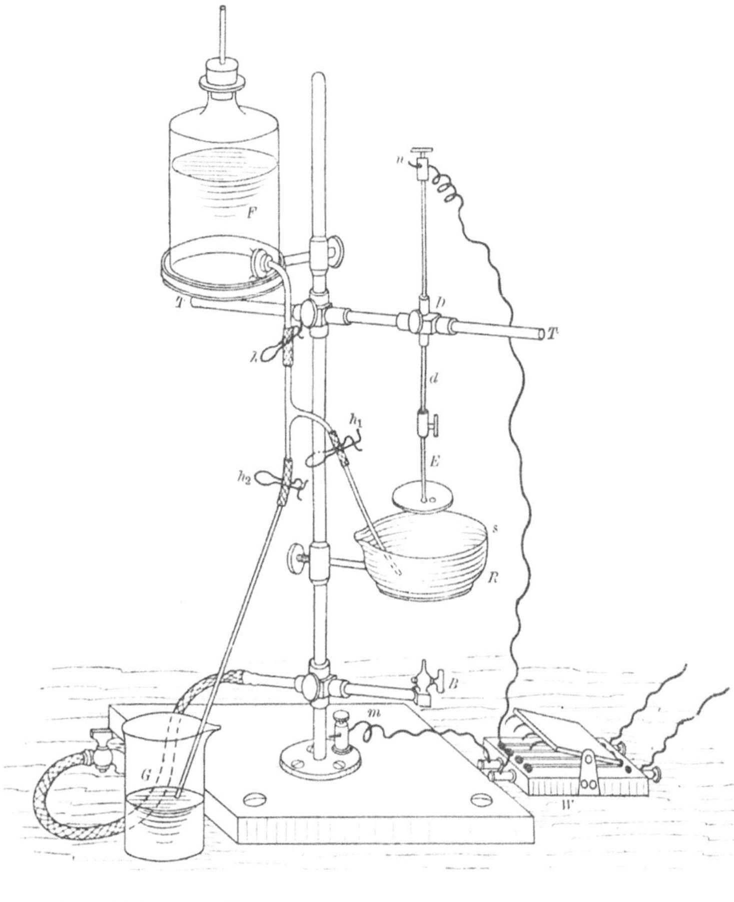

Der Elektrode *E* giebt v. Klobukow eine von den von mir beschriebenen insofern abweichende Gestalt, als sie eine den Boden der Schale *s* genau nachahmende gewölbte Fläche repräsentirt — eine Einrichtung, welche zwar aus theoretischen Gründen naheliegt, die sich aber nach meiner Erfahrung nicht bewährt. Denn merkwürdiger Weise werden bei Anwendung einer ebenen Anode die Metallniederschläge meistens schöner, als bei Benutzung einer gewölbten. (Siehe Fig. 62.)

Fig. 62.

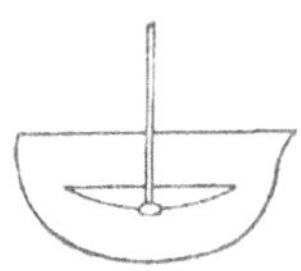

Fig. 63.

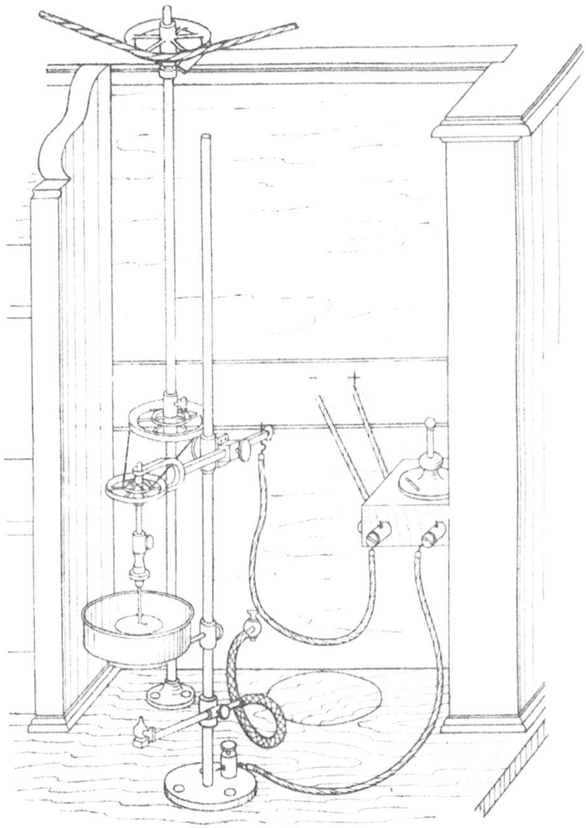

Für seinen Universalapparat schlägt v. Klobukow gleichzeitig eine Rührvorrichtung vor, in der Weise, dass die mit einer entsprechenden Rührvorrichtung versehene Elektrode *E* in langsame rotirende Bewegung um ihre Axe versetzt wird. (Siehe Fig. 63.)

Für die Vornahme der Elektrolyse selbst sind ausser den beschriebenen Schalen und Elektroden noch eine grosse Zahl Vorschläge bekannt geworden, die mehr oder weniger dasselbe Princip verfolgen. Erwähnung verdient der Schenkelapparat, der gleichfalls von Klobukow herrührt. Derselbe dient zum getrennten Auffangen der an den Elektroden entweichenden Gase und bezw. zur quantitativen Untersuchung derselben. Der Apparat ist ohne Weiteres aus der Fig. 64

Fig. 64.

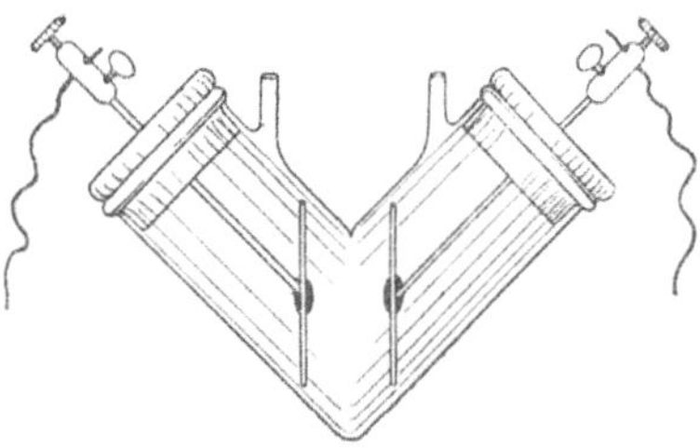

verständlich. Durch die das rechtwinklig gebogene, dicke Glasrohr abschliessenden, zweckmässig paraffinirten Korke sind als Elektroden flache runde Bleche eingeführt, welche unter einem Winkel von 45^0 an dicke Platindrähte angenietet sind. Die Elektroden selbst sind natürlich nicht auf eine bestimmte Form beschränkt; v. Klobukow schlägt auch runde, wellförmig gebogene Platinbleche, spiralförmig gewundene Drähte oder Spitzenelektroden vor.

Für den Fall, dass man Anoden- und Kathodenflüssigkeit durch poröse Membranen getrennt halten will, schlägt v. Klobukow die in Fig. 65 gezeichnete Anordnung vor. Die beiden getrennten Schenkel besitzen genau aufeinandergeschliffene Berührungsflächen, welche in eine Messingfassung eingekittet sind. Der dichte Verschluss wird mittels eines Scharniers und einer Schraube bewirkt und zur Benutzung der Berührungsstellen der Glasschenkel gut verkittet.

Fig. 65.

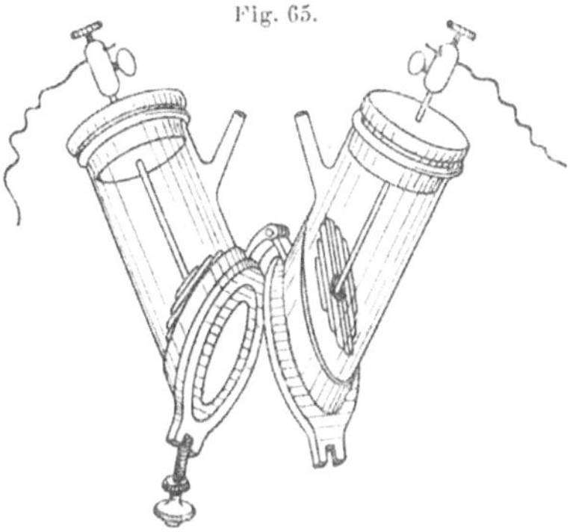

Ein auf anderen Principien beruhender und zu anderen Zwecken dienender Elektrolysirapparat, welcher auch für

Fig. 66.

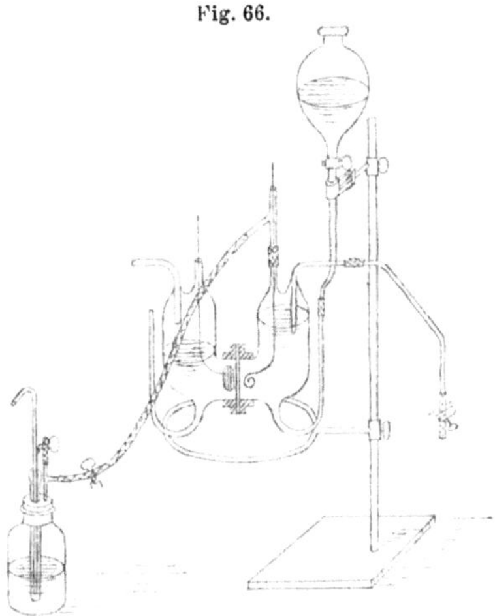

quantitatives Arbeiten brauchbar sein dürfte, ist der von Hofer beschriebene[1]). Fig. 66 zeigt zwei Elektrodenräume

[1]) Ber. Deutsch. Chem. Gesell. 27, 461.

aus Glas, welche mit Zufluss- und Abflussrohr für den Elektrolyten, der im kontinuirlichen Strome durchgeführt wird, und einem Ableitungsrohr für die entwickelten Gase versehen sind. Beide Hälften werden vermittelst einer festgekitteten Fassung unter Zwischenlegung von Pergamentpapier oder einer sonstigen porösen Scheidewand durch Zusammenschrauben befestigt. Die Elektroden bestehen aus spiralförmig gewundenem Platindraht von 0,8 mm Stärke, oder auch aus kleinen Platinblechen, die an einem längeren Platindraht befestigt sind. Diese Zuleitungsdrähte gehen durch die Gasableitungsröhre und werden für den Fall, dass die Gase gesammelt werden sollen, noch durch ein angefügtes T-Rohr geführt, und die Dichtung mit Kautschukstöpsel bewerkstelligt. Die zu elektrolysirende Flüssigkeit befindet sich in einem Kugelhahntrichter, dessen Rohr mit dem unten mündenden Zuflussrohr einer Abtheilung des Apparates durch einen Kautschukschlauch verbunden ist. Die Flüssigkeit wird also kontinuirlich an die betreffende Elektrode geführt und muss den Apparat von unten nach oben durchströmen. Sie fliesst durch das Abflussrohr, an welchem ein Glasrohr mit Kautschukschlauch und Schrauben-Quetschhahn zur Regulirung des Durchströmens befestigt ist, in ein untergestelltes Gefäss.

Dieser Apparat, der bisher nur zum Studium organischer Zersetzungen verwandt worden ist, dürfte vielleicht zur quantitativen Bestimmung der Gase sich eignen.

Geschichtliches.

Wie jeder neue Wissenszweig, so hat auch die Elektrolyse sich rein empirisch entwickelt. Aus einer grossen Zahl, mit Fleiss und Ausdauer gesammelter Beobachtungen wurden im Laufe der Zeit die zweckmässigsten Vorschriften festgestellt, ohne dass es immer gleich gelang, den Verlauf und das Wesen der Reaktionen genau zu erkennen. Erst der in neuester Zeit erfolgten Entwicklung der Elektrochemie war es vorbehalten, über die maassgebenden Faktoren der quantitativen Elektrolyse Licht zu verbreiten und die Bedeutung und Verwerthung der Stromgrössen und anderer Versuchsbedingungen klarzulegen.

Die ersten Versuche elektrolytischer Metallbestimmung sind rein qualitativer Natur. Kurz nach der Entdeckung der Wasserzersetzung durch den Strom spricht Cruikshank (1801), auf der Beobachtung der Kupferabscheidung fussend, die Vermuthung aus, dass der galvanische Strom sich zur qualitativen Metallbestimmung verwenden lasse. Nur geringe Würdigung folgte seiner Anregung. Fischer (1812) wies durch Elektrolyse Arsen, Cozzi (1840) in thierischen Flüssigkeiten überhaupt einen Metallgehalt nach; ebenso empfahl Gaultier de Claubry (1850) die Anwendung des Stromes zur Auffindung giftiger Metalle in Gemengen, welche organische Substanzen enthalten.

Charles L. Bloxam (1860) trat für die Gaultier'schen Arbeiten ein und arbeitete mehrere Methoden aus, die hauptsächlich den Nachweis von Arsen und Antimon bei gleichzeitiger Gegenwart anderer Metalle zu ermöglichen suchte. Er konnte sich hierbei theilweise auf die von Morton (1851) zur Trennung von Metallen aus Mischungen gegebenen Vorschriften stützen.

Durch Bequerel (1830) war bereits beobachtet worden, dass Blei und Mangan sich häufig nicht am negativen Pole als Metalle, sondern am positiven Pole als Oxydverbindungen abschieden, eine Thatsache, die die leichte qualitative Trennung dieser Metalle von anderen ermöglichte. Eine Reihe von Arbeiten über die Zersetzung anorganischer Metallsalze folgte dann von Despretz (1857), von Nicklès (1862), von Wöhler (1868), lediglich qualitativer Natur. Ebenso gab die Zusammenfassung der elektrochemischen Versuche von A. C. und E. Bequerel (1862) nur einen Ueberblick über die elektrolytischen Metallreduktionen in qualitativer Beziehung.

Die Erfahrungen auf diesem Gebiete waren unterdessen so reichhaltige geworden, dass auf ihnen fussend die quantitative Elektrolyse sich verhältnissmässig schnell entwickeln konnte.

Die Reihe der quantitativen Untersuchungen eröffnete W. Gibbs (1864) durch eine Untersuchung über elektrolytische Kupfer- und Nickelbestimmung, der sich Beschreibungen von Methoden zur Silber- und Wismuth-Analyse in Form der Metalle, sowie der Blei- und Mangan-Analyse in Form ihrer Superoxyde anschlossen. Ebenso veröffentlichte er bereits Studien über Zink-, Nickel- und Kobalt-Abscheidung. Die Möglichkeit der quantitativen Kupferbestimmung wurde von Luckow (1865) bestätigt, welcher dieselbe bereits eine ganze Reihe von Jahren ausführte. Er bezeichnet die elektrolytische quantitative Metallbestimmung als „Elektro-Metall-Analyse. Gleichzeitig gab dieser Autor eine ganze Reihe von Vorschriften über die Benutzungsweise des Stromes zu analytischen Arbeiten und legte durch präcise Angaben die Grundlage zu vielen späteren Untersuchungen.

Zunächst wandte sich die Aufmerksamkeit der Forscher bei Benutzung beliebiger Stromquellen und physikalischer Bedingungen hauptsächlich den chemischen Vorgängen in der Zelle zu. Die günstige Auswahl der Metallsalze, geeignete Zusatzmittel zu den Lösungen, zweckentsprechende Lösungsmittel wurden gesucht und gefunden. So lenkte Wrightson (1876) die Aufmerksamkeit auf den Umstand, dass die Gegenwart fremder Metalle die Genauigkeit der Kupferbestimmungen beeinflusse und bestimmte die Grenzen des Antimongehaltes in Kupfer, welche noch zuverlässige Bestimmungen des letzteren zuliessen. Die mit Cadmium, Zink und anderen Metallen gewonnenen Resultate waren noch nicht zufriedenstellend.

Zur gleichen Zeit, als Lecoq de Boisbaudran (1877) die elektrolytische Galliumbestimmung in alkalischer Lösung bekannt gab, erschienen die ersten Untersuchungen von Parodi und Mascazzini (1877), welche die Zinkanalyse aus seiner Sulfatlösung unter Zusatz eines Ueberschusses von Ammoniumacetat kennen lehrten. Ebenso gelang es ihnen Blei aus alkalisch weinsteinsaurer Lösung in metallischem Zustande, bei Gegenwart eines Alkali-Acetates quantitativ niederzuschlagen.

Die ersten genaueren Angaben über Manganbestimmung verdanken wir Richet (1878), welcher nachwies, dass das Metall aus Lösungen seines Nitrates vollständig am positiven Pole in Form einer Sauerstoffverbindung sich abscheiden lässt, wodurch die elektrolytische Trennung von anderen Metallen, wie Kupfer, Kobalt, Nickel, Zink etc. ermöglicht wurde.

Einige in dieselbe Zeit fallenden Arbeiten von Luckow, F. W. Clarke und J. B. Haunay beschäftigen sich mit der elektrolytischen Quecksilberbestimmung, das sich aus Lösungen seines Chlorides oder Oxydulsulfates leicht metallisch abscheiden lässt.

F. W. Clarke (1878) gelang es, eine Methode zur elektrolytischen Cadmiumbestimmung durch Ausscheidung des Metalles aus Lösungen seines Acetates zu finden, ein Verfahren, welches Yver (1880) zur Trennung desselben vom Zink benutzte. Cadmium fällt nicht aus in Gegenwart von Salpetersäure, wodurch derselbe Verfasser auch zu einer Trennung dieses Metalles vom Kupfer gelangte*).

Der Zinkbestimmung von Parodi und Mascazzini, gesellte sich eine zweite Methode von Beilstein und Jawein (1879) bei, welche erfolgreich Lösungen der Doppelcyanide bei ihren Versuchen verwandten.

*) Diese Methode ist indess nicht quantitativ.

Nach Fresenius und Bergmann (1880) gelingt die elektrolytische Analyse von Nickel und Kobalt aus Lösungen, welche mit einem Ueberschuss von freiem Ammoniak und Ammoniumsulfat versetzt sind.

Smith (1880) begann die Reihe seiner Untersuchungen mit der Elektrolyse des Uraniumacetates, welche das Uran in Form des Hydrates seines Sesquioxydes quantitativ zur Abscheidung gelangen liess, ein Verhalten, dem sich das Molybdän in Lösungen des Ammoniummolybdänats, bei Gegenwart von freiem Ammoniak anschliesst[1]). Die weiteren Untersuchungen des genannten Chemikers erstrecken sich auf die Elektrolyse von Salzen des Wolframs, Vanadins und Ceriums, denen sich in letzter Zeit Trennungsversuche von Metallen aus Cyankalilösungen angeschlossen haben[2]).

Besondere Verdienste erwarb sich Luckow (1880) durch die Veröffentlichungen seiner Beobachtungen, die bei der Elektrolyse ausser der Metallreduktion auftreten. Er wies die Reduktion hoher Oxydationsstufen zu niederen für chromsaure Salze, für Eisen- und Uransalze nach. Umgekehrt werden schwefligsaure Salze und Thiosulfate zu Sulfaten oxydirt. Im Allgemeinen fasst Luckow seine Beobachtungen in den Satz zusammen, dass der Strom auf saure Lösungen vornehmlich eine reduzirende, auf alkalische Lösungen wesentlich eine oxydirende Wirkung ausübe.

Im Jahre 1881 begannen die Untersuchungen von A. Classen und seiner Schüler über die quantitative Analyse durch Elektrolyse, welche fast alle Metalle in den Kreis der Betrachtung zogen. Classen lehrte zuerst die Bedeutung der Oxalsäure und der Oxalate in Form der

---

[1]) Nach den von M. Heidenreich (Ber. Deutsch. Chem. Gesell. XXIX 1587) angestellten Versuchen liefern diese Methoden keine Resultate.

[2]) Vergl. die im speciellen Theil angeführten Versuche.

Doppelsalze mit Metallen kennen[1]) (1881) und arbeitete eine grosse Anzahl elektrolytischer Methoden aus. Die Einzelheiten finden sich bei den entsprechenden Metallen angegeben.

Eine Empfehlung der oxalsauren Doppelsalze fand fast zu derselben Zeit von Reinhardt und Ihle zur elektrolytischen Bestimmung des Zinkes statt.

Gibbs versuchte (1880) durch Anwendung einer Quecksilberkathode die Metalle durch Gewichtszunahme des Quecksilbers als Amalgame zu bestimmen, eine Methode, welche Luckow (1886) auch zur Analyse des Zinkes anwandte.

Seit dem Jahre 1886 erfolgen jährlich eine grosse Reihe von Vorschriften, deren Aufzählung zu weit führen würde. Erwähnung verdienen noch die Versuche Vortmann's (1894) zur elektrolytischen Bestimmung der Halogene durch Anwendung von Silberanoden. Das Silberhalogen haftet

---

[1]) Smith erwähnt in seiner elektrochemischen Analyse (S. 35), dass Parodi und Mascazzini (Gazetta chim. it. Bd. 8, S. 178) schon im Jahre 1879, also 2 Jahre vor meiner ersten Veröffentlichung, berichtet hätten, dass man Eisen und Antimon vollständig und in dichter Form niederschlagen könne, wenn man die Lösungen der Sulfosalze des Antimons und die Chloride des Eisens bei Gegenwart von saurem oxalsaurem Ammon elektrolysirte. Die Verfasser sagen: „Questi due metalli si depongono sotto forma elementare compatti e perfettamente aderenti sul polo negativo in platino e cive: l'antimonio dal chloruro diluito nel tartrato ammonico basico ed anche dalle dissoluzioni dei solfosoli; il ferro dal sesquiossido disciolto nel l'ossalato acido di ammoniaca.“ Daraus erhellt, dass die Verfasser für Antimon weinsaure Lösungen verwandten. Für das Eisen habe ich die Anwendung des Ammoniumoxalates zuerst vorgeschlagen; das von Parodi und Mascazzini benutzte saure Ammoniumoxalat ist für die Eisenbestimmung überhaupt unbrauchbar, denn erstens giebt dasselbe mit Eisenoxydulsalzen kein lösliches Doppelsalz, und zweitens fällt aus dem Eisenoxyddoppelsalz keine Spur von Eisen nieder; letzteres tritt erst ein, wenn das saure Ammoniumoxalat durch den Strom zersetzt ist.

fest an der Elektrode, deren Zunahme mithin direkt die Menge des ausgeschiedenen Halogenes ergiebt.

Mehr Nachdruck auf die physikalischen Verhältnisse legen die Arbeiten, welche ausschliesslich an die Bemerkung Kiliani's (1883) über die Bedeutung der Spannung bei elektrolytischen Arbeiten ihr Hauptaugenmerk auf diese richteten. Vor allem hat Le Blanc (1889) die Zersetzungswerthe für die verschiedenen Metallösungen bestimmt und durch seine Arbeit die Grundlage gelegt, auf der fussend Freudenberg (1891) die Trennung von Metallen nur durch Variation der Spannung durchführen konnte.

Mit der Ausarbeitung von Methoden ging Hand in Hand die geeigneter Apparate. Die heute allgemein angewandten Instrumente und Einrichtungen für die quantitative Elektrolyse sind durchweg aus dem hiesigen Laboratorium hervorgegangen, das auch bezüglich der Stromquellen, sowohl zuerst die Dynamomaschine, wie die Akkumulatoren verwandte.

Einrichtungen zur Elektrolyse.

Die Frage nach der zweckmässigsten Einrichtung für elektrolytische Versuche ist von so viel Einzelheiten, wie baulichen Verhältnissen, Anordnung der Räume u. s. w. abhängig, dass man eine allgemeine Antwort zu geben nicht im Stande ist. Nachdem bereits erörtert ist, welche Stromquellen die besten Dienste leisten, und die Erfahrung für Akkumulatoren mit Dynamo- oder Thermosäulenbetrieb entschieden hat, kann die genauere Einrichtung nur von bestimmten Gesichtspunkten aus beschrieben werden, je nach den Zwecken nämlich, die sie erfüllen soll. Das Laboratorium in Aachen hat den Entwickelungsgang der quantitativen Elektrolyse mit durchgemacht und von der einfachsten und kleinsten Einrichtung beginnend allmählich eine sehr vollkommene erhalten. Es wird demnach dienlich sein, drei Einrichtungen zu beschreiben, deren erste die einfachste und zweckmässigste Anordnung für kleinere Verhältnisse wiedergiebt, deren zweite das ehemalige und deren dritte das jetzige elektrolytische Institut der techn. Hochschule zu Aachen betrifft.

Eine Uebersicht über Einrichtungen elektrolytischer Laboratorien hat Krüger[1]) gegeben, die manchen werthvollen Wink enthält, deren Wiedergabe aber hier zu weit führen würde. Was besonders die Wahl der einzelnen Apparate betrifft, so sprechen hierbei so viele rein individuelle Geschmacksrichtungen mit, dass bestimmte Vorschriften fast unmöglich sind. Gerade Krüger empfiehlt auf das wärmste eine Reihe von Instrumenten, deren erwähnte Handlichkeit und Vorzüge Versuche im Aachener Laboratorium nicht bestätigten.

Anordnung bei kleineren Versuchen.

Die Einrichtung, deren ein Einzelner zum Anstellen elektrolytischer Versuche bedarf, ist bei gegebener konstanter Stromquelle eine äusserst einfache.

Ein Stativ mit Schale und Elektrode, ein Spannungs- und Intensitätsmesser genügen. Da jedoch auch im kleinen Maassstabe gewöhnlich mehrere gleichzeitige Versuche zweckmässig sind, so möge die Beschreibung einer Anordnung folgen, welche den instruktiven Werth hat, dass jeder, der sich mit Elektrolyse beschäftigt, selbst sie zusammenstellen kann. Das Wesentliche ist die Möglichkeit einer fortwährenden Kontrolle der Stromgrössen, welche durch ein Ampèremeter und ein Voltmeter für beliebig viele Versuche in folgender Weise erreicht werden kann.

Vor die beiden Klemmen, in welche die Drähte der

[1]) Elektrochem. Ztschr. II S. 73, 104, 129, 174, 207, 251, III. 7, 76. 129.

Stromquelle führen, (s. Fig. 67) wird ein Holzbrett angebracht, das auf der einen Seite vier auf der andern Seite fünf mit Quecksilber gefüllte Fingerhüte umgekehrt in die zu dem Zwecke auf dem Brette angebrachten Vertiefungen enthält (s. Fig. 68).

Fig. 67.

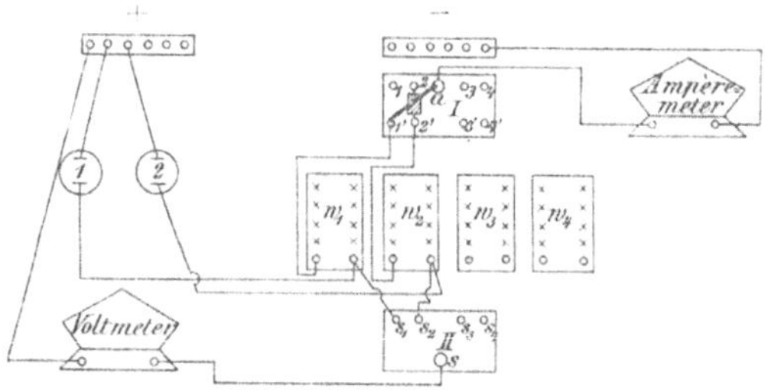

Für jeden Versuch bedarf man zur Stromregulirung eines Widerstandskastens. Die Beschreibung möge sich auf vier gleichzeitig auszuführende Elektrolysen beschränken.

Dann bringt man in der in der Skizze angedeuteten Form die Rheostaten vor das Holzbrett und legt ein zweites,

Fig. 68.

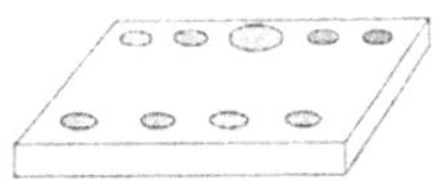

welches auf einer Seite vier, auf der andern Seite einen Quecksilbernapf hat, an. Ein Ampèremeter und ein Voltmeter vervollständigen die Einrichtung.

Die Verbindung der Drähte wird in folgender Weise hergestellt (s. Fig. 67).

Von dem negativen Pole führen vier kurze Drähte in die Quecksilbernäpfe 1 2 3 4 des Brettes I, während der fünfte Napf *a* direkt mit dem Ampèremeter verbunden wird, dessen andere Klemme durch einen Draht an den negativen Pol angeschlossen wird.

Von den vier entsprechenden Quecksilbernäpfchen des Holzbrettes I, 1′ 2′ 3′ 4′, gehen vier kurze Drähte zu den Widerstandskästen w_1, w_2, w_3, w_4, deren zweite Klemmen einmal mit den Elektrolysenzellen (zwei sind nur gezeichnet) dann auch mit den Quecksilbernäpfen des Holzbrettes II s_1, s_2, s_3, s_4 in entsprechender Weise verbunden werden. Der den vier letztgenannten Quecksilbernäpfen allein auf dem Holzbrette II gegenüberliegende s wird mit dem Spannungsmesser verbunden, dessen zweite Klemme direkt zum positiven Pol führt. Um einen Stromschluss herbeizuführen, ist es nur nöthig, die Näpfe 1—1′, 2—2′, 3—3′, 4—4′ durch einen Metallbügel zu verbinden. Der Strom durchläuft nun für Zelle 1 z. B. bei dem negativen Pole beginnend, den Weg: Negativer Pol, 1—1′, w_1, Zelle 1 positiver Pol. Analog ist der Gang für weitere Versuche. Um nun eine Intensitätsmessung herbeizuführen, unterbricht man die Verbindung 1—1′ (beziehungsweise 2—2′, 3—3′, 4—4′) und legt den Bügel von a nach 1′. Dann ist der Strom gezwungen, vom negativen Pol ausgehend das Ampèremeter zu durchfliessen, von diesem über a—1′ zum Rheostaten u. s. w. zu gelangen. Um richtige Intensitätsangaben zu erhalten, muss man den Bügeln, welche die Verbindung 1—1′, 2—2′ u. s. w. bilden, den Widerstand des Ampèremeters geben, während der Schluss a—1′, b—2′, durch einen widerstandslosen Draht erreicht wird (Genaueres S. 132).

Von den Elektrolysenzellen führt die Leitung mittels Drähte von verschwindend geringem Widerstande einesteils zum positiven Pol, andernteils zur zweiten Klemme der Widerstandskästen oder, was dasselbe ist, zu den Näpfchen s_1, s_2, s_3, s_4. Zwischen positivem Pol und einem der letzteren muss die Spannung gemessen werden, da hier der Spannungsabfall allein dem Widerstande der Zelle zuzuschreiben ist. Es genügt also, die Verbindung s_1—ss_1, s_2—s u. s. w., herzustellen, um sofort die Potentialdifferenz in der entsprechenden Zelle zu erhalten. Auch hier ist natürlich die gleichzeitige Messung mehrerer Zellen ausgeschlossen.

Diese einfache Anordnung, deren Principien in den folgenden Auseinandersetzungen wiederkehren, kann mit den einfachsten Hülfsmitteln sich jeder selbst zusammensetzen, sodass, wie schon betont, dieselbe für Studirende sehr geeignet ist, sie mit der Art der Schaltung und der Hantirung auch für grössere Einrichtungen vertraut zu machen.

Die Widerstandskästen gestatten eine für die meisten Zwecke genügende Variation der Spannung und Intensität.

Ehemalige Einrichtung des elektrochemischen Institutes zu Aachen.

Dieselbe basirt auf der Verwendung einer (S. 76) beschriebenen Dynamomaschine, deren Strom sowohl zur direkten Benutzung, wie zum Laden der Akkumulatoren verwandt werden kann.

Wie bereits erwähnt, hat die betreffende Maschine bei 1000 Umdrehungen eine Polspannung von 10 Volt. Um die Polspannung während des Betriebs der Maschine kontrolliren zu können, dient ein Spannungsmesser. In Fig. 69 ist der mit G bezeichnete Stromzeiger mit den beiden Enden des Messingsiebwiderstandes MM_1 verbunden.

Siemens & Halske beschreiben den Spannungszeiger wie folgt. Derselbe besteht aus einem Elektromagnet, auf dessen einem Pol mit einer Schneide ein Stück Eisen steht, welches dieselbe Polarität erhält und infolge dessen von diesem umsomehr abgestossen wird, je stärker der Magnetismus und mithin der das Instrument umkreisende elektrische Strom ist. Die Grösse der Abstossung wird auf einer Theilung abgelesen, vor welcher der an dem abgestossenen Eisenstück angebrachte Zeiger spielt. Die Ausschläge des Instrumentes sind nicht ganz unabhängig von remanentem Magnetismus, es muss deshalb die Stromrichtung im Instrument immer dieselbe sein; zu diesem Zwecke ist ein kleiner permanenter Magnet vor dem unteren Pole des Elektromagneten drehbar angebracht; derselbe zeigt die Stromrichtung im Instrument an und arretirt den Zeiger, falls die Stromrichtung die falsche ist. Siehe *Z* in Figur 69. Tritt dies ein, so sind die beiden Leitungsdrähte des Instrumentes zu verwechseln.

Dem Instrument ist ein Messingring beigegeben, welcher (ehe der Strom durchgeht) auf das runde Gewicht des Zeigers gesteckt wird und alsdann den Zeiger so weit zum Ausschlag bringen muss, dass er sich auf das auf der Skala befindliche Zeichen (auf der Abbildung mit *O* bezeichnet) einstellt. Ist Letzteres nicht der Fall, so steht das Instrument nicht im Loth. Beim Gebrauch des Instrumentes wird der Ring wiederum entfernt. — Wie ich bereits oben andeutete, bezweckt die von Siemens & Halske konstruirte Laboratoriumseinrichtung, eine grössere Anzahl von elektrolytischen Versuchen in kleinem Maassstabe, welche verschiedene Stromstärken und Spannungen beanspruchen, gleichzeitig zu betreiben, in der Art, dass jeder Versuch unabhängig von den übrigen ist. Nach den Mittheilungen von Siemens & Halske wird der gedachte Zweck im Wesentlichen dadurch erreicht, dass weitaus der grösste Theil des Maschinenstromes durch einen Messingsiebwiderstand[1]) geschickt wird, und die einzelnen Versuchsbäder nur verhältnissmässig kleine Zweigströme erhalten, deren Intensität

[1]) Beim Betrieb vieler ungleichartiger Versuche durch dieselbe Stromquelle ist, wie auch aus den weiter unten folgenden Ausführungen hervorgeht (Kapitel: Die Stromregulirung), das Verwenden von Widerständen und die Verschwendung eines Theiles der Kraft unerlässlich. Die von Siemens & Halske getroffene Anordnung hat den Vorzug, dass nur ein einziger Widerstand nöthig ist; bei anderen Anordnungen sind ebensoviel Widerstände erforderlich, als Versuche anzustellen sind.

durch Verbindung mit verschiedenen Stellen des Messingsiebwiderstandes in für jeden Versuch unabhängiger Weise variirt werden kann.

Die Dynamomaschine wird durch kurze, kräftige Leitungen mit den Enden des zickzackförmig ausgespannten Messingsiebwiderstandes MM_1 (Fig. 69) verbunden. Mit denselben Enden des Widerstandes ist (mit dünneren Zuleitungen) ein Instrument verbunden, welches die Spannung am Widerstand unmittelbar anzeigt. Der Maschinenwärter hat dafür zu sorgen, dass dieses Instrument stets dieselbe Spannung anzeigt, d. h. die Geschwindigkeit der Maschine konstant bleibt. Beträgt die Spannung an den Enden des Widerstandes z. B. 6 Volt und besteht ferner der Widerstand aus 24 gleichen Theilen, deren Enden an Klemmen geführt sind, so beträgt die Spannungsdifferenz zwischen je 2 aufeinanderfolgenden Klemmen $^6/_{24} = {^1/_4}$ Volt; wird die Spannung an der ersten Klemme mit Null bezeichnet, so betragen die Spannungen an den folgenden Klemmen $^1/_4$, $^2/_4$, $^3/_4$, 1, $^5/_4$ u. s. w. Volt; das ganze Intervall von 6 Volt wird dadurch in Unterabtheilungen von je $^1/_4$ Volt getheilt.

Wird nun zwischen irgend 2 Klemmen ein elektrolytischer Versuch eingeschaltet, dessen Stromstärke klein ist im Verhältniss zu dem im Messingsiebwiderstand cirkulirenden Strom, so werden die Spannungen an den Klemmen durch diesen Versuch nicht wesentlich geändert; man kann also diesen Versuch zwischen beliebigen Klemmen einschalten, ohne im Hauptkreise etwas zu ändern; auch die Einschaltung von einer Anzahl verschiedener Versuche ändert die Klemmenspannung nicht beträchtlich, und die Spannung an einem einzelnen Versuch lässt sich beliebig ändern, ohne dass die übrigen Versuche davon beeinflusst werden.

Bei der von mir benutzten Einrichtung, Fig. 69 ($^1/_{10}$ nat. Grösse) ist der Messingsiebwiderstand in 20 gleiche Theile, welche mit 1, 2, 3, 4 u. s. w. bezeichnet sind, getheilt. Wie

Additional material from *Quantitative Analyse durch Elektrolyse*,
ISBN 978-3-662-38655-2 (978-3-662-38655-2_OSFO1), is available
at http//extras.springer.com

ich bereits erwähnte, liefert meine Maschine bei 1000 Umdrehungen bis 60 Ampère Stromstärke bei 10 Volt Polspannung. Von den 60 Ampère Stromstärke werden 40 Ampère durch den Widerstand geleitet, so dass 20 Ampère für die elektrolytischen Versuche bleiben.

Die Spannungsdifferenz zwischen je zwei aufeinanderfolgenden Klemmen beträgt $^{10}/_{20} = {}^{1}/_{2}$ Volt. Die Spannung an der mit 19 bezeichneten Klemme ist demnach $^{1}/_{2}$, an der Klemme $18 = 1$, an $17 = 1^{1}/_{2}$, an $16 = 2$, an $0 = 10$ Volt.

Der Maschinenstrom tritt bei der mit 0 bezeichneten Klemme durch ein starkes Kupferseil ein und an der mit 20 bezeichneten Klemme wiederum aus. Auf dem Montagebrett B, B, B, B, sind 6 eiserne, verzinkte T-Schienen mit S_1, S_2, S_3, S_4, S_5 und S_6 bezeichnet, ferner 6 Widerstände von 0,1 Ohm (um die Stromstärke in jedem einzelnen Versuche bestimmen zu können), mit W_1, W_2, W_3, W_4, W_5 W_6, und die Messingschiene M_2 befestigt. Schiene S_1 steht mit W_1, S_2 mit W_2, S_3 mit W_3, S_4 mit W_4, S_5 mit W_5 und S_6 mit W_6 mit Hülfe eines dünneren Drahtes in leitender Verbindung. Man kann nun mittels der auf den Schienen aufgeschraubten Messingköpfe K_1, K_2 u. s. w. die Verbindung dieser mit den Klemmschrauben 1, 2, 3 u. s. w. bewirken. Wenn man die Einrichtung, wie die Abbildung zeigt, benutzt und in der Weise eintheilt, dass die Klemmen 1, 2 oder 3 mit Schiene S_1, 4, 5 oder 6 mit S_2, 7, 8 oder 9 mit S_3, 10, 11 oder 12 mit S_4, 13, 14, 15 oder 16 mit S_5 und eine der übrigen mit der letzten Schiene in Verbindung gesetzt werden, so ist bei dieser Anordnung die grösste Stromintensität bei W_1 und die geringste bei W_6. Selbstverständlich kann indess jede Schiene mit jeder Klemme verbunden werden.

Zur Ausführung von Elektrolysen werden nun die zu elektrolysirenden Flüssigkeiten, beziehungsweise die dieselben enthaltenden Platinschalen, mit einem Pol (negativen) n_1 oder n_2, n_3 u. s. w. (an den Widerstand W_1 oder W_2, W_3

u. s. w.) und mit dem anderen (positiven) Pol p_1 oder p_2, p_3 u. s. w. an die Messingschiene M_2 gelegt, je nachdem also der betreffende Versuch eine grössere oder geringere Stromstärke erfordert.

Man kann nun, wie auch die weiter unten angeführten Belege zeigen, an W_1 oder W_2 u. s. w., beziehungsweise p_1 p_2 u. s. w. mehrere Versuche mit gleicher Stromintensität anlegen. Um die Verbindung mit den Platinschalen bequemer vermitteln zu können, setzt man z. B. n_1 und p_1 mit einem Messingstab z (auf der Abbildung ist nur die Verbindung mit n_1 ausgeführt), auf welchem eine Anzahl von Schraubenköpfen z_1, z_2, z_3 u. s. w. befestigt sind, in Verbindung.

An jeder Schale kann Spannung und Stromstärke gemessen werden[1]). Soll z. B. bei W_2 die Spannung an der Schale gemessen werden, so sind die zum Galvanometer führenden Stöpsel bei b_2 und c_2 einzusetzen; durch Einstecken der Stöpsel bei a_2 und b_2 lässt sich die Spannung an dem Widerstand bestimmen, aus welcher durch Multiplikation mit 10 die Stromstärke in Ampère sich ergiebt, welche in dem Versuch W_2 herrscht.

Um die Wirksamkeit der beschriebenen Einrichtung zu prüfen, wurde zunächst, mittels des Torsionsgalvanometers, die Polspannung an den einzelnen Stellen des Messingsiebwiderstandes gemessen.

Ueber die erhaltenen Resultate giebt die folgende Tabelle Aufschluss.

Widerstand, verbunden mit: bezeichnet:	Klemme, bezeichnet:	Polspannung. Volt.
W_1	1	10,3
-	2	9,9
-	3	9,4

[1]) Zweckmässige Anordn. s. S. 120.

Widerstand, verbunden mit: bezeichnet:	Klemme, bezeichnet:	Polspannung. Volt.
W_2	4	8,95
-	5	8,3
-	6	7,75
W_3	7	7,2
-	8	6,65
-	9	5,95
W_4	10	5,5
-	11	5,05
-	12	4,5
W_5	13	4,0
-	14	3,45
-	15	2,85
-	16	2,30
W_6	17	1,70
-	18	1,10
-	19	0,56
-	20	0,007.

Zur Messung der Stromstärke an den Klemmen 1 bis 20, mit dem Torsionsgalvanometer, wurde eine Zelle mit 150 ccm 15 proc. Kupfersulfatlösung unter Anwendung einer Kupferelektrode benutzt[1]) und die Zelle an dem Widerstand W_6 (zwischen n_6 und p_6) eingeschaltet. Es wurden nun mit der Schiene S_6 successive alle Klemmen (1 bis 20) verbunden und der Ausschlag am Galvanometer abgelesen, während die Stöpsel sich bei a_6 und b_6 befanden. Nach dieser Ablesung wurde noch bei jeder Klemme die Polspannung an der Zelle durch Stöpselung bei b_6 und c_6 gemessen.

[1]) Als Zelle diente eine Platinschale von 9 cm Durchmesser und als positive Elektrode ein rundes Kupferblech (von der Form der in Fig. 29 abgebildeten Platinelektrode) von 6 cm Durchmesser und 2 mm Dicke. Der Abstand der Elektroden betrug 2,5 cm.

Um den Gang der Maschine während der Versuchszeit zu kontrolliren, wurde p_1 und n_1 an dem Widerstand W_1 durch einen Rheostaten geschlossen und durch Stöpselung bei b_1 und c_1 mit einem zweiten Torsionsgalvanometer die Polspannung an Klemme I (durch Verbindung mit der Schiene S_1) bestimmt.

Die Ergebnisse dieser Versuche sind in der nachfolgenden Tabelle unter der Rubrik I verzeichnet.

Eine zweite Versuchsreihe bezweckte, die Stromstärken aus dem ausgeschiedenen Kupfer zu berechnen.

In sechs möglichst gleichen Platinschalen wurden je 150 ccm 15procentiger Kupfersulfatlösung gegeben und mit Hülfe von Kupferelektroden (vgl. Anmerkung S. 22) in gleichen Zeiträumen verschiedene Kupfermengen ausgeschieden. Diese Versuche wurden in drei Serien ausgeführt, und zwar sind gleichzeitig angestellt: I, IV, VIII, XII, XVI, XIX, ferner II, V, IX, XIII, XVII, XX, und III, VI, X, XI, XIV, XVIII.

Unter der Rubrik II bezeichnet A die aus den Kupfermengen berechneten Stromstärken, B einige am Torsionsgalvanometer gemessene Stromstärken und C die gleichzeitig mit dem Torsionsgalvanometer gemessenen Polspannungen.

		I			II		
			Volt	Volt	A	B	C
		Ampère	am Bade	Maschine	Ampère	Ampère	Volt
Klemme	I	18,018	7,90	10,9	15,97		9,2
-	II	15,352	7,40	9,9	14,04		9,0
-	III	13,231	7,10	10,1	10,86	10,8	7,9
-	IV	11,615	6,65	10,1	8,87		7,4
-	V	10,302	6,35	10,3	8,00		7,1
-	VI	9,595	6,01	10,4	6,04		5,5
-	VII	8,383	5,71	10,5			
-	VIII	6,565	5,30	10,6	4,97		5,0
-	IX	5,757	5,10	10,6	4,21	3,8	4,5

		I			II		
		Ampère	Volt am Bade	Volt Maschine	A Ampère	B Ampère	C Volt
Klemme	X	4,747	4,70	11,1	4,03		3,8
-	XI	4,040	4,25	10,9	3,75	3,7	3,1
-	XII	3,838	3,80	11,0	3,54		2,9
-	XIII	3,535	3,40	10,9	3,47		2,5
-	XIV	3,030	2,85	10,9	3,09	2,7	2,3
-	XV	2,520	2,40	11,05			
-	XVI	2,120	1,90	11,0	1,85		1,2
-	XVII	1,560	1,50	11,0	1,35		1,05
-	XVIII	0,759	0,89	10,9	0,76		0,6
-	XIX	0,396	0,29	11,0	0,54	0,605	0,36
-	XX	0,000	0,007	11,1	0,00		0,007.

Folgende 16 Versuche wurden gleichzeitig unter denselben Verhältnissen wie vorhin angestellt. Die unter A aufgeführten Zahlen bezeichnen die in 6,5 Minuten ausgegeschiedenen Kupfermengen, unter B sind die mit dem Torsionsgalvanometer gemessenen Polspannungen verzeichnet. Die mit Klammer umschlossenen Zellen waren nebeneinander verbunden.

	A Kupfer	B Volt		A Kupfer	B Volt
Klemme I an W_1	0,7616 g 0,7415 - 0,8286 -	7,1	Klemme XII an W_4	0,2648 g 0,2963 - 0,2652 -	1,8
Klemme VI an W_2	0,6021 - 0,5716 - 0,4788 -	5,3	Klemme XVI an W_3	0,1435 - 0,1470 -	0,9
Klemme VIII an W_3	0,4155 - 0,3510 - 0,3535 -	3,3	Klemme XIX an W_6	0,0363 - 0,0260 -	0,23

Um ein Urtheil über den Werth der Einrichtung zu Zwecken der quantitativen Analyse zu ermöglichen, hat mein früherer Assistent, Herr Dr. Rob. Ludwig, auf meine Veranlassung wiederholt 12 Versuche zu gleicher Zeit ausgeführt. Zu diesen Versuchen wurden Lösungen von Eisen, Kobalt, Zinn, Antimon und Kupfer, welche, wie später ausgeführt wird, wesentlich von einander verschiedene Stromstärken zu ihrer Ausscheidung bedürfen, an den entsprechenden Klemmen der Elektrolyse unterworfen. Die Resultate einer Reihe dieser Versuche mögen an dieser Stelle Platz finden.

	Angewendet:		Gefunden:		
I	0,3546 g	Fe_2O_3	0,2479 g	Fe =	0,3541 g Fe_2O_3
II	0,3836 -	-	0,2691 -	- =	0,3844 - -
III	0,2624 -	Co	0,2619 -	Co	
IV	0,2234 -	-	0,2231 -	-	
V	0,1145 -	Sn	0,1142 -	Sn	
VI	0,2290 -	-	0,2290 -	-	
VII	0,2025 -	Sb_2S_3	0,1444 -	Sb =	0,2019 g Sb_2S_3
VIII	0,1890 -	-	0,1348 -	- =	0,1885 - -
IX	0,1670 -	-	0,1189 -	- =	0,1663 - -
X	0,8374 -	$CuSO_4$	0,2133 -	Cu =	25,47% (Theorie: 25,39%)
XI	0,8768 -	-	0,2225 -	- =	25,31 -
XII	0,7905 -	-	0,1991 -	- =	25,29 -

Im Allgemeinen wurde der Strom der Dynamomaschine nicht unmittelbar verwandt, sondern zum Laden von vier Akkumulatorzellen benutzt, welche ihren Strom von 8 Volt zu den Elektrolysentischen entsandten. Der so transformirte Strom wurde in folgender Weise verwerthet:

Der Anschluss der Zellen mit der positiven Leitung der Stromquelle (Akkumulatoren) wird bewirkt durch sechs Klemmschrauben (mit 1, 2, 3, 4, 5, 6 bezeichnet, welche mit dem positiven Ende der Kabelleitung, die den Strom von 4 Akkumulatoren zum Elektrolysentisch führt, verbunden sind. Zur Verbindung der Zellen mit dem negativen Pol der Stromquelle dienen Bretter mit einzelnen

Klemmen (auf der Zeichnung 6 Stück) und Quecksilbernäpfen. Fig. 70 zeigt die Einrichtung eines solchen Brettes (nat. Grösse).

Fig. 70.

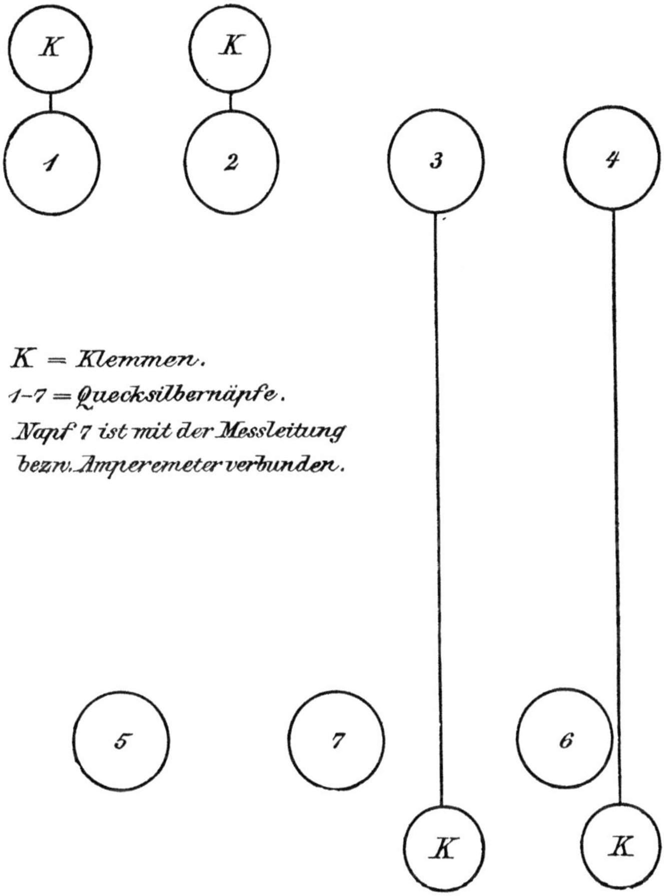

Die Näpfchen, bezeichnet 1, 2, 3, 4, sind mit vier Klemmen K, die mit 5 und 6 bezeichneten Näpfchen mit der negativen Leitung der Stromquelle und Napf 7 mit der Messleitung bezw. dem Ampèremeter verbunden. Die Verbindung der Quecksilbernäpfchen unter sich geschieht entweder durch einen Kupferbügel, im Falle der Strom in der Zelle gemessen wird, oder mit Hülfe eines Bügels, auf welchem ein Widerstand, übereinstimmend mit dem Widerstand des Messinstrumentes, aufgerollt ist. Dieser Bügel (Widerstandsrolle) ist in Fig. 71 besonders abgebildet. Zum Messen der Stromstärke dient ein von Hartmann und Braun (Bockenheim-Frankfurt a. M.) konstruirtes Instrument, welches für den Elektrolysentisch des Unterrichtslaboratoriums auf beiden Seiten mit Skalen und dementsprechend

Fig. 71.

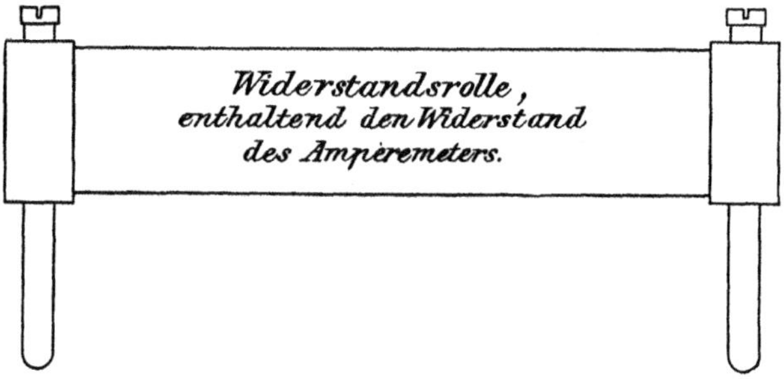

mit zwei Zeigern versehen ist, um von jedem Punkte des Tisches beobachtet werden zu können. Der Zeiger des Ampèremeters spielt vor einer Skala, welche einen Radius von 16 cm besitzt. Das Instrument gestattet die Messung eines Stromes bis 2 Ampère in Abtheilungen von 0,05 Ampère. Mit Hilfe eines Vorschaltewiderstandes lässt sich der Messbereich auf ein Mehrfaches (10 Ampères) erweitern Der Widerstand des Ampèremeters selbst beträgt 0,32 Ohm Genau derselbe Widerstand ist in der Widerstandsrolle enthalten.

Zur Messung des Stromes in der Zelle verfährt man in folgender Weise. In den eingeschalteten Rheostaten *W* schaltet man vorerst einen hohen Widerstand ein, beispielsweise 60 Ohm, verbindet dann den Draht einer positiven

Klemme mit der Anode und den Leitungsdraht einer der negativen Klammern, z. B. 4, auf Tafel 1 Fig 2 durch den Rheostaten mit der Kathode. Die Anordnung ist aus Tafel 1 Fig. 1 ersichtlich. Es erübrigt nun noch die Verbindung zwischen den Quecksilbernäpfen 4 und 7 (letzterer mit dem Ampèremeter verbunden) herzustellen, was durch einen Kupferbügel bewirkt wird. Bei Einschaltung von 60 Ohm wird das Ampèremeter nur einen geringen Ausschlag zeigen, welcher durch Verminderung des Widerstandes im Rheostaten auf den erforderlichen Werth gebracht werden kann. Ist letzteres der Fall, so legt man eine Widerstandsrolle in die Näpfe 4 und 6 und entfernt den zwischen 4 und 7 eingeschalteten Kupferbügel, wodurch die Verbindung mit dem Ampèremeter aufgehoben ist. Da der Widerstand, welcher im Ampèremeter ist, mit dem Widerstand der Rolle übereinstimmt, so zirkulirt auch der mit dem Ampèremeter ermittelte Strom in der Zersetzungszelle. Zur Kontrolle des Stromes während der Elektrolyse legt man den Kupferbügel in die Näpfe 4 und 7 und entfernt darauf die Widerstandsrolle. Man ist demnach im stande, die Messung des Stromes, ohne Stromunterbrechung in der Zelle, jederzeit vorzunehmen, Wie aus Tafel 1 Fig. 2 ersichtlich ist, gestattet die Einrichtung des Elektrolysentisches 24 Elektrolysen gleichzeitig auszuführen. Wendet man mindestens 4 Akkumulatoren mit einer Spannung von ca. 8,8 Volt an, so können eine grössere Anzahl von Versuchen gleichzeitig ausgeführt werden, ohne dass die Versuche sich gegenseitig stören.

Die ehemalige Einrichtung des Privatlaboratoriums ist aus Tafel 2 ohne weiteres verständlich. Es besteht eine besondere Leitung zur direkten Benutzung des Stromes der Dynamomaschine, wie zum Arbeiten mit 8 Akkumulatoren. Zur Reduktion des Maschinenstromes zum Laden der Akkumulatoren, sowie zur direkten Benutzung derselben dient der Seite 125 beschriebene Drahtsieb-Widerstand. Vom

Privatlaboratorium aus führt die Leitung von Maschinen- oder Akkumulatorenstrom zum Elektrolysentisch des Unterrichtslaboratoriums. Ein aufgestelltes Ampèremeter zeigt den dort zum Verbrauch gelangenden Strom an, während ein Ampèremeter zur Kontrolle des zum Laden der Akkumulatoren dienenden Stromes bestimmt ist. Die ganze Disposition der Einrichtung geht aus Tafel 1 Fig. 2 hervor.

Dass Akkumulatoren die geeignetste Stromquelle zur Ausführung von Elektrolysen bilden, dürfte heute wohl ausser Frage sein[1]). Diese Apparate sind, da auch Thermosäulen zum Laden dienen können, selbst für kleine Laboratorien vortheilhafter und weit zweckmässiger als Batterien, welche entweder nicht genügenden oder nicht konstanten Strom liefern.

Zur Messung der Elektrodenspannung diente im hiesigen Laboratorium bislang das Torsionsgalvanometer. Da die Kenntniss der Spannung von grosser Bedeutung für die Beschaffenheit der Metallniederschläge selbst, wie zur Trennung von mehreren Metallen ist, so muss man, wie wiederholt betont, in der Lage sein, die Spannung wie die Stromstärke stets ermitteln zu können. Wie dies bei Ausführung mehrerer Versuche gleichzeitig in Verbindung mit der sonstigen Leitung mittels eines Voltmeters des Elektrolysentisches geschehen kann, erhellt aus der Skizze Taf. 1, Fig. 2.

Bei Benutzung dieser gemeinschaftlichen Leitung ist zu beachten, dass der Rheostat zwischen der Zelle und der negativen Klemme eingeschaltet wird, weil sonst die Spannung der Akkumulatoren gemessen wird. Zur Ausführung der Messung ist nur die Kathode mit der Klemme der Span-

[1]) Hr. Rüdorff machte u. A. den Vorschlag (Zeitschrift für angewandte Chemie 1894, Juliheft), zur Abscheidung eines Metalls zunächst eine Meidinger'sche Batterie (!) und zur vollständigen Ausscheidung desselben eine Thermosäule anzuwenden!!

nungsleitung zu verbinden, wenn ein Ausschlag am Voltmeter erfolgen soll. Die Art der Schaltung der Zelle ist aus der Skizze leicht ersichtlich. Da die Spannungen sich gegenseitig beeinflussen, wenn gleichzeitig mehrere Messungen ausgeführt werden, so muss man sich zunächst überzeugen, dass das Voltmeter nicht von anderer Seite auch benutzt wird.

Jetzige Einrichtung des elektrochemischen Instituts der Technischen Hochschule.

Während die frühere Anlage für die Erzeugung der erforderlichen elektrischen Ströme eine selbstständige maschinelle Betriebsanlage besass, wurde bei der Neuprojektirung hiervon von vornherein Abstand genommen. Es wurde Werth darauf gelegt, gänzlich unabhängig von einer maschinellen Anlage, wie sie vorhanden war, zu sein, und in deren Natur es lag, dass sich häufig Unzuträglichkeiten einstellen und dass sie nicht jeden Augenblick stromlieferungsbereit war.

Die Lösung der gestellten Aufgabe wurde durch die Thatsache ermöglicht, dass die Stadt Aachen ein Elektricitätswerk besitzt, dessen Kabel auch nach der Technischen Hochschule führen; es wurde daher beschlossen, den Strom für die Neuanlage dem Netz des Städtischen Elektricitätswerkes zu entnehmen.

Naturgemäss war der Strom, wie er aus dem Netz des Werkes entnommen werden konnte, nicht ohne Weiteres für alle Versuche zu verwenden. Bekanntlich ist für die Ausführung vieler elektro-analytischer Arbeiten nur eine ganz geringe Spannung, die sich ungefähr in den Grenzen von ca. 0,5—8 Volt bewegt, erforderlich.

Die Ströme des nach dem Dreileiter-Gleichstrom-System gebauten Aachener Elektricitäts-Werkes besitzen jedoch eine Betriebsspannung von ca. 108 resp. ca. 216 Volt an den Konsumstellen zwischen Mittelleiter und einem Aussenleiter resp. gegen beide Aussenleiter gemessen.

Es musste daher, soweit die obenerwähnten Arbeiten in Frage kamen, ein zur Reduktion der hohen Netzspannung auf die niedrige Arbeitsspannung geeignetes Verfahren zur Anwendung kommen; auf der anderen Seite hingegen musste jedoch gleichzeitig die Möglichkeit gewahrt bleiben, ohne Weiteres Versuche mit höheren Spannungen anstellen zu können, wenn es beispielsweise erforderlich wird, Materialien von hohem Leitungswiderstande vom Strom durchfliessen zu lassen oder Versuche unter Anwendung des Lichtbogens vorzunehmen.

Für die Reduktion der Hochspannung auf Niederspannung kam im vorliegenden Falle ein Gleichstromtransformator in Frage. Das ökonomische Arbeiten mit einer derartigen Kombination zweier Dynamos, der ruhige und bequeme Betrieb sowie der geringe Raumbedarf sprechen für die Wahl des Gleichstromtransformators; es war somit die Frage der Beschaffung von Strömen mit niedriger Spannung, wie sie zur Vornahme elektro-analytischer Arbeiten erforderlich sind, gelöst.

Zur Beschreibung der von der Firma Schuckert & Co., Inhaber des Städtischen Elektricitätswerkes, ausgeführten Einrichtungen der Anlage übergehend, sei zum besseren Verständniss des weiter folgenden die Natur der verschiedenen vorzunehmenden Versuche und Arbeiten in kurzen Umrissen nochmals skizzirt.

1. Arbeiten mit Niederspannung.

Die Arbeiten mit Niederspannung bewegen sich vorläufig hauptsächlich auf dem Gebiete der Elektroanalyse von Metalllösungen; ferner sollen auch Metallniederschläge in grösserem Maassstabe zur Einführung in das Studium der Galvanoplastik vorgenommen werden.

2. Arbeiten mit Hochspannung.

Die Arbeiten mit Hochspannung beginnen mit der zur Erzeugung des Davy'schen Lichtbogens erforderlichen Spannung von ca. 45 Volt; die höchste zur Verfügung stehende Spannung, den Aussenleitern des Kabelnetzes entnommen, beträgt ca. 216 Volt. Die Hochspannung kommt hauptsächlich bei Schmelzversuchen, sowie bei der Zerlegung von Gasen und Körpern von grossem Leitungswiderstande in Betracht.

Ausser für obenerwähnte Zwecke wird der Strom noch zur Bethätigung einer elektrischen Projektionslampe, sowie einiger Bogen- und Glühlampen verwendet.

Von einer Central-Schaltanlage wird die Stromversorgung aller Räume, sowie die Bethätigung des Transformators dirigirt. Die Centralisirung des ganzen Betriebes hat sich aus mancherlei Gründen empfohlen. Es sprach hierbei hauptsächlich mit, dass sich eine komplicirte und werthvolle Schaltanlage fortwährend unter sachverständiger Aufsicht in einem nicht Jedermann zugänglichen Raume befinden muss, ferner, dass nicht Jeder unbefugter Weise aus den Anlagen Strom entnehmen kann; ausserdem wird die Uebersicht des ganzen Betriebes durch die getroffene Anordnung ungemein gefördert.

Es findet von der Centralstelle nach folgenden Räumen Stromversorgung statt:

1. Privat-Laboratorium,
2. Grosses Auditorium,
3. Laboratorium für Elektro-Metallanalyse,
4. Laboratorium für Hoch- und Niederspannungsversuche in grösserem Maassstabe.

Die nach den einzelnen Räumen führenden Leitungen unterscheiden sich je nach der Verwendungsart des von ihnen geführten Stromes als:

a) Leitungen für Licht,
b) - - Hochspannung,
c) - - Niederspannung,

und sind gänzlich unabhängig von einander angeordnet.

Die Leitungen für Licht laufen nach dem „Privat-Laboratorium“ und dem „Grossen Auditorium“.

Die Leitungen für Hochspannung führen nach dem Privat-Laboratorium, dem „Grossen Auditorium“ und dem Versuchslaboratorium für Hoch- und Niederspannung.

Die Leitungen für Niederspannung gehen nach dem „Privat-Laboratorium“, dem „Grossen Auditorium“, dem Laboratorium für Elektro-Metallanalyse, sowie dem Versuchsraum für Hoch- und Niederspannung.

Ausser diesen oben angeführten, zur direkten Stromentnahme bestimmten Leitungen sind noch besonders zu erwähnen die Ladeleitung für zwei Akkumulator-Batterien und die Leitung zum Betrieb des Transformators.

Sämmtliche zu den angeführten Stromkreisen gehörenden Schalter, Widerstände, Kontroll- und Messapparate sind auf der Central-Schalttafel angebracht.

Was nun die speciellen Einrichtungen anlangt, so wären zunächst die des Privat-Laboratoriums zu erwähnen.

Wie bereits hervorgehoben, befindet sich im Privat-Laboratorium die Centralstelle mit ihren Apparaten für die Direktion der gesammten Anlagen; ausserdem ist in diesem Raume noch eine Akkumulatorbatterie-Anlage aufgestellt.

Die Abbildung Taf. 3 zeigt eine nach der Natur aufgenommene photographische Ansicht der Einrichtungen des Laboratoriums. In der Mitte bemerkt man die Central-Schalttafel mit ihren aufmontirten Apparaten; links davon steht ein Glasschrank, der zur Aufnahme der zwei erwähnten Batterien dient. An der Fensterwand befinden sich zwei Arbeitstische, von denen der eine speciell für die elektroanalytischen Arbeiten mit geringer Spannung und Stromstärke dient, während der andere für Versuche mit höheren Spannungen und Stromstärken benutzt wird.

Zur Vornahme der Elektroanalysen sind folgende Einrichtungen getroffen. Auf dem ersterwähnten Arbeitstische ist an der vorderen Seite desselben eine leicht ansteigende Holztribüne aufgesetzt, die aussen die erforderlichen Schalter und Abzweigeklemmen trägt, während im Innern die Leitungen liegen. Im Ganzen sind an diesem Tisch fünf Arbeitsplätze vorhanden, von denen ein jeder die gleichzeitige Vornahme von zwei Analysen gestattet, sodass also im Ganzen zehn Versuche zu gleicher Zeit vorgenommen werden können.

Die Art der Schaltung dieser Arbeitsplätze, sowie auch die Schaltung des zweiten Arbeitstisches geht aus dem auf Taf. 4 dargestellten Stromlaufschema hervor.

Von der durchlaufenden Plus-Minus-Leitung ist jeder Arbeitsplatz parallel abgezweigt.

Jede Analyse kann unabhängig von der anderen durch den Regulirwiderstand des Arbeitsplatzes beeinflusst werden. Für die Ablesung der Stromstärke ist ein gemeinsames Ampèremeter vorhanden, welches durch einen an jedem Platz befindlichen Schalter in den zu messenden Analysen-Stromkreis eingeschaltet werden kann; ist das Ampèremeter ausgeschaltet, so tritt an seine Stelle ein Ersatzwiderstand, damit keine Veränderung in der Stromstärke herbeigeführt wird[1]).

Die Messung der Spannung geschieht gleichfalls durch ein gemeinschaftliches Voltmeter, welches nach Belieben auf irgend eine der im Gang befindlichen Analysen geschaltet werden kann.

Für jede der zehn Abzweigungen ist zur Sicherheit eine

---

[1]) S. S. 132.

doppelpolige Bleisicherung eingesetzt, um bei eventuell zu hohen Stromstärken die Apparate vor einer Beschädigung zu schützen.

Der Anschluss der Elektrolysenapparate an die Schaltanlagen geschieht mittels sehr elastischer Kupferseilchen, die mit Paragummi überzogen sind; die Enden dieser Leitungsschnüre sind mit Gelenken versehen, um einen bequemen Anschluss an die Apparate zu ermöglichen.

Zur Anstellung der im Privat-Laboratorium vorzunehmenden Versuche mit Hoch- und Niederspannung unter Anwendung höherer Stromstärken sind auf dem zweiten Arbeitstisch zwei verschliessbare Abzweigekästen angeordnet. Innerhalb derselben liegen für die Niederspannung zwei Abzweigeschienen mit mehreren Klemmen, um verschiedene Apparate gleichzeitig anschliessen zu können.

In den Kasten für die Hochspannung sind drei Abzweigeschienen untergebracht, und zwar der Mittelleiter und die beiden Aussenleiter des Dreileitersystems, sodass eine Maximalspannung von ca. 216 Volt zur Verfügung steht. Auch bei diesen Schienen sind mehrere Klemmschrauben vorgesehen, um erforderlichenfalls verschiedene Apparate gleichzeitig bethätigen zu können.

Die zwei aufgestellten Akkumulator-Batterien bestehen aus je vier Zellen; die eine Batterie beansprucht bei hintereinandergeschalteten Zellen 90, die andere 25 Ampère zur Ladung.

Die Batterien werden mittels des Transformators geladen.

Die kleinere Batterie dient zur Stromlieferung für das Privatlaboratorium allein, während die grosse den übrigen Betrieb übernimmt.

Jede von ihnen ist mit einem Zellenschalter für vier Zellen versehen, sodass schon von vornherein durch Abschalten von Zellen die Spannung der Stromquellen reduzirt werden kann und so grössere Vorschaltewiderstände vermieden bleiben.

Zum Schutze gegen Rückstrom ist in jede Ladeleitung der Batterien ein automatischer Unterbrecher eingeschaltet, der es verhindert, dass während des Ladevorganges Strom in den Transformator zurücktritt.

Zur Kontrolle der Spannungen der einzelnen Zellen ist ein Voltmeter mit Kontaktstöpsel vorgesehen, der es gestattet, am Zellenschalter die Elementspannung zu messen.

Für die Messung der Batterienspannung sowie der Lade- und Entlade-Stromstärken sind besondere Volt- und Ampèremeter vorgesehen; ferner sind um den Lade- und Entlade-Vorgang besser verfolgen zu können, Stromrichtungs-Anzeiger in die entsprechende Leitung gesetzt.

Die im „Grossen Auditorium“ getroffenen Einrichtungen sind in erster Linie für die Ausführung von Vorlesungsversuchen bestimmt; so kamen hierbei hauptsächlich Vorführung von Elektrolysen, Zerlegung von Gasen und Flüssigkeiten bei Anwendung des Davy'schen Lichtbogens sowie Schmelzversuche in Frage.

Ausserdem musste Vorsorge getroffen werden, dass eine elektrische Projektionslampe sowie mehrere Glüh- und Bogenlampen in Benutzung genommen werden konnten.

Laboratorium für Elektro-Metallanalyse.

In demselben ist der Transformator aufgestellt; ausserdem ist hier ein grosser Experimentirtisch mit 10 Arbeitsplätzen zur Vornahme elektroanalytischer Arbeiten mit Niederspannung eingerichtet worden. (Vergl. Tafel 5.)

Es sei zunächst auf die Beschreibung des Transformators eingegangen. Derselbe besteht aus einer Kombination zweier Gleichstrom-Dynamos, deren Wellen direkt mit einander verkuppelt sind. Die eine der Dynamos ist als Elektromotor ausgebildet und wird von den Aussenleitern des

Dreileiter-Systems, also mit ca. 216 Volt Spannung betrieben; diese Zuleitung kommt von der Centralschaltstelle. Die an den Motor zur Abgabe von Niederspannung angekuppelte Dynamo ist so gebaut, dass sie je nach Wunsch eine Klemmenspannung von ca. 4,5—9 Volt liefern kann; es betragen die entsprechenden Stromstärken hierbei 360 resp. 180 Ampère. Die von der Dynamo erzeugten Ströme mit Niederspannung werden nach der Centralschaltstelle geleitet. Die Spannung von ca. 9 Volt ist die gewöhnlich in Benutzung kommende; die niedrige von ca. 4,5 Volt ist vorgesehen für den Fall, dass man grössere elektrolytische Arbeiten, wie Reinmetallgewinnung etc. mit hohen Stromstärken ausführen will.

Die Variation in den beiden Spannungsgrössen wird durch Parallel- resp. Hintereinander-Schalten der beiden Hälften eines Doppelankers, wie er für den vorliegenden Fall bei der Dynamo des Transformators gewählt ist, bewirkt; die Vornahme dieser Schaltung ist durch Vertauschung der entsprechenden Verbindungen am Transformator ohne weiteres zu ermöglichen.

Die weitere konstruktive Ausführung des Transformators betreffend sei erwähnt, dass derselbe sehr stabil in Guss ausgeführt ist, die Magnete liegen nach innen geschützt, sodass eine mechanische Verletzung der Magnetrollen fast ausgeschlossen ist. Die Schmierung aller Lager geschieht mittels Ringschmierung, die sich ausserordentlich bewährt hat, und besonders im vorliegenden Falle sehr angebracht erschien, da eine ununterbrochene Wartung, wie sie sonst bei maschinellen Anlagen vorhanden ist, hier nicht möglich war. Bei seiner ganzen Ausführung kann der Transformator, der in einem besonderen Schutzgehäuse untergebracht ist, stundenlang ohne besondere Bedienung laufen.

Der Gang des Transformators ist trotz einer Tourenzahl von ca. 1300 pro Minute so ruhig, stoss- und erschütterungsfrei, dass man selbst in unmittelbarer Nähe von dem Laufen desselben kaum etwas bemerkt.

Es sei noch erwähnt, dass in unmittelbarer Nähe des Transformators eine Schaltvorrichtung angebracht ist, um erforderlichenfalls gleich in demselben Raum aus dem Transformator direkt Ströme von niedriger Spannung entnehmen zu können, ohne also die Central-Schaltstelle zu beanspruchen.

Es könnte dies in Frage kommen, wenn man Versuche mit sehr hohen Stromstärken bei niedriger Spannung vornehmen will; es würden dann in einfachster Weise kurze Kabel von der Schaltvorrichtung des Transformators bis zum nächsten benachbarten Arbeitstische geführt und hier alsdann die resp. Apparate aufgestellt werden.

Die Einrichtung des grossen Arbeitstisches von Tafel 5 ist, wie eine photographische Aufnahme zeigt, im Grossen und Ganzen genommen dieselbe wie diejenige im Privatlaboratorium am Tische zur Vornahme der Analysen.

Hier sind jedoch an jeder Seite des Tisches 5 Arbeitsplätze vorgesehen, von denen jeder die gleichzeitige Vornahme von 2 Analysen gestattet, sodass 20 Versuche gleichzeitig vorgenommen werden können[1]).

Um die Art und Weise zu veranschaulichen, wie die Stromstärke und Spannung bei einer Elektrolyse gemessen werden, diene Taf. 6. Oben befinden sich das Ampèremeter und Voltmeter. Die Stromstärke wird vermittelst der Rheostaten (*I* resp. *II*, *III*, und *IV*) regulirt. Es ist dieses eine Schieferplatte, in der sich Metallstücke befinden, an deren unteren Enden die Drähte der einzelnen Widerstandsspiralen befestigt sind. Durch Drehen der Kurbel in der Pfeilrichtung wird Widerstand ausgeschaltet und demnach die Stromstärke erhöht.

[1]) Es sind neuerdings zwei weitere Arbeitstische eingerichtet worden, sodass 20 Plätze für Elektro-Metallanalyse bestehen.

$A_{(I, II, III, IV)}$, $E_{(I, II, III, IV)}$ und $B_{(I, II, III, IV)}$ sind bronzirte Metallkapseln, unter denen sich die Ein- und Ausschaltungen für das Ampèremeter (A) und die Elektrolyse (E) und die Bleisicherungen (B) befinden.

$a_{(I, II, III, IV)}$ bedeuten die Anschlussklemmen für die Elektrolyse, V ist ein doppelpoliger Aus- resp. Einschalter für die Spannungsmessung. Bei der Stellung O ist das Voltmeter ausgeschaltet; bei I, II, III oder IV sind die betreffenden Elektrolysen mit dem Voltmeter verbunden. Da, wie schon erwähnt, für jeden Tisch mit 10—20 Schalen nur 1 Ampère- resp. Voltmeter vorhanden ist, so kann nur an einer Elektrolyse zu einer Zeit gemessen werden. Zum besseren Verständniss mögen die 4 Figuren auf Tafel 4 dienen.

In der Stellung I, bei der die Hebel A_I und E_I wagerecht stehen, ist der Strom geöffnet. Bei II steht A_{II} senkrecht; es ist jetzt die Verbindung mit dem Ampèremeter hergestellt. Man dreht den Hebel bei II solange in der Pfeilrichtung, bis der Messapparat die gewünschte Stromstärke anzeigt. Hierauf bringt man A in die Stellung A_{III} und E in diejenige von E_{III}. Der Strom fliesst nun nicht mehr durch das Ampèremeter, sondern durch eine Drahtrolle, deren Widerstand dem des Ampèremeters gleich ist, die Stromstärke ist mithin die gleiche, wie die, welche das Messinstrument anzeigte.

Um nun die Klemmspannung an der Schale zu messen, dient V und zwar in der Figur mit V_{IV} bezeichnet.

Die Stellung der Hebel A und E ist die gleiche wie bei III. Die beiden durch ein Hartgummistück verbundenen Metallstreifen (SS) werden nach rechts oder links geschoben (in der Figur nach rechts IV), worauf das Voltmeter die zur Zeit herrschende Klemmspannung der eingeschalteten Elektrolyse angiebt. Die Apparate sind sofort nach dem Gebrauche wieder auszuschalten.

4. Laboratorium zur Ausführung von Versuchen in grösserem Maassstabe mit Nieder- und Hochspannung.

Wie schon erwähnt, sind für Hoch- und Niederspannung getrennte Schaltschränke angeordnet worden, die von der Central-Schaltstelle mittels gleichfalls gesonderter Leitungen ihren Strom erhalten.

In dem Schaltschrank für Hochspannung sind 3 Vertheilungsschienen, entsprechend den beiden Aussenleitern und dem Mittelleiter des Dreileitersystems untergebracht, so dass an diesem Schrank eine direkte Klemmenspannung von ca. 108 resp. 216 Volt zur Verfügung steht.

Der Schaltschrank für die Niederspannung enthält 2 Vertheilungsschienen mit einer eventuellen Klemmenspannung bis zu ca. 9 Volt.

Von jedem der beiden Schränke führen nach den vier Arbeitstischen getrennte Abzweigungen, die auf den Tischen in verschliessbare Abzweigekästen einmünden, so dass auf jedem Tische Hoch- und Niederspannung gleichzeitig zur Verfügung steht.

Jeder nach den Tischen führende Zweig ist mit einer Haupt-Bleisicherung und einem Hauptausschalter versehen; jeder Tisch ist daher unabhängig von dem anderen.

Zur Regulirung der Stromstärke bei Vornahme von Versuchen ist ein Satz transportabler Widerstände und Messinstrumente vorhanden.

Um beträchtliche Variationen in der Spannung zu erzielen, sind naturgemäss Widerstandsetalons von sehr grossen, und daher unbequemen Dimensionen erforderlich. Eine einfache Einrichtung im hiesigen Laboratorium vermeidet diesen Uebelstand bei kürzeren Versuchen, bei welchen die möglichst ökonomische Verwerthung des Stromes in den Hintergrund tritt. Dieselbe, von Löb und Kauffmann[1]) angegeben, beruht auf dem Principe des Mittelleiters und gestattet in ganz bequemer Weise, den Strom von 216 oder 108 Volt in von einander unabhängige Ströme von beliebig niederer Spannung zu zerlegen.

In einem grossen thönernen, mit verdünnter Schwefelsäure gefüllten Trog (Fig. 72) sind eine Anzahl Bleiplatten parallel zu einander als Mittelleiter eingehängt, und zwar so, dass fast sämmtliche Stromlinien durch sie hindurch müssen; sie berühren Wandungen und Boden beinahe. Beim

Fig. 72.

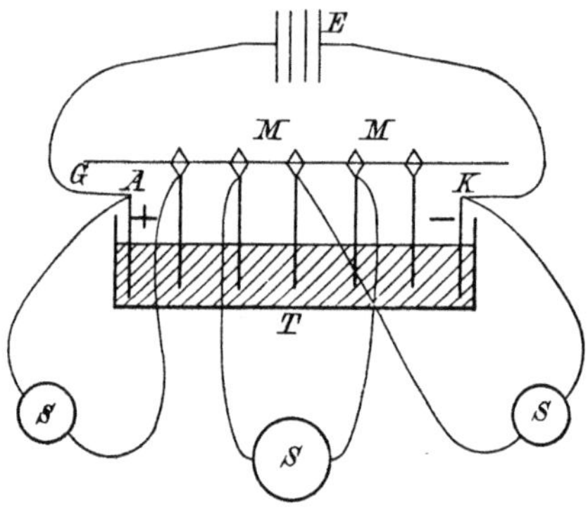

Durchgang des Stromes verhalten sich also diese Bleiplatten in der Beziehung wie isolirte Mittelleiter, dass die Summe der Theilspannungen gleich der Gesammtspannung ist; als Akkumulator ist die Vorrichtung natürlich unbrauchbar, da durch die Flüssigkeit hindurch Selbstschluss der polarisirten Mittelleiter stattfinden kann, er sich also sofort bis auf die Elektrodenspannung entladen würde.

Die eingesenkten Bleiplatten können nun auf einer Glasröhre, an der sie hängen, längs des Troges verschoben werden. Durch die Entfernung der Mittelleiter von den Elek-

[1]) Ztschr. f. Elektroch. 1895/96, Heft 16. Ztschr. f. Elektrochemie 1895/96, Heft 30.

troden wird die Spannung variirt; man kann also durch Stromschluss zwischen einer Elektrode und irgend einer Bleiplatte jede beliebige Spannung entnehmen. Die Anordnung zeigt schematisch Fig. 72. Dabei bedeutet *E* die elektrische Kraftquelle, *T* den mit Schwefelsäure gefüllten Trog, *A* und *K* Anode und Kathode, *M* fünf Mittelleiter. Die Drähte nach *S* zeigen drei verschiedene, gleichzeitige Stromentnahmen mit wechselnder Spannung; es sind natürlich solcher Schaltungen eine sehr grosse Anzahl möglich. Der entweichenden Gase halber steht der Trog unter dem Abzug.

Nach Besprechung der Einzelheiten der speciellen Schaltanlagen scheint es noch angebracht, auch Einiges über die allgemeine Ausführung der Anlage mitzutheilen.

Da die Einrichtungen sehr häufig gebraucht und nicht immer von besonders geschulten Händen benutzt werden, war es erforderlich, alle Teile sehr stabil und für dauernden Gebrauch zu bemessen.

Die Schalt- und Regulirvorrichtungen sowie die Abzweigeschienen sind fast sämmtlich auf feuersicheres Material montirt.

Alle Leitungen sind aus bestem Gummidraht hergestellt und auf grossen Porzellanrollen verlegt, so dass eine vorzügliche Isolation der Leitungen gewährleistet ist.

Auch gegen unbefugte Benutzung mussten Maassregeln getroffen werden; es wurden daher alle Schaltschränke mit Sicherheitsschlössern versehen, so dass an keiner Stelle Strom ohne Einverständniss mit dem Vorsteher des Laboratoriums entnommen werden kann.

Zweite Abtheilung.

Specieller Theil.

Quantitative Bestimmung der Metalle.[1])

Eisen.

Litteratur:

Wrightson: Zeit. f. analyt. Chem. XV. S. 305.
Luckow: Zeit. f. analyt, Chem. XIX. S. 18.
Classen und v. Reiss: Ber. deutsch. chem. Ges. XIV. S. 1622.
Classen: Zeit. f. Elektrochemie Bd. I.
Moore: Chem. News Bd. LIII. S. 209.
Smith: Amer. Chem. Journ. Bd. X. S. 330.
Brand: Zeit. f. analyt. Chem. XXVIII. S. 581.
Drown und Mockenna: J. of analyt. and applied Chem. V. S. 627.
Smith und Muhr: ibid. V. S. 488.
Rüdorff: Zeit. f. angew. Chem. XV. S. 198.
Vortmann: Monatshefte f. Chem. XIV. S. 542.
Heidenreich: Ber. deutsch. chem. Ges. XXIX. S. 1585.

Versetzt man die Lösung eines Eisenoxydulsalzes[2]) mit Kalium- oder Ammoniumoxalat, so entsteht ein intensiv gelbroth gefärbter Niederschlag von Eisenoxyduloxalat, welcher im Ueberschusse des Reagens unter Bildung von Doppelsalz mit gelbrother Farbe löslich ist.

Eisenoxydsalze werden durch die genannten Oxalate

---

[1]) Aus der vorhandenen Litteratur werden überhaupt nur solche Methoden berücksichtigt werden, welche die nöthigen und ausreichenden Angaben über die Versuchsbedingungen enthalten.

[2]) Wie schon S. 4 erwähnt, sind Sulfate am geeignetsten, weniger gut sind Chloride, während Nitrate ganz ausgeschlossen sind. Gegenwart von Phosphorsäure ist nicht hinderlich.

nicht gefällt, es entsteht bei genügender Menge der letzteren eine mehr oder weniger grüne Lösung von Eisenoxyddoppelsalz. Unterwirft man die Lösung desselben der Elektrolyse, so bildet sich zunächst Eisenoxyduldoppelsalz, welches weiter unter Abscheidung von metallischem Eisen zerlegt wird; die grün gefärbte Flüssigkeit geht demnach durch Roth in Farblos über. Hiernach ist also die Bestimmung des Eisens in den Lösungen der Oxydulsalze rascher ausführbar als die in den Lösungen der Oxydsalze. Zur Elektrolyse ist das Kaliumeisendoppelsalz aus dem Grunde nicht geeignet, weil das durch Zersetzung des Kaliumoxalats entstehende Kaliumkarbonat seinerseits einen Niederschlag von Eisenkarbonat erzeugt, in Folge dessen eine vollständige Reduktion unmöglich ist. Die Elektrolyse des Ammoniumeisendoppelsalzes geht bei einem genügenden Ueberschusse von Ammoniumoxalat ganz glatt, ohne jede Ausscheidung einer Eisenverbindung, von Statten. Enthält die Eisenlösung freie Chlorwasserstoffsäure, so ist es zweckmässig, dieselbe durch Eindampfen im Wasserbade zu entfernen.

Freie Schwefelsäure kann man mit Ammoniak neutralisiren, da das sich bildende Ammoniumsulfat die Leitungsfähigkeit der Flüssigkeit nur erhöht. Nitrate werden durch Eindampfen mit Schwefelsäure oder wiederholtes Eindampfen mit Chlorwasserstoffsäure in Sulfate oder Chloride übergeführt.

Zur Ausführung der Bestimmung löst man, unter Annahme, dass bis 1 g Eisen in der zu elektrolysirenden Flüssigkeit vorhanden sein kann, 6—8 g Ammoniumoxalat in möglichst wenig Wasser unter Erwärmen in der Platinschale auf und fügt alsdann die Eisenlösung nach und nach unter Umrühren hinzu[1]). Man verdünnt mit Wasser auf

[1]) Es ist nicht zweckmässig, das oxalsaure Ammonium zu einer Eisenoxydulsalzlösung hinzuzufügen, da sich hierbei schwer lösliches Eisenoxyduloxalat ausscheidet, welches erst durch längeres Erwärmen in lösliches Doppelsalz übergeführt wird. Ist nur Eisenoxydsalz in

100—150 ccm, senkt die positive Elektrode in die Lösung so weit ein, dass sie gerade von der Flüssigkeit bedeckt ist, und unterwirft die Lösung unter Befolgung der weiter unten angegebenen speciellen Bedingungen der Elektrolyse.

Zur Erkennung der Endreaktion nimmt man mit Hülfe eines Kapillarrohres eine geringe Menge der entfärbten Flüssigkeit aus der Schale heraus, übersättigt mit Chlorwasserstoffsäure und versetzt mit Rhodankalium. Nach beendeter Reduktion hebt man die positive Elektrode aus der Flüssigkeit heraus, giesst letztere sofort ab und spült die Schale nacheinander dreimal mit kaltem Wasser (jedesmal etwa 5 ccm) und dreimal mit reinem absoluten Alkohol aus. Die Schale trocknet man wenige Minuten im Luftbade bei einer Temperatur von 70° bis 90° C. und bestimmt nach dem Erkalten deren Gewicht.

Das aussgeschiedene Eisen besitzt eine glänzende, stahlgraue Farbe; dasselbe haftet sehr fest auf der Schale und kann Tage lang der Luft ausgesetzt werden, ohne das Oxydation eintritt.

Versuchsbedingungen[1]).

Temperatur der Flüssigkeit. Wenn für das Gelingen des Versuches das genaue Einhalten einer bestimmten Temperatur auch keine Rolle spielt, so hat sich durch direkte Versuche (s. weiter unten) die gewöhnliche Temperatur der Lösung (20—40°) als die für die schnelle Beendigung der Analyse günstigste herausgestellt.

Stromdichte ND_{100}. Für Lösungen von gewöhnlicher Temperatur 1—1,5 Amp.; für warme Flüssigkeiten (40—65°) 0,5—1 Amp.

Lösung, so ist es gleichgültig, ob man in dieser das oxalsaure Ammonium auflöst, da kein Niederschlag hierbei entsteht.

[1]) Methode des Verfassers. Alle die Methoden des Verf. betreffenden Angaben beziehen sich auf Anwendung der S. 97 beschriebenen Elektroden; die Stromdichte nur auf die in Fig. 45 abgebildeten Schalen.

Elektrodenspannung beträgt bei den erwähnten Stromdichteverhältnissen für gewöhnliche Temperatur 3,6 bis 4,3 Volt; für warme Lösungen 2,0—3,5 Volt. Für die Beschaffenheit des Metalles leisten polirte und mattirte[1]) Schalen die gleichen Dienste.

Versuche.

Angewendet 2,1—2,5 g Mohr'sches Salz $\left(\begin{matrix}FeSO_4\,(NH_4)_2\,SO_4\\ 5\,H_2O\end{matrix}\right)$ 6—8 g Ammoniumoxalat, 120 ccm Flüssigkeit.

Stromdichte Ampère	Elektrodenspannung Volt	Temperatur	Dauer	Gefunden
1 —1,5	3,85—4,3	20—40°	2 St. 15 M.	14,21 %
1 —1,05	3,6 —4,2	36°	3 „ 50 „	14,21 „
1 —1,08	3,05—3,52	65°	2 „ 30 „	14,28 „
0,5—0,55	2,0 —2,3	50—52°	3 „ 30 „	14,24 „

Angewendet 2,6—2,8 g Kaliumeisenoxalat $F_2\,(C_2\,O_4)_3\,3\,K_2\,C_2\,O_4 + 6\,H_2\,O$, 6—7 g Ammoniumoxalat.

1,5—1,7	3,55—4,25	35—40°	2 St. 54 M.	11,39 %
1,0—1,1	3,9 —4,0	30—40°	3 „ 15 „	11,35 „
0,5—0,8	2,4 —2,8	50°	6 „ 15 „	11,25 „

Edgar F. Smith fällt das Eisen aus einer mit Natriumcitrat und einigen Tropfen Citronensäure versetzten Lösung. Nach Versuchen, welche ich vor langen Jahren mit Citronensäure und Weinsäure, behufs Trennung des Eisens von anderen Metallen angestellt habe, erhält man stets kohlenstoffhaltige Metalle bei Gegenwart fixer organischer Säuren. Heidenreich hat neuerdings durch, im hiesigen Laboratorium angestellte Versuche bestätigt, dass zwar das Eisen quantitativ unter bestimmten Bedingungen (0,2 g Mohr'sches Salz, 50 ccm einer 10proc. Lösung von citronensaurem Natron, 2 ccm einer gesättigten Lösung von Citronensäure; Gesammt-

---

[1]) s. S. 96 u. 97.

volum der Flüssigkeit 120 ccm; Zimmertemperatur; ND_{100} = 0,75—0,9 Amp., Elektrodenspannung = 5 Volt, Dauer 4—6 St.) gefällt wird, dasselbe aber stets Kohlenstoff enthält.

Kobalt.

Litteratur:

Gibbs: Zeit. f. anal. Chem. III. S. 336, XI. S. 10, XXII. S. 548.
Merrick: Americ. Chemist II. S. 136.
Wrightson: Zeit. f. anal. Chem. XV. S. 300, 303, 333.
Schweder: Zeit. f. anal. Chem. XVI. S. 344.
Cheney u. Richards: Americ. Journ. of Science and Arts [3] XIV. S. 178.
Ohl: Zeit. f. anal. Chemie XVIII. S. 523.
Luckow: Zeit. f. anal. Chemie XIX. S. 314.
Riché: Zeit. f. anal. Chemie XXI. S. 116.
Classen u. v. Reiss: Ber. deutsch. chem. Ges. XIV. S. 1622, 2771.
Classen: Ber. deutsch. chem. Ges. XXVII. S. 2061, Zeit. f. Elektrochemie 1894/95 Heft 1.
Schucht: Zeit. f. anal. Chemie. XXI. S. 493.
Kohn u. Woodgate: Journ. Soc. chem. Indust. VIII. S. 256.
Rüdorff: Zeit. f. angew. Chemie 1892, S. 6.
Brand: Zeit. f. anal. Chemie. XXVIII. S. 588.
Le Roy: Compt. rend. CXII. S. 722.
Vortmann: Monatsh. f. Chem. XIV. S. 536.
Oettel: Zeit. f. Elektrochemie 1894/95, S. 195.
Fresenius u. Bergmann: Zeit. f. anal. Chem. XIX. S. 329.

Die elektrolytische Abscheidung des Kobalts geht aus der mit einem Ueberschuss von Ammoniumoxalat versetzten Lösung von Kobaltammoniumoxalat (Methode des Verfassers) sehr glatt von Statten. Das Metall scheidet sich auf der negativen Elektrode mit seinen charakteristischen metallischen Eigenschaften rasch und festhaftend ab. Man verfährt ähnlich wie bei dem Eisen und löst unter Erwärmen in der etwa 25 ccm betragenden Flüssigkeit 4—5 g Ammoniumoxalat auf, verdünnt auf 100—120 ccm und unterwirft die Lösung unter Erwärmen auf 60—70° der Elektrolyse.

Versuchsbedingungen.

Temperatur der Flüssigkeit: Die Dauer der Elektrolyse wird durch Erwärmen wesentlich gekürzt, sodass als günstigste Temperatur 60—70° gilt.

Stromdichte: ND_{100}. Für erwärmte Lösungen ist die günstigste Stromdichte 1 Amp.

Elektrodenspannung beträgt hierbei 3,1—3,8 Volt. Die Beschaffenheit der Kathodenoberfläche ist ohne Einfluss auf die Art des Metallniederschlages.

Versuche.

Angewendet 2,2—2,6 g $CO\,SO_4\,K_2\,SO_4 + 6\,H_2\,O$, 4—5 g Ammoniumoxalat, 120 ccm Flüssigkeit.

Stromdichte Ampère	Elektrodenspannung Volt	Temperatur	Dauer	Gefunden
1 —1,1	3,1 —3,78	60—65°	2 St. 15 M.	13,36 %
0,5—0,52	2,7 —2,95	60—65°	3 „ 30 „	13,49 „
1 —1,2	3,9 —4,1	15—35°	4 „ 30 „	13,43 „
0,5—0,53	3,46—3,9	15—27°	6 „ 35 „	13,25 „

Nach einer von Fresenius und Bergmann angegebenen Methode versetzt man die Kobaltlösung mit 15—20 ccm Ammoniumsulfat (300 g $(NH_4)_2\,SO_4$ im Liter), fügt 40 ccm Ammoniak vom spec. Gew. 0,96 (bei mehr als 0,5 g Kobalt in der Lösung, 50—60 ccm NH_3) hinzu, verdünnt mit Wasser auf 150—170 ccm und elektrolysirt mit einem Strom von $ND_{100} = 0,7$ Ampère im Maximum bei gewöhnlicher Temperatur. Die Gegenwart von Chloriden und Nitraten ist der Reduktion hinderlich. Schädlich wirken noch fixe organische Säuren (Citronensäure, Weinsäure), sowie Magnesiumverbindungen.

Versuchsbedingungen.

Temperatur der Flüssigkeit: Die Abscheidung wird durch Erwärmen nicht beschleunigt.

Stromdichte: 0,5—0,7 Amp.

Elektrodenspannung: Dieselbe beträgt bei der erwähnten Stromdichte und gewöhnlicher Temperatur 2,8 bis 3,3 Volt.

F. Oettel giebt folgende Methode zur Bestimmung des Kobaltes an. Das Salz wird in Wasser gelöst, die vierfache Menge des angewandten Salzes an Chlorammonium und $^1/_5$ des ca. 150 ccm betragenden Flüssigkeitsvolumens einer Ammoniaklösung (spec. Gew. 0,92) hinzugefügt. Durch 14stündige Elektrolyse mit einer Stromdichte von 0,4—0,5 Amp. wird das Kobalt quantitativ niedergeschlagen, wenn in 100 ccm Flüssigkeit nicht mehr als 0,25 g Kobaltsalz enthalten sind.

Nickel.

Litteratur:

Gibbs: Zeit. f. anal. Chem. III. S. 336, XI. S. 10, XXII. S. 558.
Merrik: Americ. Chemist II. S. 136.
Wrightson: Zeit. f. anal. Chemie. XV. S. 300, 303, 333.
Schweder: Zeit. f. anal. Chem. XVI. S. 344
Cheney u. Richards: Americ. Journ. of Science u. Arts [3] XIV. S. 178.
Ohl: Zeit. f. anal. Chem. XVIII. S. 523.
Luckow: Zeit. f. anal. Chem. XIX. S. 314.
Riché: Zeit. f. anal. Chem. XXI. S. 116.
Classen u. v. Reiss: Ber. deutsch. chem. Ges. XIV. S. 1622, 2771.
Classen: Ber. deutsch. chem. Ges. XXVII. S. 2061. Zeit. f. Elektrochemie 1894/95, Heft 1.
Schucht: Zeit. f. anal. Chem. XXI. S. 493.
Kohn u. Woodgate: Journ. Soc. chem. Indust. VIII. S. 256.
Rüdorff: Zeit. f. angew. Chem. 1892, S. 6.
Brand: Zeit. f. anal. Chem. XXVIII. S. 588.
Le Roy: Compt. rend. CXII. S. 722.
Vortmann: Monatsh. f. Chem. XIV. S. 536.
Campbell u. Andrews: Journ. Am. Soc. XVII. S. 125.
Oettel: Zeit. f. Elektrochemie 1894/95, S. 192.
Fresenius u. Bergmann: Zeit. f. anal. Chem. XIX. S. 320.

Die Reduktion des Nickels gelingt unter denselben Bedingungen wie die des Kobalts; das Metall scheidet sich aus der mit 6—8 g Ammoniumoxalat versetzten Lösung des entsprechenden Doppelsalzes als heller dichter Ueberzug auf der negativen Elektrode ab. Das Ende der Reduktion prüft man entweder mit Schwefelammonium oder mit Kaliumsulfokarbonat und verfährt im Uebrigen wie vorhin.

Versuchsbedingungen.

Die Versuchsbedingungen sind die gleichen wie die bei der Abscheidung des Kobaltes befolgten. Auch hier leistet die Anwendung polirter und mattirter Schalen die gleichen Dienste.

Versuche.

Angewendet 1,2—2,1 g $Ni\,SO_4\,(NH_4)_2\,SO_4 + 6\,H_2O$, 4—5 g Ammoniumoxalat, 120 ccm Flüssigkeit.

Stromdichte Ampère	Elektrodenspannung Volt	Temperatur	Dauer	Gefunden
0,9—1	3,1 —2,9	65—70°	2 Std. 50 Min.	15,13 %
0,5—0,6	3,38—3,4	17°	5 -	15,11 -
0,9—1	4,09—4,35	15—30°	3 - 35 -	15,05 -
0,5—0,53	2,7 —2,85	60—65°	4 -	15,17 -

Die Beschaffenheit des Niederschlages war am besten bei Elektrolyse in der Wärme 60°—70°, bei einem Strom von $ND_{100} = 1$ Ampère.

Nach Fresenius und Bergmann wird das Nickel analog wie das Kobalt, auch aus einer mit Ammoniumsulfat und Ammoniak versetzten Lösung quantitativ als solches ausgeschieden. (Siehe Kobalt.)

Die von Oettel zur Bestimmung des Kobaltes angegebene Methode lässt sich auch auf Nickel anwenden. Zu dem Zweck wird das Nickelsalz in 20—40 ccm Ammoniak (sp. G. 0,92), dem 10 g Chlorammonium zugesetzt sind, gelöst und nach dem Verdünnen auf circa 120 ccm mit einem Strome von $ND_{100} = 0,45$ Amp. in 7—8 Stunden quantitativ gefällt.

Campbell und Andrews lösen Nickelhydroxyd in

30 ccm einer 10%igen Dinatriumphosphatlösung, dem 30 ccm einer concentrirten Ammoniaklösung zugesetzt sind und scheiden mit einem Strome $ND_{100} = 0{,}14$ Amp. innerhalb 12 Stunden das Nickel bei einem Elektrodenabstand von 5 mm ab.

Zink.

Litteratur:

Wrightson: Zeit. f. anal. Chemie XV. S. 303.
Parodi u. Mascazzini: Ber. deutsch. chem. Ges. X. S. 1098. Zeit. f. anal. Chem. XVIII. S. 587.
Riché: Zeit. f. anal. Chem. XVII. S. 216.
Beilstein u. Jawein: Ber. deutsch. chem. Ges. XII. S. 446. Zeit. f. anal. Chem. XVIII. S. 588.
Riché: Zeit. f. anal. Chem. XXI. S. 119.
Reinhardt u. Ihle: Journ. f. prakt. Chem. XXIV. S. 193.
Classen u. v. Reiss: Ber. deutsch. chem. Ges. XIV. S. 1622.
Classen: Ber. deutsch. chem. Ges. XXVII. S. 2060.
Gibbs: Zeit. f. anal. Chem. XXII. S. 558.
Luckow: Zeit. f. anal. Chem. XXV. S. 113.
Brand: Zeit. f. anal. Chem. XXVIII. S. 581.
Warwick: Zeit. f. anorg. Chem. I. S. 290.
Vortmann: Ber. deutsch. chem. Ges. XXIV. S. 2753.
Rüdorff: Zeit. f. angew. Chem. 1892. S. 197.
Vortmann: Monatshefte f. Chem. XIV. S. 536.
Jordis: Zeit. f. Elektrochemie 1895/96. S. 138, 565, 655.
Millot: Bull. de la Soc. chim. XXXVII. S. 339.

Das Metall kann aus dem oxalsauren Zinkammonium- und Zinkkaliumdoppelsalz (Methode des Verfassers) leicht und rasch zur Ausscheidung gebracht werden[1]).

Das reducirte Metall besitzt blauweisse Farbe und haftet bei Einhaltung der richtigen Bedingungen fest auf der nega-

---

[1]) Die Reduktion des Zinks aus der Lösung von Zinkkaliumoxalat wird vielfach als von Reinhardt und Ihle herrührend bezeichnet. Diese Methode beschrieb ich indess im Handwörterbuch von Fehling, bevor die Arbeit der Genannten im Journal für praktische Chemie erschien, was ich seiner Zeit dem Herausgeber, Herrn Kolbe gegenüber besonders konstatirt habe.

tiven Elektrode. Das mit Wasser und Alkohol gereinigte Metall haftet nach dem Trocknen so fest auf der Schale, dass es nur mit Mühe durch Erwärmen mit Säuren in Lösung zu bringen ist; in der Regel resultirt hierbei ein dunkler Ueberzug von Platinschwarz, welcher sich nur entfernen lässt, wenn man die Schale glüht und den Rückstand nochmals mit Säure behandelt. Aus diesem Grunde empfiehlt es sich, auf der Schale vor dem Tariren eine Schicht von Kupfer oder besser Silber niederzuschlagen. In den Laboratorien, in welchen viele Zinkbestimmungen auszuführen sind, werden zweckmässig silberne Schalen verwandt.

Einen Kupferüberzug kann man dicht und hell innerhalb weniger Minuten bewirken, wenn man eine gesättigte Kupfersulfatlösung mit einem Ueberschuss an Ammoniumoxalat zur Doppelsalzbildung versetzt, mit Oxalsäure ansäuert und durch die auf 70—80^0 erhitzte Flüssigkeit einen Strom von 1 Amp. hindurchschickt. Es ist zu empfehlen, die Bildung des Doppelsalzes in einem Becherglase zu bewerkstelligen und die heisse klare Flüssigkeit in die Platinschale überzuführen.

Zum Versilbern der Schale fällt man am besten das Silber aus der Lösung desselben in Cyankalium (s. Silber).

Zur Ausführung der Methode löst man das Zinksalz in möglichst wenig Wasser unter Erwärmen auf, fügt etwa 4 g Kaliumoxalat oder eine gleiche Menge Ammoniumoxalat hinzu und bringt unter Erwärmung und nöthigenfalls unter Hinzufügen von kleinen Quantitäten Wasser alles in Lösung[1]). Die letztere wird in die mit Kupfer oder Silber überzogene Platinschale übergeführt und elektrolysirt. Es ist durch Versuche des Verfassers festgestellt worden, dass die Ab-

[1]) Fügt man zu einer verdünnten Zinksalzlösung das oxalsaure Alkali, so bildet sich zunächst ein Niederschlag von Zinkoxalat, welcher in der verdünnten Lösung von oxalsaurem Alkali nicht vollständig in lösliches Zinkdoppelsalz übergeführt wird.

scheidung des Zinks in dichter glänzender Beschaffenheit gelingt, wenn man während der Elektrolyse die Flüssigkeit sauer hält.

Zum Ansäuern wendet man entweder eine in der Kälte gesättigte Lösung von Oxalsäure oder besser eine Lösung von Weinsäure (3 : 50) an. Man elektrolysirt zunächst etwa 3—5 Minuten lang ohne Zusatz von Säure und lässt nun aus einer Bürette mit feiner Ausflussöffnung tropfenweise (etwa 10 Tropfen pro Minute) die Säure auf das die Schale bedeckende Uhrglas, durch dessen Durchbohrung sie langsam in die Schale selbst eintritt.

Nach beendeter Reduktion, welche man mit Ferrocyankalium ermittelt, muss das Metall ohne Stromunterbrechung ausgewaschen werden.

Versuchsbedingungen.

Temperatur der Flüssigkeit: Dieselbe muss 50° bis 60° betragen.

Stromdichte: $ND_{100} = 0{,}5$—1 Amp.

Elektrodenspannung: 3,5—4,8 Volt. Mattirte und polirte Schalen leisten dieselben Dienste.

Dauer: Ungefähr zwei Stunden.

Versuche.

Angewendet 1,8—2 g Zinkammoniumsulfat, 4 g Kaliumoxalat, 120 ccm Flüssigkeit.

Stromdichte Amp.	Elektrodenspannung Volt	Temperatur	Dauer	Gefunden
0,5 — 0,55	3,5 — 4,0	55°—60°	2 Std.	16,44%
0,9 — 1	4,7 — 4,8	60°	1 - 50 Min.	16,42 -

Nach den Angaben von v. Miller und Kiliani löst man 4 g Kaliumoxalat und 3 g Kaliumsulfat in Wasser, fügt hierzu die sorgfältig neutralisirte Zinklösung (Sulfat oder Nitrat, welche im Maximum 0,3 g Zink enthalten darf) und elektrolysirt ohne Erwärmung mit einem Strome von $ND_{100} = 0{,}3$—$0{,}5$ Ampère. Nach 2 bis 3 Stunden ist die Reduktion beendet.

N. Eisenberg[1]) erhielt nach dieser Methode folgende Resultate:

Angew. Subst.	Stromdichte Amp.	Elektroden-spannung Volt	Temp.	Dauer	Erh. roc.	Beschaffenheit des Metalles	Bemerk.
1,8312	0,4 — 0,35	3,95—4,00	25—26°	4 Std.	16,35	theilweise schwammig	mattirte Schale
1,8312	0,40—0,35	4,15—4,25	28,5—30°	4 St. 15 M	16,01	schwammig	polirte Schale

Das Bewegen der Flüssigkeit mittels einer Rührvorrichtung ist bei dieser Methode empfohlen.

Nach Jordis ist das Zink auch aus milchsaurer Lösung abscheidbar, selbst wenn dasselbe in Form von Sulfat, Chlorid oder Nitrat vorhanden ist. Die leichte Art der Ausführbarkeit der Methode ergiebt sich aus den Angaben des Autors, welche wie folgt lauten[2]):

„In der nicht unter 0,3—0,5 Zink haltenden neutralen Zinklösung giebt man 2 g schwefelsaures und 5—7 g milchsaures Ammon, säuert mit einigen Tropfen Milchsäure an und elektrolysirt unter Benutzung der Rührvorrichtung mit $ND_{100} = 1{,}0$—$1{,}5$ Amp. Nach 40—60 Minuten giesst man den Elektrolyten in eine zweite Schale um und beendet in dieser, was 20—25 Minuten erfordert, mit gleicher Stromdichte. Vortheilhaft ist eine etwas concentrirtere Lösung ca. 120 bis 150 ccm.

Da die Milchsäure während der Elektrolyse langsamer zersetzt wird, als ihre Regenerirung aus dem milchsauren Ammon durch die freiwerdende Schwefelsäure erfolgt, so bleibt der Elektrolyt bis zum Schluss sauer und ist keinerlei weitere Aufsicht erforderlich."

---

[1]) Inaugural-Dissert. Heidelberg 1895.

[2]) Zeit. f. Elektrochemie 1895/96, S. 656.

Mangan.

Litteratur:

Riché, Ann. d. Chim. et Phys. [5] XIII. S. 508.
Luckow, Zeit. f. anal. Chem. XIX. S. 17.
Schucht, Zeit. f. anal. Chem. XXII. S. 493.
Classen und v. Reiss, Ber. deutsch. chem. Ges. XIV. S. 1622.
Moore Chemic. News LIII. S. 209.
Smith und Fränkel, Journ. Anal. Chem. III, S. 385, Chem. News LX. S. 262.
Brand, Zeit. f. anal. Chem. XXVIII. S. 581.
Rüdorff, Zeit. f. angew. Chem. XV. S. 6.
Classen, Ber. deutsch. chem. Ges. XXVII. S. 2060.
Engels, Zeit. f. Elektrochemie 1895/96. S. 413; 1896/97 S. 286.
Groeger, Zeit. f. angew. Chemie 1895. S. 253.

Nach den im hiesigen Laboratorium gemachten Erfahrungen ist keine der bislang gebräuchlichen Methoden zur direkten quantitativen Bestimmung dieses Metalls als Superoxyd verwendbar. Man nimmt an, dass das bei etwa 68° getrocknete Superoxyd die Zusammensetzung $MnO_2 + H_2O$ habe, eine Angabe, welche ich nicht bestätigen kann. Sucht man dass wasserhaltige Superoxyd durch andauerndes Trocknen bei höherer Temperatur in wasserfreies überzuführen, so resultirt eine stark hygroskopische Substanz, welche auf der Wage rasch an Gewicht zunimmt. Man ist daher genöthigt, das erhaltene trockene Superoxyd durch Glühen in Manganoxyduloxyd überzuführen, eine Manipulation, welche leicht und sicher gelingt. Nachdem ich die Bedingungen zur Abscheidung grösserer Mengen von Bleisuperoxyd ermittelt hatte, war ich versucht, anzunehmen, dass das Mangan sich analog wie Blei verhalte. Die bezüglichen Versuche überzeugten mich indess bald, dass starke Mineralsäuren, wie Schwefelsäure und Salpetersäure, die vollständige Abscheidung verzögern bezw. unmöglich machen. Von den organischen Säuren bewährte sich nur die Essigsäure, jedoch ist die Fällung grösserer Mengen, auch bei Anwendung mattirter Schalen, ausgeschlossen, da festhaftende Niederschläge nicht zu erhalten sind. Wie unter Blei berichtet werden wird, gelingt die Abscheidung von Blei, bei Gegenwart von Salpetersäure, auch bei Anwesenheit anderer Metalle. Die Hoffnung, dass Mangan in essigsaurer Lösung sich auch bei Gegenwart von Eisen abscheiden bezw. bestimmen liess, erfüllte sich indess nicht. Zahlreiche, unter den verschiedensten Verhältnissen unter Anwendung der verschiedensten Substanzen ausgeführte Versuche haben noch keine Resultate geliefert. Mit Rücksicht auf die grosse Wichtigkeit, welche eine Methode zur direkten Bestimmung des Mangans neben Eisen etc. besitzt, sollen die Versuche noch fortgesetzt werden.

Versuchsbedingungen.

Temperatur der Flüssigkeit: 50—70°.
Stromdichte ND_{100}: 0,3—035 Amp.
Elektrodenspannung: 4,3—4,9 Volt.
Dauer: 3 Stunden.

Versuche.

Angewendet ca. 0,5 g $MnSO_4(NH_4)_2SO_4 + 6H_2O$, welches in ca. 75 ccm Wasser gelöst und auf Zusatz von 25 ccm Essigsäure, spec. Gew. 1,069 (20°), elektrolysirt wurde.

Stromdichte Ampère	Elektroden-spannung Volt	Temperatur	Dauer	Gefunden
0,3—0,3	4,4—4,9	50—68°	3 St.	0,1035 g Mn_3O_4 = 14,94 Proc.
0,3—0,35	4,3—4,6	56—62°	3 St.	0,1045 g Mn_3O_4 = 15,04 -

Eine ebenso schnelle wie sichere Abscheidung erreicht Carl Engels nach seinen im hiesigen Laboratorium angestellten Versuchen nach der folgenden Methode.

1—2 g Mangansalz werden unter Zusatz von 10 g Ammoniumacetat und 1,5—2 g Chromalaun in ca. 125 ccm Wasser gelöst und die klare Lösung der Elektrolyse unterworfen. Chloride dürfen nicht zugegen sein, weil die Chlorentwicklung die Mangansuperoxydabscheidung schädigt. Liegen solche vor, dann verfährt man zur Manganbestimmung, wie bei der Trennung Mangan-Kupfer angegeben.

Versuchsbedingungen.

Temperatur der Flüssigkeit: 80°.
Stromdichte: $ND_{100} = 0{,}6$—1 Amp.
Elektrodenspannung: 2,8—4 Volt.
Dauer: ca. 5/4 Stunden.
Bemerkung: Anwendung mattirter Schalen.

Versuche.

Bei den im folgenden angegebenen Bestimmungen betrug der Zusatz von Ammoniumacetat 10 g, und von Chromalaun 1½—2 g.

$Mn.(NH_4)_2(SO_4)_2 + 6$ aq.	Strom-dichte ND_{100} Ampère	Elektroden-spannung Volt	Tem-peratur	Zeit	Mn_3O_4	
					gef. g	Proc.
1,1522 g	0,6—0,5	2,8—3,1	80°	5/4 Std.	0,2235	19,39
1,2554 -	0,6—0,5	2,8—3,1	80°	-	0,2436	19,40
1,2994 -	0,6	3	83°	-	0,2520	19,39
1,8099 -	1,1	3,7—4,1	80°	-	0,3513	19,40

Zur Bestimmung des Mangans in den Salzen der Uebermangansäure versetzt man nach Engels die Lösung desselben mit 5 ccm Essigsäure und soviel Wasserstoffsuperoxyd, bis die Lösung farblos ist. Da die Gegenwart selbst geringer Mengen freien Wasserstoffsuperoxydes für die Abscheidung und das Haften des Niederschlages nachtheilig ist, so muss der Ueberschuss an Wasserstoffsuperoxyd zerstört werden. Dies geschieht am zweckmässigsten durch Zusatz von geringen Mengen Chromsäure, bis bei weiterer Zufügung kein Aufbrausen mehr erfolgt; 0,3—0,5 g genügen in der Regel.

Versuche.

50 ccm einer Kaliumpermanganatlösung wurden mit 5 ccm Essigsäure und 10 ccm einer schwachen Wasserstoffsuperoxydlösung versetzt. Der Ueberschuss an H_2O_2 durch CrO_3 zerstört.

	Stromdichte	Spannung	Zeit	Temp.	Mn_3O_4
I	1,5 A	2,8 V.	1 St.	85⁰	0,1217 g
II	1,65 -	3,15 -	1 -	85⁰	0,1220 -
III	1,78 -	3,4 -	1 -	80⁰	0,1220 -

Die Stärke der anwendbaren Ströme schwankt innerhalb ziemlich weiter Grenzen. Auch schwache Ströme liefern schnelle und gute Resultate.

Versuche.

Es wurden drei Schalen mit Mangansulfatlösung und je 10 g Ammoniumacetat und 1 g Chromalaun parallel geschaltet und der Strom einer Thermosäule durchgeleitet. Die Elektrodenspannung bei Beginn der Elektrolyse betrug 3,2 Volt, die gesammte Stromstärke 1,5 Amp., sodass auf jede Schale annähernd 0,4 Amp. kam. Das verwendete Mangansalz enthielt 20,45 Proc. Mn_3O_4.

Einwage $(SO_4)_2M.(NH_4)_2 + 6H_2O$	Stromdichte ND_{100} Amp.	Spannung Volt	Temp.	Dauer	Gef.
1,1955	0,22	3,2	80^0	$2^1/_2$ St.	20,45 Proc.
0,9009	0,22	3,2	80^0	$2^1/_2$ -	20,44 -
1,2012	0,22	3,2	80^0	$2^1/_2$ -	20,40 -

Da das Mangan aus einer mit Ammoniumacetat versetzten Lösung in der Kälte bei 1,25 Volt, bei 80^0 bereits bei 1—1,1 Volt als Superoxyd ausgeschieden wird, so kann man die Elektrolyse mit geringen elektromotorischen Kräften zu Ende führen. Eine Konstanz der letzteren erreicht man durch Nebenschlussschaltung (Seite 86). Je geringer die Spannung, desto länger die Dauer der Abscheidung. Bei einer Maximalspannung bis 1,8 Volt sind 4—5 Stunden erforderlich. Zum festen Haften des Niederschlages ist eine Temperatur von 80^0 unbedingt nöthig.

Für solche Fälle, in denen Chromalaun Niederschläge in der Lösung erzeugt (z. B. bei Gegenwart von Silber), kann derselbe durch 10 ccm Alkohol, welcher im Allgemeinen nicht dem Chromalaun für die Abscheidung des Mangansuperoxydes ebenbürtig ist, ersetzt werden. (Man elektrolysirt bei einer Temperatur von 75—80^0 mit einer Maximalspannung von 2 Volt, welche eine Stromdichte ND_{100} = ca. 0,15 Amp. liefert. Dauer der Elektrolyse ca. 5 Std.)

Aluminium, Chrom, Uran, Beryllium.

Unterwirft man das Aluminiumammoniumoxalat in der Lösung eines Ueberschusses von Ammoniumoxalat der Einwirkung des Stromes, so wird in dem Maasse, als das Ammoniumoxalat in Ammoniumkarbonat umgesetzt wird, das Aluminium in Form von Hydroxyd aus der Flüssigkeit ausgeschieden. Ist die Oxalsäure oxydirt, so kocht man, bis die Flüssigkeit nur noch schwach nach Ammoniak riecht, filtrirt ab, wäscht mit Wasser aus und führt das Hydroxyd durch Glühen in Al_2O_3 über*).

Uran verhält sich wie Aluminium.

Das Chromoxydammoniumoxalat wird durch Einwirkung des Stroms unter Bildung von Ammoniumchromat oxydirt. Zur Bestimmung der Chromsäure zersetzt man das Ammoniumhydrokarbonat durch Kochen, säuert mit Essigsäure an und fällt mit Blei- oder Baryumacetat.

Bei der Elektrolyse des Berylliumammoniumoxalats wird unter der Voraussetzung, dass eine kalte Lösung angewendet wird, das Beryllium durch das entstehende Ammoniumhydrokarbonat in Lösung gehalten.

Das Verhalten von Aluminium, Chrom, Uran und Beryllium wird, wie weiter unten erörtert, zur Trennung derselben von einander, sowie von allen denjenigen Metallen benutzt, welche aus oxalsaurer Doppelsalzlösung als solche auf der negativen Elektrode ausgeschieden werden.

---

*) Methode des Verfassers.

Kupfer.

Litteratur:

Gibbs: Zeit. f. anal. Chem. III. S. 334.
Boisbaudran: Bull. d. l. Soc. Chim. 1867, S. 468.
Merrick: Americ. Chem. II. S. 136.
Wrightson: Zeit. f. anal. Chem. XV. S. 299.
Herpin: Zeit. f. anal. Chem. XV. S. 335.
Ohl: Zeit. f. anal. Chem. XVIII. S. 523.
Classen: Ber. deutsch. chem. Ges. XIV. 1622, 1627.
Classen und v. Reis: Zeit. f. anal. Chem. XIV. S. 246.
Hampe: Berg- und Hüttenm. Ztg. XXI. S. 220, XXV. S. 113.
Riché: Zeit. f. anal. Chem XXI. S. 116.
Makintosh: Am. Chem. Journ. III. S. 354.
Rüdorff: Ber. deutsch. chem. Ges. XXI. S. 3050. Zeit. f. anal. Chem. 1892 S. 5.
Luckow: Zeit. f. anal. Chem. VIII. S. 23.
Warwick, Zeit. f. anorg. Chem. I. S. 285.
Smith: Americ. Chem. Journ. XII. S. 329.
Croasdale: Journ. of anal. a appl. Chem. V. S. 133.
Foote: Am. Chemic. Journ. VI. S. 333.
G. H. Meeker: Journ. of anal. a appl. Chem. VI. S. 267.
Classen: Ber. deutsch. chem. Ges. XXVII. S. 2060.
Heidenreich: Ber. deutsch. chem. Ges. XXIX. S. 1585.
Regelsberger: Zeit. f. angew. Chemie 1891 XVI. S. 473.
Oettel: Chemiker-Zeitung 1894 S. 879.
Schweder: Berg- und Hüttenmänn. Ztg. XXXVI (5) XI. S. 21.

Reducirt man das Kupfer aus einer mit neutralem Ammoniumoxalat im Überschuss versetzten Lösung, so gelingt es nicht immer das Kupfer in dichter Form zu erhalten. Aus diesem Grunde stellte ich bereits im Jahre 1888*) Versuche zur Bestimmung dieses Metalles aus einer Lösung von saurem oxalsaurem Doppelsalz an. Weitere Versuche in dieser Richtung haben ergeben, dass dichte, hellrothe Kupferniederschläge erhalten werden, wenn das Kupfer aus solchen Lösungen von einer Temperatur ca. 80^0 reducirt wird. Man versetzt die Kupferlösung mit einer in der

*) Ber. deutsch. chem. Ges. XXI. S. 2898.

Kälte gesättigten Lösung von Ammoniumoxalat, erhitzt, wie angegeben und elektrolysirt zunächst wenige Minuten ohne Zusatz von Oxalsäure und lässt nun nach und nach tropfenweise aus einer Bürette eine in der Kälte gesättigte Lösung von Oxalsäure hinzufliessen. Man verfährt hier in der bei der Zinkbestimmung beschriebenen Art (S. 156).

Bei der Analyse kupferarmer Substanzen kann man gleich bei Beginn der Elektrolyse mit Oxalsäure ansäuern; in concentrirteren Kupferlösungen dagegen muss die Elektrolyse in möglichst neutraler Flüssigkeit eingeleitet werden, weil sonst durch die freie Oxalsäure schwer lösliches Kupferoxalat ausgeschieden wird. Die Endreaktion ermittelt man bei einer stark mit Salzsäure angesäuerten Stichprobe durch Ferrocyankalium. Der Niederschlag muss ohne Stromunterbrechung ausgewaschen werden. Das Metall wird nach der Behandlung mit Wasser und Alkohol im Luftbade bei 80—90^0 getrocknet.

Der Kupferniederschlag besitzt eine lebhaft rothe Farbe, haftet sehr fest und ist in keiner Weise dem aus salpetersaurer Lösung (siehe weiter unten) gebildeten nachstehend. Der Hauptvorzug des Verfahrens besteht in der raschen Ausführbarkeit.

Versuchsbedingungen.

Temperatur der Flüssigkeit: 80^0.

Stromdichte ND_{100} = 0,5—1 Amp. Am günstigsten ist die Stromdichte ND_{100} = 1 Amp.

Elektrodenspannung: 2,5—3,2 Volt.

Dauer der Elektrolyse: 2 Stunden.

Versuche

aus der Lösung des oxalsauren Ammoniumdoppelsalzes bei Gegenwart freier Oxalsäure.

Angewendet 1 g Kupfersulfat, 4 g Ammoniumoxalat, 120 ccm Flüssigkeit.

Stromdichte Ampère	Elektroden-spannung Volt	Tem-peratur	Dauer	Gefunden	Anstatt
1,0 —0,8	2,8—3,2	80°	2 Std.	0,2531 g	0,2529 g
0,45—0,35	2,5—2,8	80°	2 1/2 -	0,2528 -	0,2529 -

Kupferniederschläge hellroth.

Aus der mit Salpersäure versetzten Lösung lässt sich, wie Luckow nachgewiesen hat, das Kupfer ebenfalls quantitativ fällen.

Die Reduktion des Kupfers aus salpetersaurer Auflösung setzt eine bestimmte Menge von Salpetersäure und die Abwesenheit von Chloriden voraus; zu ca. 200 ccm Flüssigkeit, welche das Kupfer als Sulfat enthält, fügt man 20 ccm Salpetersäure*) vom spec. Gewicht 1,21 und unterwirft die Flüssigkeit der Elektrolyse. Die Endreaktion wird mit Ammoniak ermittelt.

Chloride dürfen nicht vorhanden sein. Bei Gegenwart von Antimon, Arsen, Quecksilber, Silber, Zinn, Wismuth gehen Antheile derselben in den Kupferniederschlag über, während Eisen, Kobalt, Nickel, Kadmium, Mangan und Zink nach diesem Verfahren vom Kupfer getrennt werden können.

Nach den Untersuchungen von Schröder sind grössere Mengen Eisen schädlich, weil zwischen dem gebildeten Eisenoxydsalz und dem ausgeschiedenen Kupfer eine sekundäre Reaktion eintreten kann, die zur Auflösung des Kupfers führt.

Aus auf 50—60° erwärmten Lösungen scheidet sich das Kupfer krystallinisch ab; es ist jedoch nicht möglich, die letzten Reste von Kupfer bei dieser Temperatur abzuscheiden.

---

*) Diese grosse Menge von Salpetersäure ist nur dann erforderlich, wenn es sich gleichzeitig um Trennung des Kupfers von anderen Metallen handelt.

Ist ausser Kupfer kein anderes Metall in Lösung, so genügen 2—3 Volumprocente Salpetersäure.

Versuchsbedingungen.

Temperatur der Lösung: 20°—30°.

Stromdichte ND_{100} = 0,5—1 Amp. Letzteres nur, wenn ausser Kupfer kein anderes Metall in Lösung ist.

Elektrodenspannung: 2,2—2,5 Volt.

Dauer: ungefähr 5—6 Stunden, Bewegen der Flüssigkeit mittels einer Rührvorrichtung, beschleunigt die Abscheidung.

Versuche.

Angewendet ca. 1 g Kupfersulfat und 5 Volumprocente Salpetersäure. Gesammtmenge der Flüssigkeit 120 ccm.

Stromdichte Ampère	Elektrodenspannung Volt	Temperatur	Dauer	Gefunden	Anstatt
1,1—1,0	2,2 —2,5	25—30°	5 Std.	0,2490 g Cu	0,2495 g
1,0—0,95	2,25—2,3	30—32°	5 -	0,2505 - -	0,2510 -

Eine freie Salpetersäure enthaltende Lösung kann auch zur Trennung derjenigen Metalle benutzt werden, welche bei Gegenwart dieser Säure nicht reducirt, oder als Superoxyde auf der positiven Elektrode ausgeschieden werden. Hierbei ist indess zu beachten, dass die Salpetersäure nach und nach in Ammoniak umgesetzt wird, weshalb bei längerer Einwirkung des Stromes von Zeit zu Zeit Salpetersäure hinzugefügt werden muss. Aus der Lösung des Kupfers in Ammoniumoxalat oder aus einer solchen, welche freie Salpetersäure enthält, kann dasselbe auch bei Anwesenheit von kleinen Mengen von Antimon und Arsen gefällt werden. Ist der Gehalt an letzteren indess einigermaassen bedeutend, so lagert sich bei längerer Einwirkung des Stromes Arsen und Antimon auf dem Kupfer ab, in Folge dessen die negative Elektrode mehr oder weniger dunkel gefärbt erscheint. Um in solchen Fällen das Kupfer bestimmen zu können, glüht man die trockene Elektrode kurze Zeit, wodurch das Kupfer oxydirt und Antimon und Arsen verflüchtigt werden. Das rückständige Oxyd löst man in Salpetersäure und wiederholt die Elektrolyse. (Mansfeld'sche Hüttendirektion.)

Die Gegenwart von Chloriden bewirkt in der Regel schwammige Ausscheidung. Um den Einfluss derselben zu kompensiren und eine dichte Ausscheidung von Kupfer zu ermöglichen, fügt man nach Rüdorff 2—3 g Ammoniumnitrat und 20 ccm Ammoniak (spez. Gew. 0,01) hinzu, verdünnt mit Wasser auf 100 ccm und elektrolysirt diese Lösung. Nach beendeter Reduktion säuert man die Flüssigkeit mit verdünnter Essigsäure an, füllt die Schale bis zum Ueberfliessen mit Wasser an, giesst aus, entfernt die letzten Reste von Wasser durch Umkehren der Schale und trocknet bei 100° im Luftbade.

Im Laboratorium der technischen Hochschule zu München sind die Versuchsbedingungen der vorstehenden Methode, wie folgt, festgesetzt worden. Man versetzt mit Ammoniak in geringem Ueberschuss, so dass der durch dieses Reagens hervorgerufene Niederschlag sich wiederum auflöst, und fügt nun noch 20—25 ccm Ammoniak (0,96 spec. Gew.) hinzu, in der Annahme, dass die Menge des in Lösung befindlichen Kupfers bis 0,5 g beträgt[1]).

In dieser Flüssigkeit löst man noch 3—4 g Ammoniumnitrat und elektrolysirt mit einem Strom von $ND_{100} = 2$ Ampère. Das Auswaschen muss ohne Unterbrechung des Stromes bewirkt werden.

Oettel, welcher ebenfalls Versuche über die quantitative Bestimmung des Kupfers aus ammoniakalischer Lösung anstellte, fand, dass bei einem Zusatz von Ammoniumnitrat 0,2—0,25 g Kupfersulfat in 6—8 Stunden bei gewöhnlicher Temperatur quantitativ reducirt werde. Die Resultate seiner Arbeit sind:

„1. Das Kupfer kann aus schwach ammoniakalischer, Ammoniumnitrat enthaltender Lösung quantitativ in dichter Form abgeschieden werden bei Stromdichten von 0,07 bis

---

[1]) Ist bis 1 g Cu in Lösung, so steigert man die Ammoniakmenge auf 30—35 ccm.

0,27 Amp. Bei Mangel an Ammoniumnitrat, sowie bei Gegenwart grosser Mengen freien Ammoniaks zeigen die Niederschläge die Tendenz, schwammig zu werden.

2. Die grösste Koncentration der Lösung ist 0,8 g Kupfer pro 100 qcm bei Anwendung einer drahtförmigen positiven Elektrode.

3. Die Gegenwart von Chlor, Zink, Arsen und kleinen Mengen Antimon ist ohne schädlichen Einfluss; bei Anwesenheit von Blei, Wismuth, Quecksilber, Kadmium, Nickel fallen die Bestimmungen etwas zu hoch aus."

E. Smith[1]) fällt das Kupfer aus einer Lösung, welche Natriumphosphat und freie Phosphorsäure enthält. Heidenreich, welcher im hiesigen Laboratorium die Methode prüfte, gelangte zu folgenden Ergebnissen.

Versuche.

100 ccm einer Lösung von Na_2HPO_4 (1,0358 g) 3,5 ccm einer Lösung von Phosphorsäure (1,347 g) wurden mit 110 ccm Wasser verdünnt. In diese Lösung wurde die Kupferlösung eingetragen:

Einwage	Gefunden	Volt	Dauer
0,3959 g	25,41 %	2,4 — 2,6	17 Std.
0,3982 -	25,26 -	2,4 — 2,6	17 -

Das sich ausscheidende Kupfer ist zunächst metallisch glänzend, wird aber im Verlauf der Elektrolyse schwammig und dunkelroth. Variationen der Versuchsbedingungen, wie Steigerung der Spannung, führten zu keinem bessern Ergebnisse. Die Resultate fielen bei der nichtmetallischen Beschaffenheit der Niederschläge zu hoch aus.

Zur speciellen Kupferbestimmung aus Kupfer-Aluminiumlegirung schlägt Regelsberger vor, 3—5 g der Legirung in Salpetersäure zu lösen und zur Syrupdicke einzudampfen.

---

[1]) Elektrochem. Analyse. Deutsche Ausgabe S. 42.

Die Probe wird angefüllt und eine abgemessene Menge (entsprechend 0,6—1 g Substanz) in das Elektrolysirgefäss gegeben. Man erreicht einen schönen Niederschlag, wenn man die saure Lösung mit Ammoniak neutralisirt und dann auf 200 ccm Flüssigkeit 10 ccm verdünnte Salpetersäure (spec. G. 12) hinzugiebt. Die klare Lösung wird bei einer Stromdichte $ND_{100} = 0{,}4$ Amp. elektrolysirt. Die Abscheidung erfordert bei Erwärmung der Flüssigkeit 3 Stunden.

Eine ebenso schnelle, wie sichere Kupferbestimmung aus schwefelsaurer Lösung hat Carl Engels im hiesigen Laboratorium ausgearbeitet, welche vor der salpetersauren Lösung den Vorzug schnellerer Ausführung, sowie den besitzt, dass bei Trennungen die lästige Ueberführung der Nitrate in Sulfate vermieden wird. Dieselbe beruht auf Zusatz von Harnstoff.

Auch Zusatz von Hydroxylamin ermöglicht eine Abscheidung des Kupfers aus schwefelsaurer Lösung, eine Methode, die in folgender Weise ausgeführt wird.

Will man die Ausfällung bei schwachem Strome vornehmen, etwa während der Nacht, so ist ein Zusatz von 2 ccm conc. Schwefelsäure und etwa $^1/_2$ g schwefels. Hydroxylamin zu empfehlen. Man erhält alsdann bei einer Stromstärke $ND_{100} = 0{,}08 - 0{,}18$ Ampère eine prachtvolle krystallinische Ausscheidung und vollkommen übereinstimmende Resultate. An den Klemmen des Stativs wurde durch Nebenschluss eine Spannung von 1,8—2,2 Volt erzeugt; nach Einschaltung der Schale sinkt die Spannung auf 1,1—1,3 V. und ein Strom von 0,1—0,2 Ampère geht durch dieselbe.

Versuche.

Angew. $CuSO_4 + 6$ aq.	Stromdichte ND_{100}	Spannung Volt	Zeit	Gefunden Cu	%
1,0130	0,1	1,1	Nacht	0,2574	25,41
1,7065	0,12	1,3	-	0,4335	25,40
1,1893	0,1	1,2	-	0,3021	25,41.

Bei Anwendung starker Ströme muss man den Zusatz an Schwefelsäure steigern. Man fügt zu der Lösung des Salzes 10—15 ccm conc. Schwefelsäure, verdünnt auf 150 ccm und setzt 1 g schwefels. Hydroxylamin hinzu. Die Abscheidung ist bei einer Stromstärke $ND_{100} = 1$ Amp. bei Gegenwart von 0,3—0,5 g Cu in $1^1/_2$ bis 2 Stunden beendet. Die Beschaffenheit des abgeschiedenen Kupfers ist eine viel bessere und zur quantitativen Bestimmung weit mehr geeignete, als die des unter gleichen Umständen ohne Zusatz von Hydroxylamin erhaltenen Kupfers.

Eine weit günstigere Einwirkung auf die Abscheidung des Kupfers aus schwefels. Lösung als Hydroxylamin übt der Harnstoff aus. Bei Stromstärken von $ND_{100} = 1$ Ampère zeigt sich nicht die geringste Neigung zur schwammigen Abscheidung, sondern man erhält einen hellrothen, deutlich krystallinischen Ueberzug. Die Analyse ist bei der angegebenen Stromstärke in $^5/_4$ Stunden beendet.

Man bringt zu der auf 150 ccm zu ergänzenden Flüssigkeit 10—15 ccm concentrirte Schwefelsäure und 1 g Harnstoff.

Versuchsbedingungen.

Temperatur der Flüssigkeit: Am besten 60°—70°.
Elektrodenspannung: 2,7—3,1 Volt.
Stromdichte ND_{100}: 0,8—1 Amp.
Dauer: $^5/_4$ Stunden.

Versuche.

Angewandt $CuSO_4 + 6\,H_2O$.

Substanzmenge	Stromdichte ND_{100} Amp.	Spannung Volt	Temp.	Dauer	Gef.
1,1364 g	1,05	3,1	25°	$^5/_4$ Std.	25,9 %
0,9671 g	1,2	3,1	55°	$^5/_4$ Std.	25,09 %
1,3972 g	0,75	2,7	65°	$1^3/_4$ Std.	25,09 %.

Das Auswaschen kann bei Stromunterbrechung geschehen. Das abgeschiedene Kupfer enthält geringe Mengen Kohlenstoff und Platin, welches sich von der Anode löst. Man kann diese Beimengungen in der Art bestimmen, dass man das Kupfer in verdünnter Salpetersäure (1 : 10) auflöst. Es hinterbleibt dann ein feiner schwarzer Ueberzug auf der Schale, der sich mit Wasser, dagegen nicht mit Alkohol auswaschen lässt, ohne sich loszulösen. Das nach dem Auswaschen und Trocknen im Luftbade bestimmte Gewicht der Schale wird der Berechnung des abgeschiedenen Kupfers zu Grunde gelegt.

Bei schwächern Strömen ist die Zeitdauer natürlich eine grössere. Bei einer Stromdichte $ND_{100} = 0,2$ Ampère ist die Ausfällung von 0,3 bis 0,4 g Cu in $3^1/_2$ bis 4 Stunden beendet; es ist zweckmässig, in diesem Falle weniger Schwefelsäure der Lösung zuzufügen; 5 ccm conc. H_2SO_4 auf 150 ccm sind günstige Verhältnisse.

Es wurden 4 Schalen parallel geschaltet, der 150 ccm betragenden Lösung des Kupfersalzes je 1 g Harnstoff und 5 ccm conc. H_2SO_4 zugefügt und in der Kälte der Strom einer Thermosäule durchgeleitet; die gesammte Stromstärke war $ND_{100} = 0,8$ Amp., so dass auf jede Schale ein Strom von $ND_{100} = 0,2$ Amp. kam. Die Analysen waren in 4 Stunden beendet. Der Kupfergehalt des angewandten Salzes war zu 25,08 % bestimmt.

Angew. $CuSO_4 + 6$ aq.	Gef. Cu	Gef. %
1,0101	0,2533	25,07
1,0815	0,2709	25,05
1,0320	0,2589	25,08
1,0111	0,2535	25,07.

Wismuth.

Litteratur:

Luckow, Zeit. f. anal. Chem. XIX. S. 16.
Classen und v. Reiss, Ber. deutsch. chem. Ges. XIV. S. 1622.
Thomas und Smith, Americ. Chem. Journ. V. S. 114.
Moore, Chem. News LIII. S. 209.
Smith und Kuerr, Americ. Chem. Journ. VIII. S. 206.
Schucht, Zeit. f. anal. Chem. XXII. S. 492.
Eliasberg, Ber. deutsch. chem. Ges. XIX. G. S. 326.
Brand, Zeit. f. anal. Chem. XXVIII. S. 596.
Vortmann, Ber. deutsch. chem. Ges. XXIV. S. 2749.
Rüdorff, Zeit. f. angew. Chem. 1892. S. 199.
Smith und Saltar, Zeit. f. anorg. Chem. III. S. 418.
Smith und Moyer, Journ. of Americ. Chem. Soc. XV. S. 28; XV. S. 101.
Smith und Knerr, Amer. Chem. Journ. II.
Schmucker, Zeit. f. anorg. Chem. V. S. 199.

Wismuth in dichter, metallischer Form quantitativ niederzuschlagen, ist bislang noch nicht gelungen. Es fällt aus allen Verbindungen mehr oder weniger schwammartig, sodass auf Wiedergabe der Vorschriften verschiedener Autoren verzichtet werden muss.

G. Vortmann versuchte die Abscheidung des Wismuthes als Amalgam. Da indess die Angabe der Versuchsbedingungen fehlt, so sei auf diese Methode an dieser Stelle nur kurz hingewiesen.

Kadmium.

Litteratur:

Smith: Am. Phil. Soc. Pr. 1878.
Clarke: Zeit. f. anal. Chem. XVIII. S. 104.
Beilstein und Jawein: Ber. deutsch. chem. Ges. XII. S. 759.
Smith: Americ. chem. Journ. II. S. 43.
Luckow: Zeit. f. anal. Chem. XIX. S. 16.
Wrightson: Zeit. f. anal. Chem. XV. S. 303.
Classen u. v. Reiss: Ber. deutsch. chem. Ges. XIV. S. 1628.
Warwick: Zeit. f. anorg. Chem. I. S. 258, 291.
Moore: Chem. News LIII. S. 209.

Smith: Amer. Chem. Journ. XII. S. 329.
Vortmann: Ber. deutsch. chem. Ges. XXIV. S. 2749.
Rüdorff: Zeit. f. angew. Chem. 1892.
Classen: Ber. deutsch. chem. Ges. XXVII. S. 2060.
Heidenreich: Ber. deutsch. chem. Ges. XXIX. S. 1586.

Die Abscheidung[1]) des Metalles in dichter glänzender Beschaffenheit ist nach den im hiesigen Laboratorium angestellten Versuchen nach keiner der bisher vorgeschlagenen Methoden möglich. Dieselbe gelingt indess durch Elektrolyse einer heissen Lösung des oxalsauren Doppelsalzes, welches man während der Elektrolyse mit Oxalsäure (man wendet eine kalt gesättigte Lösung an) sauer hält. (S. Bestimmung des Zinkes.) Zur Bildung des Doppelsalzes löst man die Kadmiumverbindung in einer Platinschale unter Erwärmen in 20—25 ccm Wasser, fügt eine heisse Lösung von 10 g Ammoniumoxalat in 80—100 ccm Wasser (welche eventuell vorher zu filtriren ist) hinzu und elektrolysirt. Gleich nach Einwirkung des Stroms giesst man auf das die Schale bedeckende Uhrglas einige ccm Oxalsäure und hält nun die Flüssigkeit während der Elektrolyse schwach sauer. Die Endreaktion wird in der mit Salzsäure angesäuerten Stichprobe mit Schwefelwasserstoff ermittelt. Das Metall muss ohne Stromunterbrechung ausgewaschen werden (Methode des Verfassers).

Versuchsbedingungen.

Temperatur der Flüssigkeit: 70°—75°.
Stromdichte ND_{100} : 0,5—1 Amp.
Elektrodenspannung: 3—3, 4 Volt.
Dauer der Elektrolyse: ca. 3 Stunden. Maximum der niederzuschlagenden Metallmenge 0,15—0,16 g.

---

[1]) Die metallische Beschaffenheit des Kadmiums ist, von der Einhaltung aller Versuchsbedingungen, abgesehen von der tadellosen Reinheit der Kathodenoberfläche abhängig.

Versuche.

Angewendet 0,3—0,4 g Kadmiumsulfat, 10 g Ammoniumoxalat, 120 ccm Flüssigkeit.

Stromdichte Amp.	Elektrodenspannung Volt	Temperatur	Dauer	Gefunden
0,6—0,5	2,75—3,4	72°—76°	3½ Std.	0,1472=49,07%
1 —0,8	3,0 —3,4	68°—73°	3 -	0,1474=49,13 -

Niederschläge glänzend hell.

Bezüglich weiterer Versuche nach dieser Methode und die Anwendung polirter oder mattirter Schalen, von denen die ersteren wohl in diesem Falle vorzuziehen sind, sei auf die Dissertation von N. Eisenberg[1]) verwiesen.

Smith und Luckow empfehlen, das Kadmium aus der Chlorid- oder Sulfatlösung, nach vorherigem Uebersättigen mit Natriumacetat, auszuscheiden. Herr Eliasberg, welcher im hiesigen Laboratorium die Methode prüfte, fand, dass die Reduktion gut von Statten geht, wenn man zu der etwa 100 ccm betragenden Lösung ca. 3 g Natriumacetat und wenige Tropfen Essigsäure zugiebt und die Elektrolyse in der Wärme (40—50°) bewirkt.

Im Laboratorium der Münchener Hochschule führt man die vorstehende Methode in der Art aus, dass man die event. vorher neutralisirte Lösung, welche im Maximum 0,5 g Kadmium enthalten darf, mit 3 g Natriumacetat versetzt und schwach mit Essigsäure ansäuert. Die auf 45° erwärmte Flüssigkeit wird mit einem Strom von $ND_{100} = 0{,}02 - 0{,}07$ Ampère zersetzt. Das Metall wird ohne Unterbrechung des Stromes ausgewaschen und rasch bei 100° getrocknet.

Bei der Elektrolyse ist stärkeres Erwärmen (über 50°) wegen der Bildung basischer Salze zu vermeiden. Aus mit Essigsäure stark angesäuerten Lösungen fällt das Kadmium

[1]) Eisenberg: Inaugural-Dissertation, Heidelberg 1895.

nur theilweise aus. Salpetersaure Salze wirken schädlich. 0,2 g Kadmium werden in ca. 5 Stunden nach der letzten Methode ausgeschieden.

Nach Beilstein und Jawein kann die Bestimmung des Kadmiums aus der Lösung des Cyankaliumdoppelsalzes ausgeführt werden. Abgesehen davon, dass die erforderlichen Angaben der Bedingungen fehlen, bietet diese Methode schon deshalb keine Vorzüge, weil die Fällung von ca. 0,2 g Kadmium ungefähr 12 Stunden in Anspruch nimmt.

Vortmann hat zur Bestimmung des Kadmiums analog wie zu der Bestimmung von Wismuth und Zink dasselbe als Amalgam aus der Lösung der Ammoniumoxalatdoppelsalze zu fällen versucht.

E. Smith löst zur Bestimmung des Kadmiums das Oxyd in Essigsäure, dampft ein, nimmt den Rückstand in Wasser auf und elektrolysirt die erhaltene Lösung. Heidenreich, welcher im hiesigen Laboratorium eine Reihe von Versuchen unter den verschiedensten Bedingungen nach dieser Methode ausführte, erhielt keine Resultate, weder in Bezug auf Beschaffenheit des Niederschlages noch auf quantitative Abscheidung des Metalles.

Eine weitere Methode von E. Smith basirt darauf, das Kadmium aus einer Lösung, welcher Natriumphosphat und freie Phosphorsäure zugefügt ist, zu reduciren. Auch nach diesem Verfahren gelang die quantitative Abscheidung des Metalles nicht; selbst wenn der Strom bis zu einem Amp. verstärkt wurde.

Endlich hat Smith[1]) die Abscheidung des Kadmiums aus einer freie Essigsäure enthaltenden Lösung vorgeschlagen. Nach den Mittheilungen von Heidenreich fällt das Kadmium aus einer Flüssigkeit, welche 10 ccm 50procentiger

[1]) Elektrochem. Analyse. Deutsche Ausgabe.

Essigsäure auf 120 ccm Lösung enthält, bei Anwendung einer Stromdichte von 0,4 Amp. und einer Spannung von 4,5 Volt in Form von kleinen Krystallblättchen aus, welche ohne Verlust nicht auszuwaschen sind. Variation der Versuchsbedingungen (Zusatz von weniger Essigsäure, 2—10 ccm, Anwendung von 0,1—0,4 Amp. und 4—7,5 Volt, sowie Aenderung der Temperatur) lieferte ebenfalls keine befriedigenden Resultate.

Blei.

Litteratur:

Kiliani, Berg- u. Hüttenm.-Ztg. 1883, S. 253.
Luckow, Zeit. f. anal. Chem. XIX. S. 215.
Riché, Ann. d. Chim. et Phys. XIII. S. 508.
Zeit. f. anal. Chem. XXI. S. 117.
Classen, Zeit. f. anal. Chem. XXI. S. 257.
Hampe, Zeit. f. anal. Chem. XIII. S. 183.
Parodi u. Mascazzini, Ber. deutsch. chem. Ges. X. S. 1098.
Zeit. f. anal. Chem. XVI. S. 469; XVIII. S. 588.
Riché, Zeit. f. anal. Chem. XVII. S. 219.
Schucht, Zeit. f. anal. Chem. XXI. S. 488.
Tenny, Americ. Chem. Journ. V. S. 413.
Smith, Americ. Phil. Soc. Pr. XXIV. S. 428.
Vortmann, Ber. deutsch. chem. Ges. XXIV. S. 2749.
Rüdorff, Zeit. f. angew. Chem. 1892, S. 198.
Warwick, Zeit. f. anorg. Chem. I. S. 258.
Classen, Ber. deutsch. chem. Ges. XXVII. S. 163.
Kreichgauer, Ber. deutsch. chem. Ges. XXVII. S. 315.
Zeit. f. anorg. Chem. IX. S. 89.
Classen, Ber. deutsch. chem. Ges. XXVII. S. 2060.
Medicus, Ber. deutsch. chem. Ges. XXV. S. 2490.
Neumann, Chemiker-Zeitung 1896, S. 381.

Bei der Elektrolyse einer mit Ammoniumoxalat im Ueberschuss versetzten Bleilösung in der Wärme, erhält man zwar das Blei mit seinen charakteristischen metallischen Eigenschaften festhaftend auf der negativen Elektrode, allein dasselbe oxydirt sich theilweise beim Auswaschen mit Wasser oder Alkohol, sodass die Bestimmungen stets zu hoch ausfallen.

Die Abscheidung des Bleis als Amalgam (siehe Zink) bietet ebenfalls einige Schwierigkeiten, da neben dem Amalgam, stets etwas Bleisuperoxyd auf der positiven Elektrode entsteht, welches gelöst werden muss. Nach G. Vortmann verfährt man in der Art, dass man zu der wässerigen Lösung des Bleisalzes, welche eine zur Amalgambildung ausreichende Menge Quecksilberchlorid enthält, 3—5 g Natriumacetat und einige Kubikcentimeter koncentrirte Kaliumnitritlösung hinzufügt. Der durch letzteres Reagens (welches die Superoxydbildung verhindern soll) hervorgerufene Niederschlag wird in Essigsäure gelöst und die klare, gelb gefärbte Flüssigkeit nach dem Verdünnen mit Wasser elektrolysirt. Tritt während der Elektrolyse Bleisuperoxyd auf der positiven Elektrode auf, so fügt man neuerdings etwas Kaliumnitrit hinzu. Das Ende der Reaktion wird mit Schwefelammonium ermittelt. Da das Bleiamalgam sich relativ leicht im feuchten Zustande oxydirt, so spült man dasselbe rasch mit Wasser, Alkohol und Aether ab, trocknet das Amalgam zunächst durch die Wärme der Hand und Anblasen und schliesslich im Exsikkator.

Die Ausscheidung des Amalgams gelingt auch aus der mit Salpetersäure angesäuerten wässerigen Lösung. Da die freie Salpetersäure indess die Bildung von Bleisuperoxyd begünstigt, so ist öfteres Hinzufügen von Kaliumnitrit erforderlich, wodurch die vollständige Fällung wesentlich verzögert wird.

In einer freie Salpetersäure enthaltenden Lösung verhält sich das Blei wie Mangan, es wird als wasserhaltiges Superoxyd auf der positiven Elektrode ausgeschieden. Enthält die zu elektrolysirende Lösung ausser Blei keine anderen Metalle, so muss, nach den Angaben von Luckow, dieselbe wenigstens 10 Proc. freie Salpetersäure enthalten; bei Anwesenheit von anderen Metallen (z. B. Quecksilber, Kupfer etc.) findet die vollständige Ueberführung in Superoxyd auch bei geringerem Gehalt an Salpetersäure statt.

Im Münchener Laboratorium sind Versuche über die anzuwendende Menge von Salpetersäure (spec. Gew. 1,36) ausgeführt worden, welche ergeben haben, dass dieselbe sich nach der Temperatur der Flüssigkeit und der anzuwendenden Stromdichte (siehe S. 54) richten muss. Die Stromdichte ist wiederum abhängig von der Beschaffenheit der Oberfläche der positiven Elektrode. Ist letztere sehr glatt, so ist $ND_{100} = 0{,}05$ und im anderen Falle $= 0{,}5$ Amp. anzuwenden, um einen gut haftenden Ueberzug zu erhalten. Bei $ND_{100} = 0{,}05$ Ampère beträgt bei Erwärmen der Flüssigkeit der Zusatz von Salpetersäure 2 Vol.-Proc., unter denselben Verhältnissen bei gewöhnlicher Temperatur 10 Vol.-Proc. Bei $ND_{100} = 0{,}5$ Ampère fügt man, Erwärmen der Flüssigkeit vorausgesetzt, 7 Vol.-Proc., sonst 20 Vol.-Proc. Salpetersäure von angegebener Stärke hinzu.

Erwärmen der Flüssigkeit auf etwa 50^0 beschleunigt die Ausscheidung ganz wesentlich. Der Niederschlag kann ohne Verlust nach erfolgter Stromunterbrechung ausgewaschen werden.

Chlorverbindungen dürfen in der zu elektrolysirenden Flüssigkeit nicht vorhanden sein.

Selbst bei Einhaltung der vorstehenden Bedingungen ist die Menge von Blei, welche man als Superoxyd festhaftend niederschlagen kann, eine relativ geringe[1]). Die rasche Abscheidung von grösseren Mengen von Bleisuperoxyd, vollständig festhaftend wie ein Metall, gelingt nun nach meinen Ermittlungen ohne Weiteres, wenn man die als Anode dienende Platinschale auf der Innenseite mittels eines Sandstrahlgebläses mattirt[2]). Bei Anwendung dieser

---

[1]) Nach den im hiesigen Laboratorium gemachten Erfahrungen beträgt dieselbe im Maximum 0,15 g PbO_2 pro 100 qcm Oberfläche, während nach den Mittheilungen von Dr. Cohen (Chem.-Ztg. 1893, No. 98) bis 0,3 g abgeschieden werden können.

[2]) Die Platinschmelze von G. Siebert in Hanau hat auf meine Veranlassung die Mattirung in gedachter Art tadellos ausgeführt. Der-

Schalen ist es möglich, innerhalb weniger Stunden Mengen bis 4 g Bleisuperoxyd auf 100 qcm Oberfläche mit einem Strome von 1,5 Ampère niederzuschlagen. Zur Ausführung der Bleibestimmung fügt man nach erfolgter Lösung des Bleisalzes 20 ccm Salpetersäure (spec. Gew. 1,35—1,38) hinzu, verdünnt mit Wasser auf ca. 100 ccm, erwärmt auf 60—65^0 und elektrolysirt mit einem Strom von $ND_{100} = 1,5—1,7$ Ampère. Setzt man das Erwärmen während der Elektrolyse fort, so ist die Fällung bei Mengen bis 1,5 g Bleisuperoxyd schon nach etwa 3 Stunden, bei grösseren Mengen nach 4—5 Stunden beendet. Von der vollständigen Abscheidung überzeugt man sich durch Zusatz von ca. 20 ccm Wasser und Beobachtung einer etwa auftretenden Schwärzung an der frisch benetzten Elektrodenoberfläche. Der Niederschlag wird, wenn eine Schwärzung nach 10—15 Minuten nicht sichtbar ist, nach erfolgter Stromunterbrechung mit Wasser und Alkohol ausgewaschen und bei 180—190^0 getrocknet. Der Rückstand ist wasserfreies Superoxyd.

Versuchsbedingungen.

Temperatur der Flüssigkeit: 60—65^0.

Stromdichte $ND_{100} = 1,5—1,7$ Amp.

Elektrodenspannung = 2,5 Volt. Die Spannung ist ohne Einfluss auf die Beschaffenheit des Superoxydes und kann innerhalb weiter Grenzen schwanken.

Versuche.

Angewandt $Pb(NO_3)_2$ in 100 ccm Wasser gelöst unter Zusatz von 20 ccm Salpetersäure (spec. Gew. 1,35—1,38).

Stromdichte Amp.	Elektrodenspannung Volt.	Temp.	Dauer	Gef.
1,55—1,45	2,43—2,4	60—65^0	1 St. 5 M.	72,20 Proc.
1,6 —1,58	2,48—2,43	60—65^0	1 - 10 -	72,19 -
1,6 —1,65	2,41—2.36	60—65^0	1 - 5 -	72,20 -

artig mattirte Schalen sind selbstverständlich zu jeder anderen elektrolytischen Bestimmung verwendbar.

Das vorstehende Verfahren gestattet gleichzeitige Trennung von Zink, Eisen, Nickel, Kobalt, Mangan, Kupfer, Cadmium, Gold, Quecksilber, Antimon und Aluminium von Blei; bei Gegenwart von Silber und Wismuth gehen Antheile dieser Metalle in Form von Superoxyd in das Bleisuperoxyd über.

Thallium.

Litteratur:

Schucht, Zeit. f. anal. Chem. XXII. S. 490.
G. Neumann, Ber. deutsch. chem. Ges. XXI. S. 356.

Dieses Metall lässt sich aus der mit Ammoniumoxalat versetzten Lösung quantitativ als solches ausscheiden. Die Eigenschaften des Thalliums sind indess mit denen des Bleies übereinstimmend, sodass die Bestimmung nicht ohne Weiteres möglich ist.

Fig. 73.

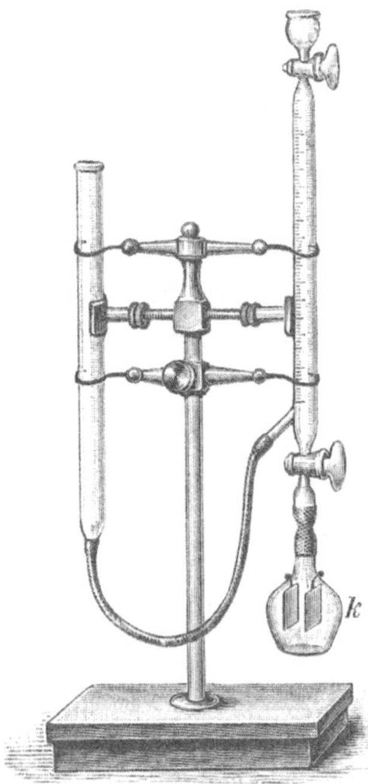

G. Neumann hat sich gelegentlich einer Untersuchung über die Zusammensetzung gewisser Doppelsalze des Thalliums mit der quantitativen Bestimmung dieses Metalls im hiesigen Laboratorium beschäftigt. Da die Methode wichtig ist für die Untersuchung von Thalliumverbindungen, so lasse ich dieselbe hier folgen. Die Bestimmung basirt auf Fällung des Thalliums als Metall und Ermittelung der Menge von Wasserstoff, welche dasselbe durch Auflösen in Salzsäure entwickelt. Zur Ausführung der Bestimmung benutzt man den in Fig. 73 abgebildeten Apparat. *K* ist ein Kölbchen von etwa 100 ccm Inhalt, welches zwei 9 ccm grosse Platinbleche enthält, die zur Verbindung mit der Stromquelle aussen mit Platinösen oder Drähten in Kontakt sind. In diesem Kölbchen löst man das Thalliumsalz und etwa 5 g Ammoniumoxalat auf und elektrolysirt nach dem Verdünnen mit Wasser mit einem Strom von 0,1 Ampère. Das Ende der Fällung wird

Fig. 74.

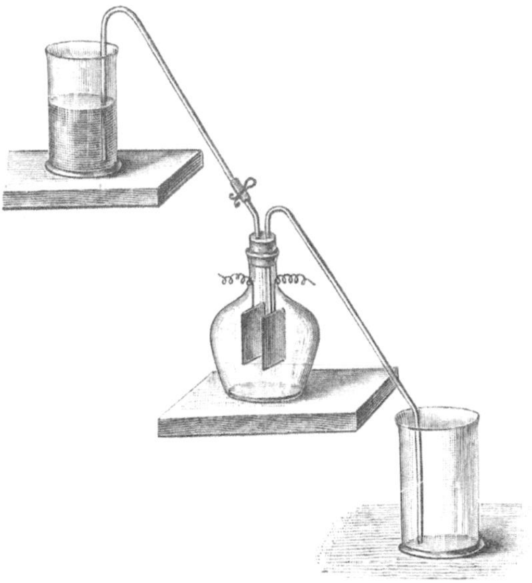

mit Schwefelammonium ermittelt. Da bekanntlich das oxalsaure Ammonium durch den Strom in kohlensaures Ammonium übergeführt wird und die Messröhre die entbundene Kohlensäuremenge nicht fassen kann, so wird die im Kölbchen nach der Zersetzung befindliche Lösung zunächst entfernt. Es lässt sich dies nun mit Hülfe von zwei Hebern in bekannter Weise bewirken. Die Umständlichkeit dieses Verfahrens zur Ausführung einer grösseren Anzahl von Bestimmungen, veranlasste indess Neumann eine selbstthätige

Waschvorrichtung zu konstruiren, welche in Fig. 74 abgebildet ist und deren Anwendung leicht ersichtlich ist. Das Auswaschen geschieht ohne Unterbrechung des Stromes. Um die an den Elektroden haftenden Gasbläschen zu entfernen, ist es nach beendetem Auswaschen erforderlich, das Kölbchen kurze Zeit zu erwärmen. Man verbindet nun das Kölbchen mit dem Messrohr und bewirkt die Auflösung des Thalliums und Messung des sich entwickelnden Wasserstoffgases in bekannter Art.

Silber.

Litteratur:

Luckow: Dingl. polyt. Journ. 178. S. 43. Zeit. f. anal. Chem. XIX. S. 15.
Fresenius u. Bergmann: Zeit. f. anal. Chem. XIX. S. 324.
Krutwig: Ber. deutsch. chem. Ges. XV. S. 1267.
Schucht: Zeit. f. anal. Chem. XXII. S. 417.
Kimicut: Americ. Chem. Journ. IV. S. 22.
Rüdorff: Zeit. f. angew. Chem. 1892. S. 5.
Eisenberg: Dissertation. Heidelberg 1895.

Von den zur Bestimmung des Silbers vorgeschlagenen Methoden dürfte die von Luckow angegebene am geeignetsten sein. Dieselbe gründet sich auf Abscheidung des Silbers aus dem Cyankaliumdoppelsalz. Liegen unlösliche Silberverbindungen (Silberchlorid, Oxalat) zur Analyse vor, so bringt man dieselben mit Cyankalium in Lösung. Zur Ausführung der Methode versetzt man die auf 100—120 ccm verdünnte Lösung mit 3 g Cyankalium. Eisenberg, welcher im hiesigen Laboratorium diese Methode prüfte, überzeugte sich, dass das Gelingen derselben, beziehungsweise die metallische Beschaffenheit des Silberniederschlages abhängig ist von der Reinheit des Cyankaliums. Selbst das Cyankalium purissimum des Handels ist zur Anwendung ungeeignet. Es empfiehlt sich daher, reines Cyankalium durch Einleiten von Cyanwasserstoff in eine alkoholische Kaliumhydroxydlösung darzustellen.

Versuchsbedingungen.

Temperatur der Flüssigkeit: 20°—30°.

Stromdichte: $ND_{100} = 0{,}2—0{,}5$ Amp.

Elektrodenspannung: 3,7—4,8 Volt.

Dauer der Elektrolyse: Bei gleicher Silbermenge schwankt dieselbe für Stromdichten $ND_{100} = 0{,}2—0{,}5$ Amp. zwischen 5 und $1^1/_2$ Stunden.

Mattirte Schalen sind für diese Bestimmung vorzuziehen.

Versuche.

a) Versuche mit dem als „purissimum" im Handel bezeichneten Cyankali. Angewendet Silbersulfat.

Angew. Subst.	Stromdichte Amp.	Elektrodenspannung Volt	Temperatur	Dauer	Erhalten	Beschaffenheit des Metalles	Bemerkungen
0,8660	0,4 —0,2	3,35	22°—24°	6 Std.	68,91 %	Nicht festhaftend	matt. Schale
0,8660	0,3 —0,1	3,55	22°—24°	6 -	68,91 -		polirt. Schale

b) Versuche mit reinem Cyankalium. Angewendet wurde Silbersulfat.

0,4369	0,3 —0,23	3,72	22°	5 Std.	69,08 %	festhaftend	matt. Schale
0,4369	0,32—0,21	3,70	22°	5 -	69,12 -		polirt. Schale
0,4370	0,52—0,54	4,6 —4,8	20°—30°	1 - 40 Min.	69,00 -	festhaftend	matt. Schale
0,8742	0,55—0,53	4,0	23°	2 - 40 -	68,98 -		polirt. Schale

J. Krutwig versetzt die Lösung des zu fällenden Silbersalzes mit Ammoniak in geringem Ueberschuss, fügt Ammoniumsulfat hinzu und elektrolysirt.

Im Münchener Laboratorium sind für das vorstehende Verfahren folgende Versuchsbedingungen ermittelt worden. Man versetzt die Lösung, welche höchstens 0,5 g Silber enthalten darf, mit 20 Vol.-Proc. Ammoniak (spec. Gew. 0,96) und 5% Ammoniumsulfat (1 : 10) und elektrolysirt unter Erwärmen mit einem Strome $ND_{100} = 0{,}02—0{,}05$ Ampère. Das Auswaschen des Niederschlages, welches nach Stromunterbrechung erfolgen kann, muss sehr sorgfältig geschehen um das schwefelsaure Ammonium gänzlich zu entfernen.

Fresenius und Bergmann haben gefunden, dass eine dichte Ausscheidung des Silbers auch aus einer Salpetersäure enthaltenden Flüssigkeit bewirkt werden kann. Zu der Silberlösung fügt man ca. 20 ccm Salpetersäure vom spec. Gewicht 1,2, verdünnt mit Wasser auf ungefähr 200 ccm und elektrolysirt.

Nach den Angaben des Münchener Laboratoriums ist es zweckmässig, zu der Lösung, welche bis 0,4 g Silber enthalten kann, 3 Vol.-Proc. Salpetersäure (spec. Gew. 1,36) hinzuzufügen und in der Wärme mit $ND_{100} = 0{,}04—0{,}05$ Ampère zu elektrolysiren. Das Silber muss ohne Stromunterbrechung vorsichtig ausgewaschen werden, um einen Verlust zu vermeiden. Eine ungenügende Menge von Salpetersäure giebt zur Bildung von Superoxyd Veranlassung.

Quecksilber.

Litteratur:

Clarke: Amert. Journ. of Scient. a. Arts VI. S. 200.
Classen u. Ludwig: Ber. deutsch. chem. Ges. XIX. S. 323.
Hokinson: Americ. Chem. Journ. VIII. S. 209.
Smith u. Knerr: ibid. Smith u. Fränkel Am. Chem. Journ. XI. S. 264.
Smith: Journ. Anal. Chem. V. S. 202.
Vortmann: Ber. deutsch. chem. Ges. XXIV. S. 2749.
Brandt: Zeit. f. angew. Chem. 1891. S. 202.
Rüdorff: ibid. 1892. S. 5.
Eisenberg: (Dissertation Heidelberg 1895.)
L. K. Fränkel: Journ. Frankl. CXXXI. S. 144.
Rising u. Lenher: Berg.-Hüttenm. Ztschr. LV. S. 175.

Das Metall kann aus der Lösung des Oxydsalzes, welche mit 4—5 g Ammoniumoxalat versetzt wird, leicht gefällt werden. (Methode des Verfassers). Hat man das Quecksilber als Chlorid in Lösung, so setzt man die Elektrolyse bis zum Verschwinden des Quecksilberchlorürs an der positiven Elektrode fort.

Versuchsbedingungen.

Temperatur der Flüssigkeit: Gewöhnliche Temperatur.

Stromdichte: $ND_{100} = 0,1—1,0$ Amp.

Elektrodenspannung: 2,5—5,5 Volt.

Dauer: Abhängig von der Stromdichte.

Mattirte Schalen sind den polirten entschieden vorzuziehen wegen der gleichmässigeren Vertheilung und des festeren Haftens auf der Kathode. Auf polirten Schalen scheidet sich das Quecksilber in Form von kleinen Kügelchen aus.

Versuche.

Angew. Subst. g $HgCl_2$	Stromdichte Amp.	Elektroden-spanng. Volt	Temperatur	Dauer	Erhalt.	Beschaffenh. des Metalles	Bemerkungen
0,4068	0,2 —0,15	2,6 —3,35	30°—23°	5 Std. 15 Min.	73,74%	festhaftend gleichmässig vertheilt	matt. Schale
0,4070	0,2 —0,23	2,89—3,75	28°—24°	5 - 15 -	73,80 -	in Kügelchen	pol. -
0,4073	1,02—0,93	4,05—4,75	29°—37°	1 - 30 -	73,63 -	- -	matt. -
0,4073	1,06—0,95	4,45—5,00	30°—39,5°	1 - 30 -	73,29 -	- -	pol. -
0,4076	1,08—0,92	4,42—4,88	25°—40°	2 - 5 -	73,77 -	- -	matt. -
0,4076	1,16—1,09	5,32—5,53	23°—40°	2 - 5 -	73,93 -	- -	pol. -
0,4080	1,15—1,09	4,97—5,05	18°—40,5°	2 - 5 -	73,87 -	- -	matt. -
0,4080	1,12—0,93	4,95—4,85	18°—38°	2 - 5 -	73,84 -	- -	matt. -
0,4080	1,20—0,99	4,70—4,90	18°—43°	3 -	73,55 -	- -	pol. -
0,4080	1,52—0,48	3,65—4,65	16°—27°	3 - 55 -	73,67 -	- -	matt. -
0,4075	1,51—0,48	3,87—4,50	16°—30°	3 - 55 -	73,85 -	- -	pol. -

Das Quecksilber lässt sich auch aus einer mit Salpetersäure, Schwefelsäure oder Salzsäure versetzten Lösung quantitativ abscheiden. Ist ausser Quecksilber kein anderes Metall vorhanden, so genügen 1—2 Volumprocente Salpetersäure, während bei Gegenwart anderer Metalle, die bei Anwesenheit freier Säure nicht gefällt werden, 5 Volumprocente Salpetersäure erforderlich sind. In letzterem Falle wendet man eine Stromdichte bis 0,5 Amp., im ersteren Falle bis 1 Amp. an.

Bei Anwendung von Salzsäure fügt man nur wenige

Tropfen derselben hinzu, da grosse Mengen auf die Fällung des Metalles von schädlichem Einfluss sind. Grössere Mengen von Chloriden wirken wie grössere Mengen von Salzsäure.

Unlösliche Quecksilberverbindungen lassen sich in der Art einfach elektrolysiren, dass man dieselben in mit wenig Salzsäure angesäuertem Wasser oder in einer verdünnten Kochsalzlösung (etwa 10 proc.) suspendirt und wie gewöhnlich elektrolysirt. Nach diesem von mir herrührenden Verfahren wird in Almadèn der Quecksilbergehalt des Zinnobers ermittelt.

Edgar F. Smith fällt das Quecksilber aus der Lösung in Cyankalium. Die Quecksilberoxydlösung, welche ca. 0,2 g Quecksilber enthalten kann, versetzt man mit 0,25 bis 2 g Cyankalium, verdünnt mit Wasser bis zu 175 ccm und elektrolysirt.

Heidenreich hat für diese Methode im hiesigen Laboratorium die Versuchsbedingungen festgestellt.

Temperatur der Flüssigkeit: Gewöhnliche Temperatur.

Stromdichte: $ND_{100} = 0,03—0,08$ Amp.

Elektrodenspannung: 1,65—1,75 Volt.

Dauer: Abhängig von der Stromdichte.

Versuche.

Einwaage	Gefunden	Stromdichte ND_{100}	Volt	Dauer
0,2501 g $HgCl_2$ + 2—3 g KCN	73,61 % Hg	0,08—0,04	1,65—1,69	5 Std.
0,2655 - - + 2—3 - -	73,5 % -	0,03	1,75	14 -

Das auf diese Methode reducirte Metall darf nur mit Wasser und nicht mit Alkohol ausgewaschen werden, weil beim Auswaschen mit letzterem dünne graue Häutchen losgelöst werden.

Gold.

Litteratur:

Luckow: Zeit. f. anal. Chem. XIX. S. 14.
Brugnatelli: Phil. Magazin XXI. S. 187.
Smith u. Muhr: Ber. d. deutsch. chem. Ges. XXIII. S. 2175.
Smith u. Wallace: Proceed. Chem. Soc. Frankl. Inst. III. S. 20.
Smith: Amer. Chem. Journ. XIII. S. 206.
Persoz: Annal. Chem. Pharm. LXV. S. 164.
Rüdorff: Zeit. f. angew. Chem. 1892. S. 695.

Aus der Lösung der Goldsalze in Cyankalium lässt sich das Gold in dichter Form ausscheiden. Man fügt zur Bildung der Doppelcyanide ca. 3 g Cyankalium und elektrolisirt entweder bei gewöhnlicher Temperatur oder bei Temperaturen zwischen 50^0 und 60^0. Da das Gold nur mit Hülfe von Königswasser von der Platinschale entfernt werden kann (ein Verfahren, welches auch Platin in Lösung bringt), so hat man bislang die mit einer Silberschicht überzogene Platinschale zu Bestimmungen benutzt. Nach einer Privatmittheilung von Dr. W. Dupré in Stassfurt lässt sich das Gold durch eine Lösung von Chromsäureanhydrid in gesättigter Kochsalzlösung, unter Erwärmen, leicht von den Platinschalen entfernen. Diese Angaben kann ich vollkommen bestätigen, es geht bei dieser Manipulation nur Gold und kein Platin in Lösung.

Da die Bedingungen zur Abscheidung des Goldes aus den Doppelcyaniden bislang nicht ermittelt waren, so hat Dr. von Wirkner dieselben auf meine Veranlassung festgestellt.

Versuchsbedingungen.

Temperatur der Flüssigkeit: Gewöhnliche Temperatur oder besser $50—60^0$, da häufig bei gewöhnlicher Temperatur sich ein braunes Zersetzungsprodukt des Cyankaliums ausscheidet.

Stromdichte: $ND_{100} = 0{,}3—0{,}8$ Amp.

Elektrodenspannung: 2,7—4 Volt.

Versuche.

Angewendet wurde eine Goldchloridlösung von unbekanntem Gehalt. Die Elektrolyse wurde in mattirten Platin-Iridiumschalen direkt ohne Silberüberzug vorgenommen. 120 ccm Flüssigkeit, 3 g Cyankalium.

Angewendet ccm Goldchloridlösg.	Stromdichte Amp.	Elektrodenspannung Volt	Temperatur °C.	Dauer Std. Min.	Gefunden g
15	0,3	3,5—3,9	20—27	5 —	0,0545
15	0,35	3,9—4,0	22—28	14 — über Nacht	0,0548
30	0,37	3,6—3,9	20—28	4 15	0,1099
15	0,38	2,7—3,8	52—55	1 30	0,0544
15	0,38	2,7—3,4	53—54	1 20	0,0546
15	0,39	2,7—3,8	52—56	1 30	0,0545
15	0,85	4,0—4,1	52—56	1 30	0,0544

Antimon.

Litteratur:

Wrightson: Zeit. f. anal. Chem. XV. S. 300.
Parodi u. Mascazzini: Zeit. f. anal. Chem. XVIII. S. 588.
Luckow: Zeit. f. anal. Chem. XIX. S. 13.
Classen u. v. Reiss: Ber. deutsch. chem. Ges. XIV. S. 1622; XVII. S. 2467; XVIII. S. 1104.
Lecrenier: Chemikerzeitung XIII. S. 1219.
Vortmann: Ber. deutsch. chem. Ges. XXIV. S. 2762.
Rüdorff: Zeit. f. angew. Chem. 1892. S. 199.
Classen: Ber. deutsch. chem. Ges. XXVII. S. 2060.

Aus chlorwasserstoffsaurer Lösung fällt das Antimon als Metall, aber nicht fest haftend aus. Fügt man zu der Lösung des Trichlorids Kaliumoxalat, so wird das Antimon leicht reducirt, allein das Metall haftet noch weniger fest an der Elektrode wie im ersten Falle. Einen festhaftenden Metallniederschlag erhält man auf Zusatz von Kaliumtartrat, jedoch geht hierbei die Ausscheidung zu langsam von Statten.

Sehr gut gelingt die Fällung des Antimons aus den Lösungen seiner Sulfosalze. Wendet man Schwefelammonium zur Bildung des Doppelsalzes an, so darf dasselbe weder freies Ammoniak noch Polysulfide enthalten. Zur Bestimmung verwendet man daher zweckmässig das Ammoniumsulfhydrat, welches man in kleinen Mengen in gut verschlossenen Flaschen aufbewahrt.

Bei der Elektrolyse der mit Schwefelammonium versetzten Antimonlösung scheidet sich oberhalb des Metalls auf der Schale Schwefel ab, welcher sich durch Abspülen mit Wasser nicht entfernen lässt. Beim nachherigen Auswaschen des Metalls mit Alkohol kann man durch Reiben mit dem Finger oder einem mit Alkohol befeuchteten Taschentuche die dünne Schwefellage loslösen, ohne Verlust an Antimon befürchten zu müssen.

Die Anwendung von Schwefelammonium hat aber sonst etwas Missliches, da bei Ausführung mehrerer Bestimmungen zu gleicher Zeit der Geruch unerträglich wird. Aus diesen Gründen habe ich eine Reihe von Versuchen mit Natriummonosulfid, Kaliummonosulfid, ferner mit Kalium- und Natriumhydrosulfid angestellt, welche ergeben haben, dass aus den Salzen derselben mit Antimon die Abscheidung des letzteren gut gelingt. Da von den genannten Schwefelalkalien das Natriumsulfid (Na_2S) den grossen Vortheil bietet, eine Trennung des Antimons von Zinn und Arsen zu ermöglichen, so beziehen sich die nachfolgenden Einzelheiten ausschliesslich auf Anwendung des genannten Salzes*) zur Bestimmung des Antimons.

Bei der Elektrolyse des Antimonsulfosalzes findet wahrscheinlich folgender Vorgang statt. Der Strom entwickelt zunächst Wasserstoff.

*) Die Bereitung desselben siehe Kapitel: Reagentien.

An der Kathode bildet sich:

$$Sb_2S_3 + 3\,Na_2S + 6\,H = 2\,Sb + 6\,NaHS.$$

Und ferner

$$6\,NaHS + 3\,O = 3\,Na_2S_2 + 3\,H_2O.$$

Die Reduktion des Antimons aus dem gebildeten Sulfosalz kann sowohl bei gewöhnlicher Temperatur, als auch bei höherer Temperatur ausgeführt werden. Im ersteren Falle nimmt die Bestimmung 17—18 Stunden, im letzteren Falle ca. 2 Stunden in Anspruch. Wendet man polirte Schalen an, so kann man nur relativ wenig Metall festhaftend abscheiden und ist genöthigt, schwache Ströme anzuwenden. Die neueren Versuche beziehen sich auf Anwendung von mattirten Schalen und Reduktion aus heissen Lösungen unter Anwendung starker Ströme.

Zur Ausführung versetzt man die Antimonlösung mit 80—100 ccm einer Lösung von Natriummonosulfid vom spec. Gew. ca. 1,14, verdünnt mit Wasser auf rund 120 ccm und elektrolysirt. Das Metall muss bei Fällung in der Wärme ohne Stromunterbrechung ausgewaschen werden. Das Ende der Reaktion lässt sich mit Sicherheit nur mit Anwendung einer Hülfselektrode ermitteln, welche man in die Flüssigkeit taucht und durch Berührung mit der Schale, der Kathode, in metallische Verbindung bringt.

Die Schale mit dem ausgeschiedenen Antimon behandelt man in bekannter Weise mit Wasser und völlig reinem, absolutem Alkohol, trocknet kurze Zeit im Luftbade bei 80 bis 90° C. und wägt.

Versuchsbedingungen.

A. Temperatur der Flüssigkeit: Gewöhnliche Temperatur.

Stromdichte: $ND_{100} = 0{,}3$—$0{,}35$ Amp.

Elektrodenspannung: 1—1,8 Volt.

Man verwendet zweckmässig nur mattirte Schalen.

Versuche.

Angewandt wurde Brechweinstein.

Angew. Subst.	Strom-dichte	Elektroden-spannung	Temp.	Dauer	Erhalten	Beschaffenh. d. Metalles
0,7892	0,35	1,70—1,06	gewöhnl.	17 Std. 30 Min.	37,84 %	hell metallisch glänzend festhaftend
0,7894	0,35	1,80—1,00	Temp.	17 - 30 -	37,80 -	

B. Temperatur der Flüssigkeit: 55—70°.
Stromdichte: ND_{100} = 1—1,5 Amp.
Elektrodenspannung: 1—2 Volt.

Angew. Subst.	Stromdichte	Elektroden-spannung	Temp.	Dauer	Er-halten	Beschaffenh. d. Metalles
0,7895	1 —1,2	1,45—1,25	55°—60°	2 Std. 5 Min.	37,64	metallisch glänzend
0,7895	1,06—1,25	1,35	65°—70°	2 - 15 -	37,57	-
0,7898	1,5	1,42	70°	1 - 45 -	37,85	-
1,5873	1,5	1,8	70°—80°	2 - 30 -	37,84	-

Die Methode der Bestimmung des Antimons in den Lösungen der Polysulfide der Alkalien gestaltet sich einfach. Handelt es sich z. B. um Bestimmung des Antimons in einer Lösung, welche Polysulfide der Alkalien enthält, so versetzt man mit einem Ueberschuss von Wasserstoffsuperoxyd und erwärmt, bis die Flüssigkeit farblos ist. Bei Anwendung eines grossen Ueberschusses von Wasserstoffsuperoxyd kann es eintreten, dass das Schwefelalkali vollständig zersetzt und Schwefelantimon ausgeschieden wird. Ist die Lösung völlig entfärbt oder hat sich bereits ein Niederschlag von Schwefelantimon in derselben gebildet, so fügt man nach dem Erkalten ca. 80 ccm der Lösung von Natriummonosulfid hinzu, verdünnt mit Wasser auf etwa 120—150 ccm und elektrolysirt wie oben angegeben.

Platin.

Litteratur:

Luckow, Zeit. f. anal. Chem. XIX. S. 13.
Classen, Ber. deutsch. chem. Ges. XVII. S. 2467.
Smith, Americ. Chem. Journ. XIII. S. 206.
Rüdorff, Zeit. f. angew. Chem. 1892. S. 696.

Die Verbindungen des Platins werden durch den elektrischen Strom sehr leicht unter Abscheidung des Metalles zersetzt. Wendet man zur Zersetzung eine Lösung des Platinsalzes an, welche 2—3 Volumprocente Schwefelsäure enthält, und elektrolysirt mit einem Strome von $ND_{100} = 0,1$ bis 0,2 Amp., so scheidet sich nach den Ermittelungen von Dr. W. Göbbels im hiesigen Laboratorium sämmtliches Platin in kurzer Zeit als Platinmoor aus. Wendet man aber eine auf 60—65° erwärmte Lösung an und elektrolysirt mit einem Strom von $ND_{100} = 0,05$ Amp. und 1,2 Volt Spannung, so scheidet sich das Platin in 4—5 Stunden quantitativ und vollständig dicht ab. Das reducirte Metall ist so dicht, dass es von gehämmertem Platin nicht zu unterscheiden ist.

Beträgt die Menge des zu fällenden Platins ca. 0,4 g, so wird nach den Ermittelungen im Münchener Laboratorium die mit 2 Vol.-Proc. verdünnter Schwefelsäure (1 : 5) versetzte Lösung des Platinsalzes unter Erwärmen mit $ND_{100} = 0,01$ bis 0,03 Ampère elektrolysirt; nach ungefähr 5 Stunden ist die Fällung beendet.

Durch einen Strom, $ND_{100} = 0,05$ Amp. bei 1,2 Volt Spannung wird Iridium aus seinen Lösungen nicht reducirt; es lässt sich das Verhalten zur quantitativen Trennung des Platins von Iridium benutzen (Classen).

Palladium.

Litteratur:

Wöhler, Lieb. Ann. CXXXIII. S. 357.
Schucht, Zeit. f. anal. Chem. XXII. S. 242.
Smith & Knerr, Amer. Chem. Journ. XII. S. 252.
Smith, Americ. Chem. Journ. VIII, S. 206, XIV. S. 435.

Die Bestimmung des Palladiums geschieht in analoger Weise wie die des Platins. Wendet man zur Reduktion einen Strom von $ND_{100} = 0,05$ Amp. bei 1,2 Volt Spannung an, so erhält man das Palladium in schön metallischer Form.

Zinn.

Litteratur:

Luckow, Zeit. f. anal. Chem. XIX. S. 13.
Classen und v. Reiss, Ber. deutsch. chem. Ges. XIV. S. 1622.
Gibbs, Chem. News XXXXII. S. 291.
Classen, Ber. deutsch. chem. Ges. XVII, S. 2467; XVIII. S. 1104.
Bongartz und Classen, Ber. deutsch. chem. Ges. XXI. S. 2900.
Rüdorff, Zeit. f. angew. Chem. 1892, S. 196.
Classen, Ber. deutsch. chem. Ges. XXVII. S. 2060.
Engels, Zeit. f. Elektrochemie 1895/96, S. 418.
Freudenberg, Zeit. f. phys. Chem. XII. S. 121.
Heidenreich, Ber. deutsch. chem. Ges. XXVIII. S. 1586.

Zinn scheidet sich sowohl aus der Lösung des oxalsauren Ammoniumdoppelsalzes als aus Schwefelammonium quantitativ aus[1]). Schwefelnatrium und Schwefelkalium können nicht angewendet werden, da aus verdünnten Lösungen der entsprechenden Sulfosalze das Zinn nur theilweise, aus koncentrirten Lösungen aber gar nicht ausgeschieden wird.

Fällt man das Zinn aus dem oxalsauren Ammoniumdoppelsalz aus, so tritt, besonders bei grösseren Zinnmengen, leicht Ausscheidung von Zinnsäure ein, so dass man genöthigt ist, dieselbe wiederholt durch Zusatz von Oxalsäure in Lösung zu bringen. Die Reduktion des Zinns geht nun ohne jede Störung von Statten, wenn man statt des oxalsauren Ammoniums das saure oxalsaure Ammonium anwendet. Die Resultate, welche man nach diesem Verfahren erhält, sind derart genau, dass ich diese Methode zur Bestimmung des Atomgewichts des Zinns anwenden konnte[2]).

Man versetzt die Lösung des Zinnsalzes mit einer bei gewöhnlicher Temperatur gesättigten Lösung von saurem Ammoniumoxalat, sodass auf je 0,1 g Zinn 20 ccm dieser Lösung kommen. Die auf ca. 150 ccm verdünnte Lösung

[1]) Methoden des Verfassers.

[2]) Bongartz u. Classen, Ber. Deutsch. chem. Ges. XXI, S. 2900.

wird elektrolysirt. Das Zinn schlägt sich als silberglänzendes, sehr fest haftendes Metall, selbst bei Mengen bis 6 g, quantitativ nieder. Das Metall wird, nach Stromunterbrechung, wie gewöhnlich mit Wasser und Alkohol ausgewaschen und bei 80—90° getrocknet.

Versuchsbedingungen.

Temperatur der Flüssigkeit: gewöhnliche Temperatur.

Stromdichte: $ND_{100} = 0,2—0,6$ Amp.

Elektrodenspannung: 2,7—3,8 Volt.

Dauer des Versuches: 8—10 Stunden.

Versuche.

Angewendet 0,9—1 g $SnCl_4\,2\,NH_4Cl$, 120 ccm gesättigte Lösung von saurem Ammoniumoxalat.

Stromdichte Ampère	Elektrodenspannung Volt	Temperatur	Dauer	Gefunden
0,2—0,3 schliesslich verstärkt auf 0,5	2,7—3,8	25°	8 St. 5 M.	32,06 Proc.
0,3—0,6	2,8—3,8	30—35°	9 - 45 -	32,00 -

Bei Anwendung grösserer Substanzmengen ist man in Folge Zersetzung des sauren Ammoniumoxalats und Eintreten alkalischer Reaktion genöthigt, von Zeit zu Zeit saures Ammoniumoxalat hinzuzufügen. Nach neueren Versuchen lässt sich die Zinnbestimmung auch in der Art ausführen, dass man mit neutralem Ammoniumoxalat das Doppelsalz bildet, mit Oxalsäure ansäuert und in der Wärme elektrolysirt.

M. Heidenreich, welcher mit dieser Methode Versuche im hiesigen Laboratorium anstellte, fand, dass die Bestimmung des Zinnes in 4 bis 4½ Stunden bewerkstelligt werden kann. Man fügt zu der Lösung, auf ca. 0,3 g Zinn, 4 g Ammoniumoxalat und säuert mit 9—10 g Oxalsäure an. Man erwärmt die Flüssigkeit auf 60—65° und elektrolysirt mit einem Strom von $ND_{100} = 1—1,5$ Amp. Das Auswaschen des Niederschlages muss ohne Stromunterbrechung geschehen.

Anstatt der Oxalsäure kann auch Essigsäure zur Verwendung gelangen; jedoch bietet dieselbe keine Vorzüge. Zur Ausführung der letzteren Methode fügt man zu der Lösung des Zinnsalzes ca. 100 ccm gesättigter Lösung von Ammoniumoxalat und säuert mit ca. 25 ccm Essigsäure, spec. Gew. 1,0615 (ca. 50 Proc.), an. Die Beschaffenheit des Niederschlages ist im Gegensatz zu der aus saurem Ammoniumoxalat erhaltenen strahlig-krystallinisch. Das Zinn haftet auf den mattirten Schalen besser wie auf den polirten. Die folgenden Versuche beziehen sich auf diese letztere Methode.

Stromdichte Ampère	Elektrodenspannung Volt	Temperatur	Dauer	Gefunden
0,3 auf 0,5 verstärkt	3,2—3,8	25°	6 St. 15 M.	32,0 Proc.
0,5 auf 1,0 verstärkt	3,6—4,2	25—30°	5 - 45 -	32,01 -

Bei letzterem Versuch erschien das Zinn in der polirten Schale krystallinisch hell, in der mattirten silberglänzend.

Da das Zinn sich analog dem Zink verhält und nur äusserst schwierig durch Säuren sich von der Platinschale ablösen lässt, so ist man genöthigt, durch Schmelzen mit saurem Kaliumsulfat die Metallschicht aus der Schale zu entfernen. Vorzuziehen daher ist, das Zinn in verkupferten Schalen niederzuschlagen (s. Zink).

K. Engels hat im hiesigen Laboratorium die folgende Methode zur Zinnbestimmung ausgearbeitet. Das Zinnsalz wird in Wasser gelöst unter Zusatz von einigen ccm Oxalsäure; man setzt 0,3—0,5 g salzsaures Hydroxylamin, 2 g Ammoniumacetat und 2 g Weinsäure zu auf 0,5—1,2 g Zinnsalz und verdünnt auf 150 ccm.

Versuchsbedingungen.

Temperatur der Flüssigkeit: 60—70⁰.
Stromdichte: $ND_{100} = 0{,}99—1$ Amp.
Elektrodenspannung: 4—5 Volt.
Dauer: 3—5 Stunden.

Versuche.

$SnCl_4$ $2NH_4Cl$	Stromdichte ND_{100} Ampère	Elektrodenspannung Volt	Temperatur	Zeit	Gefunden g	Proc.	Ber.
0,9175 g	1—0,8	5,2—5,6	70⁰	3 Std.	0,2970	32,37	32,37
0,9859 -	1—0,8	4,8—5,3	63⁰	-	0,3195	32,40	-
0,9050 -	1—0,9	5—5,6	65⁰	-	0,2931	32,39	-
1,1879 -	0,5	5,1—6	45⁰	6 Std.	0,3847	32,38	-
1,0026 -	0,7	3,4	60⁰	3 -	0,3238	32,36	-
0,9940 -	0,7	4	60⁰	3½ -	0,3219	32,38	-
1,0024 -	0,8	4,6	60⁰	3 -	0,3250	32,42	-
1,0022 -	0,8	4,2—4,4	60⁰	3 -	0,3252	32,44	-

In der Lösung des Ammoniumsulfosalzes verhält sich das Zinn wie Antimon. Man versetzt die Zinnlösung (event. nach vorheriger Neutralisation mit Ammoniak) mit ammoniakfreiem Schwefelammonium (man fügt nicht mehr hinzu, als zur Bildung des Sulfosalzes erforderlich ist), verdünnt mit Wasser auf 150—175 ccm und elektrolysirt die auf 50⁰ bis 60⁰ erwärmte Flüssigkeit mit einem Strom von 1—2 Amp. bei 3,5—4 Volt Spannung. Innerhalb einer Stunde können bei diesen Stromverhältnissen 0,3—0,4 g Zinn reducirt werden. An dem inneren Rande der Schale setzt sich zuweilen oberhalb des ausgeschiedenen Zinns Schwefel fest an, so dass derselbe mechanisch entfernt werden muss.

Zur Trennung des Zinns von anderen Metallen wendet man in der Gewichtsanalyse nicht selten statt des Schwefelammoniums das Schwefelnatrium an. Um in solchen Fällen das Zinn elektrolytisch bestimmen zu können, muss das

Schwefelnatrium in Schwefelammonium umgewandelt werden*). Zu diesem Zwecke versetzt man die Flüssigkeit mit ca. 25 g reinem, eisenfreiem Ammoniumsulfat und erwärmt in der bedeckten Schale sehr vorsichtig, bis die Schwefelwasserstoffentwicklung vorüber ist; sodann erhält man die Lösung etwa 15 Minuten in mässigem Sieden. Die vollständige Umsetzung in Schwefelammonium kann man an der grünlich-gelben Farbe der Flüssigkeit leicht erkennen. Bei zu langem Erhitzen kann Zinnsulfid ausgeschieden werden, welches mit Schwefelammonium gelöst wird. Nach völligem Erkalten löst man etwa ausgeschiedenes Natriumsulfat durch Zusatz von Wasser und elektrolysirt.

Viel einfacher und leichter ist die Ausführung der Zinnbestimmung, wenn man das in Schwefelnatrium gelöste Zinnsulfid in saures oxalsaures Zinn überführt und letztere Lösung elektrolysirt. Zur Ueberführung in diese Verbindung kann man zweierlei Wege einschlagen. Man zersetzt entweder den grössten Theil der Sulfosalze mit verdünnter Schwefelsäure (die Flüssigkeit muss alkalisch bleiben), um einen grossen Theil des Schwefels als Schwefelwasserstoff zu entfernen, und oxydirt mit Wassersoffsuperoxyd**), bis die gebildete Zinnsäure rein weiss erscheint, oder man fügt zu der erhitzten alkalischen Lösung der Sulfosalze sofort Wasserstoffsuperoxyd, bis dieselbe farblos ist, was indess einen grossen Aufwand an diesem Reagenz erfordert. Man säuert alsdann, zur Ausscheidung der Zinnsäure, mit Schwefelsäure an, neutralisirt mit Ammoniak und giebt noch etwas Wasserstoffsuperoxyd hinzu. In beiden

*) Das Schwefelnatrium kann durch Schwefelkalium bei der Trennung von anderen Metallen nicht ersetzt werden, da letzteres bei der Umsetzung zu Schwefelammonium schwerlösliches Kaliumsulfat liefert.

**) Siehe Berichte der Chemischen Gesellschaft XVI, 1062: A. Classen und C. Bauer: Ueber die Anwendbarkeit des Wasserstoffsuperoxyds in der analytischen Chemie.

Fällen erhitzt man zur Zersetzung des Ueberschusses des letzteren, lässt die Zinnsäure absitzen und filtrirt. Der Niederschlag wird vom Filter, mit Hülfe von Oxalsäurelösung unter Zusatz von Ammoniumoxalat, in ein Becherglas gespritzt, das Filter mit heisser Lösung dieser Säure ausgewaschen und die Zinnsäure im Becherglase unter Erwärmen gelöst. Bisweilen resultirt ein Rückstand von Schwefel, welcher durch Filtration zu trennen ist. Man sammelt die Flüssigkeit gleich in der gewogenen, zur Ausführung der Elektrolyse bestimmten Platinschale, wäscht den Schwefel mit einer in der Kälte gesättigten Lösung von Ammoniumoxalat oder saurem Ammoniumoxalat aus und trägt Sorge, dass die zu elektrolysirende Flüssigkeit mindestens 4 g Oxalat enthält.

Arsen.

Litteratur:

Luckow, Zeit. f. anal. Chem. XIX. S. 14.
Classen und v. Reiss, Ber. deutsch. chem. Ges. XIV. S. 1622.
Moore, Chem. News LIII. S. 209.
Vortmann, Ber. deutsch. chem. Ges. XXIV. S. 2764.

Arsen lässt sich weder aus wässeriger, noch aus chlorwasserstoffsaurer, noch aus der mit Ammoniumoxalat oder Schwefelalkalien versetzten Lösung quantitativ abscheiden. Aus wässeriger wie aus oxalsaurer Lösung wird ein Theil zu Metall reducirt, während in chlorwasserstoffsaurer Lösung bei genügender Dauer der Einwirkung des Stromes alles Arsen als Arsenwasserstoff verflüchtigt wird.

Das Verhalten des Arsens (als Arsensäure in Lösung) in einer koncentrirten Lösung von Schwefelnatrium gestattet, wie weiter unten gezeigt wird, eine quantitative Trennung desselben von Antimon.

Kalium. Ammoniak. (Stickstoff.)

Zur Bestimmung von Kalium und Ammoniak in den Salzen beider wird bekanntlich in der Art verfahren, dass man dieselben in Kalium- resp. Ammoniumplatinchlorid überführt und das Gewicht der bei 110° C. auf gewogenem Filter getrockneten Niederschläge ermittelt. Diese Methode, welche bei der Trennung des Kaliums von Natrium nicht zu umgehen ist, schliesst viele Uebelstände in sich. Es ist daher vorzuziehen, die Platinsalze in Wasser zu lösen und das Platin zu bestimmen.

Hierzu verfährt man wie S. 193 angegeben wurde.

Bestimmung der Salpetersäure in Nitraten.

Hierzu wird bekanntlich vielfach die Salpetersäure in Ammoniak übergeführt und letzteres bestimmt. Wie schon in der Einleitung erklärt wurde, geht durch Einwirkung des Stromes die Salpetersäure in Ammoniak über. Setzt man die mit verdünnter Schwefelsäure angesäuerte Lösung eines Alkalinitrats der Einwirkung des galvanischen Stromes aus, so wird kein Ammoniak gebildet.

Luckow hat nun gefunden, dass stets Reduktion der Salpetersäure erfolgt, wenn gleichzeitig ein Metallsalz in Auflösung sich befindet, welches durch den Strom unter Fällung des Metalls zerlegt wird. Kupfersalze sind hierzu am besten geeignet. G. Vortmann hat im hiesigen Laboratorium die Bedingungen zur quantitativen Bestimmung der Salpetersäure in Nitraten ermittelt. Man versetzt die Lösung des Nitrats mit einer genügenden Menge von Kupfersulfat (bei der Analyse von Kaliumnitrat beispielsweise mit halb soviel krystallisirtem Kupfersulfat als Kaliumnitrat angewendet wurde), säuert mit verdünnter Schwefelsäure an und elektrolysirt ohne Erwärmen. Nach erfolgter Reduktion wird die Flüssigkeit abgegossen und das Ammoniak wie gewöhnlich, unter Zusatz von Natronlauge, destillirt und in der Vorlage maassanalytisch bestimmt. Hierzu dient fünftelnormale Lösung von Schwefelsäure und Ammoniak. Um den Wirkungswerth der Schwefelsäure zu bestimmen, zersetzt man eine abgewogene Menge krystallisirten Kupfervitriol (0,5 g) elektrolytisch und titrirt die frei gewordene Schwefelsäure mittels Ammoniak. G. Vortmann zersetzte z. B. 0,4876 g $Cu SO_4 5 H_2 O$ und verbrauchte zur Neutralisation der frei gewordenen Schwefelsäure 19,6 ccm Ammoniak, welche der $^1/_5$ normalen Schwefelsäure gleichwerthig waren. 1 ccm der letzteren bindet demnach 0,0028017 g Stickstoff in Form von Ammoniak.

Bestimmung der Halogene.

Litteratur:

Vortmann, Monatshefte f. Chem. XV. S. 280; XVI. S. 674.
Elektrochem. Zeit. 1894 (I) S. 137.

Das Princip der von Vortmann ausgearbeiteten Methode beruht darauf, dass durch den Strom aus einer Lösung eines Halogensalzes das Halogen in Freiheit gesetzt wird und in statu nascendi mit einer Silberanode sich zu unlöslichem Halogensilber verbindet. Die Gewichtszunahme der Anode ergiebt sofort die ausgeschiedene Menge des Halogenes. Man überzeugt sich von dem Ende der Analyse dadurch, dass man nach einiger Zeit die ursprüngliche Silberanode durch eine zweite gewogene Silberanode ersetzt und deren Gewichtszunahme kontrollirt.

Zur Ausführung der Methode werden gewogene Mengen des Jodids in Wasser gelöst, die Lösung mit 6—10 ccm 10proc. Natronlauge versetzt und auf 100—150 ccm verdünnt. Die Anode aus Silber, welche eine uhrglasförmige Scheibe von 6 cm Durchmesser bildet, wird 0,5 cm vom Boden der als Kathode benutzten Kupferschale befestigt.

Man elektrolysirt ohne Erwärmen mit einer Intensität = 0,03—0,07 Amp. bei 2 Volt Spannung.

In 4—5 Stunden kann man den grössten Theil des Jodids in Jodsilber bei 2 Volt Spannung überführen, und der Rest kann nach Zusatz von Seignettesalz bei 60—70° bei 1,2 bis 1,3 Volt und einer Intensität = 0,01—0,02 Amp. auf einer neuen Silberanode abgeschieden werden.

Trennung der Metalle.

Eisen.

Eisen — Kobalt.

Litteratur:

Classen: Ber. deutsch. chem. Ges. Bd. XXVII. S. 2060.

Zur Bestimmung beider Metalle elektrolysirt man die Lösung der oxalsauren Doppelsalze, wie bei Eisen (S. 148) angegeben wurde, und ermittelt sowohl die Summe von Eisen und Kobalt als die Menge von Eisen. Hat man das Gewicht von Eisen und Kobalt festgestellt, so löst man den Rückstand in verdünnter Schwefelsäure (man übergiesst mit verdünnter Schwefelsäure und fügt nach und nach koncentrirte Säure hinzu, so dass sich die Flüssigkeit erhitzt) und titrirt das Eisen in der Platinschale mit Kaliumpermanganat. Um die rothe Farbe des Kobaltsulfats zu kompensiren, fügt man vorher die nöthige Menge von Nickelsulfat hinzu. Das Ende der Reaktion lässt sich leicht erkennen.

Den Rückstand von Kobalt und Eisen kann man auch in Chlorwasserstoffsäure lösen, das Eisen mit Wasserstoffsuperoxyd oxydiren und nach Verjagen des Ueberschusses durch Kochen mit Zinnchlorür titriren.

Versuche.

Angewendet:

$CoSO_4 . K_2SO_4 + 6 H_2O$. $Fe_2(C_2O_4)_3 . 3 K_2C_2O_4 + 6 H_2O$, von jedem Salz ca. 1 g. 8 g Ammoniumoxalat. Gesammtflüssigkeit 120 ccm.

Stromdichte Ampère	Elektroden-spannung Volt	Tempe-ratur	Dauer	Gefunden Fe + Co	Berechnet	Titrirt
2,0 —1,6	3,0 —3,6	65—70°	1 St. 40 M.	0,2658 g	0,1141 g Fe*) 0,1517 - Co 0,2658 g	0,1140 g Fe
1,55—1,4	3,2 —3,6	62—65°	1 - 20 -	0,2650 -	0,1138 g Fe 0,1517 - Co 0,2655 g	0,1140 - -
1,0 —0,85	2,85—3,1	60—65°	2 - 30 -	0,2585 -	0,1137 g Fe 0,1451 - Co 0,2586 g	0,1140 - -
0,5 —0,4	2,0 —2,7	60—67°	4 -	0,2593 -	0,1136 g Fe 0,1452 - Co 0,2588 g	0,1133 - -
0,5 —0,45	2,35—2,7	58—62°	4 -	0,2617 -	0,1139 g Fe 0,1477 - Co 0,2616 g	0,1141 - -

Eisen — Nickel.

Litteratur:

Vortmann, Monatshefte f. Chem. XIV. S. 536.
Classen, Ber. d. deutsch. chem. Ges. XXVII. S. 2060.

Die Methode zur Bestimmung ist genau wie die vorige. Eisen und Nickel scheiden sich in Form einer schönen, weissen Legirung aus, welche von Platin kaum zu unterscheiden ist. Die Legirung ist ausserordentlich widerstandsfähig gegen Säuren und wird von verdünnter Schwefelsäure oder Chlorwasserstoffsäure nur sehr langsam angegriffen.

Da die Ausfällung der letzten Reste von Nickel langsam von Statten geht, so empfiehlt es sich, einen Strom von mindestens $ND_{100} = 1$ Amp. anzuwenden, bezw. denselben gegen Ende bis 1 Amp. zu verstärken.

Um das Eisen in der Legirung mit Nickel zu bestimmen, muss man den Niederschlag in der Schale mit koncentrirter Chlorwasserstoffsäure erwärmen, und, falls das Eisen mit

*) Die unter der Rubrik „Berechnet“ aufgeführten Zahlen sind die Mengen von Eisen und Kobalt, welche in den beiden Salzen besonders elektrolytisch ermittelt wurden.

Permanganat titrirt werden soll, die Lösung mit nascirendem Wasserstoff reduciren. Einfacher ist, die Lösung mit Wasserstoffsuperoxyd zu oxydiren und nach Verjagen des Ueberschusses das gebildete Eisenchlorid mit Zinnchlorür zu titriren.

Versuche.

Angewendet:

$NiSO_4 . (NH_4)_2 SO_4 + 6 H_2O$. $Fe_2(C_2O_4)_3 . 3 K_2C_2O_4 + 6 H_2O$, ca. 1 g von jedem Salz. 8 g Ammoniumoxalat. Gesammtflüssigkeit 120 ccm.

Stromdichte Ampère	Elektrodenspannung Volt	Temperatur	Dauer	Gefunden Fe + Ni	Berechnet
2,2—1,75	3,45—4,0	70—65°	2 St.	0,2760	0,1135 g Fe*) 0,1622 - Ni 0,2757 g
2,0—1,75	3,35—3,9	69—67°	2 -	0,2654	0,1135 g Fe 0,1527 - Ni 0,2662 g
1,1—0,7	2,6 —3,1	65—71°	4 - 30 M.	0,2675	0,1135 g Fe 0,1550 - Ni 0,2683 g
0,5—0,4	2,6 —3,0	68—71°	5 -	0,2664	0,2664 g

Vortmann versetzt die Lösung der beiden Metalle mit 4—6 g Seignettesalze, übersättigt mit koncentrirter Natronlauge und fällt das Eisen mit einem Strome $ND_{100} = 0,3$ bis 0,5 Amp. in 3—4 Stunden aus, während das Nickel in der Lösung bleibt.

Eisen — Zink.

Litteratur:

Vortmann, Monatshefte f. Chem. XIV. S. 536.

Unterwirft man die oxalsauren Doppelsalze von Eisen und Zink der Elektrolyse, so scheidet sich nicht eine Legi-

*) Die unter der Rubrik „Berechnet" aufgeführten Zahlen sind die Mengen von Eisen und Kobalt, welche in den beiden Salzen besonders elektrolytisch ermittelt wurden.

rung beider, sondern zuerst Zink mit wenig Eisen auf der negativen Elektrode ab. Die Elektrolyse geht ganz glatt von statten und lässt sich die Summe beider Metalle leicht ermitteln, wenn der Zinkgehalt weniger als ein Drittel des Eisens beträgt. Bei höherem Gehalt an Zink beobachtet man bei fortschreitender Elektrolyse, dass das Zink sich unter lebhafter Gasentwickelung wieder löst und gleichzeitig ein Eisenoxydniederschlag entsteht. (Classen.)

Vortmann giebt die folgende Methode an. Man fügt zu der Lösung der Metalle einige Gramm Kalium-Natriumtartrat, setzt einen Ueberschuss von 10—20 Proc. Natronlauge hinzu und elektrolysirt bei einer Elektrodenspannung von 2 Volt mit einem Strom $ND_{100} = 0{,}07$—$0{,}1$ Amp. Zweckmässig steigert man gegen Schluss die Temperatur auf 50 bis 60°. Es wird innerhalb einiger Stunden das Eisen ausgefällt, während das Zink in Lösung bleibt.

Eisen — Mangan.

Litteratur:

Classen, Ber. d. deutsch. chem. Ges. XVIII. S. 1787.

Eine Lösung von Ammoniumoxalat zersetzt sich, wie bereits in der Einleitung erörtert wurde, unter Einwirkung des galvanischen Stroms hauptsächlich in Wasserstoff und Ammoniumhydrokarbonat. Letzteres zerfällt wiederum partiell in Ammoniak, welches zum grössten Theile in der Flüssigkeit absorbirt bleibt, und in Kohlensäure. Bei der Elektrolyse einer heissen Lösung von oxalsaurem Ammonium wird in Folge Dissociation des letzteren, das durch den Strom erzeugte Ammoniumkarbonat zum Theil neutralisirt; es findet an der positiven Elektrode eine sehr lebhafte Entwickelung von Kohlensäure statt.

Elektrolysirt man die Lösung der oxalsauren Doppelsalze von Eisen und von Mangan, ohne vorher einen grossen Ueberschuss von Ammoniumoxalat hinzuzufügen, so tritt an der positiven Elektrode sofort die charakteristische Färbung der Uebermangansäure auf, und es scheidet sich nach und nach Mangansuperoxyd auf der positiven und Eisen auf der negativen Elektrode ab. Wenn man die Elektrolyse in gedachter Art ausführt, so gelingt es nicht, beide Metalle quantitativ zu trennen, da das sich bildende Superoxyd erhebliche Mengen von Eisenhydroxyd mit niederreisst. Die quantitative Trennung beider Metalle ist nur möglich, wenn man die Bildung von Mangansuperoxyd so lange verhindert, bis die grösste Menge des Eisens reducirt ist. Elektrolysirt man nun eine Lösung von Eisen-Manganoxalat, welche einen grossen Ueberschuss von oxalsaurem Ammonium enthält, in der Kälte, so fällt erst dann eine grössere Menge eines Manganniederschlages aus, wenn die Hauptmenge des oxalsauren Ammoniums zersetzt ist. Bei der Elektrolyse des genannten Doppelsalzes ist die Ausscheidung von Mangansuperoxyd überhaupt nur gering, erst bei reichlicher Bildung von Ammoniumkarbonat bezw. Ammoniak tritt, infolge Einwirkung der letzteren auf das Mangandoppelsalz, eine bedeutendere Menge Niederschlag (ein Gemenge von Superoxyd mit Oxyd) in der Flüssigkeit auf.

Die starke Dissociation des Ammoniumoxalats in der Wärme giebt demnach ein einfaches Mittel an die Hand, die Bildung eines Manganniederschlages bei der Elektrolyse zu vermeiden oder doch wesentlich zu beeinträchtigen. Zur Ueberführung in oxalsaure Doppelsalze verfährt man, wie beim Eisen angegeben wurde, nur mit dem Unterschiede, dass 8 bis 10 g Ammoniumoxalat in der Flüssigkeit gelöst werden und elektrolysirt unter Erwärmen auf 70° mit einem Strome $ND_{100} = 0{,}5$ Amp.

Nach beendeter Reduktion giesst man die Flüssigkeit ab, reinigt die Schale durch mehrmaliges Ausspülen mit Wasser und entfernt letzteres, sowie Spuren eines Superoxydniederschlages mit Alkohol, indem man event. die Schale mit dem kleinen Finger der rechten Hand sanft abreibt.

Die vorstehende Methode liefert ohne weiteres gute Resultate, wenn der Gehalt an Mangan nicht hoch ist. Zur Analyse von manganhaltigem Eisen (wie z. B. Ferromangan) ist die Methode deshalb nicht von praktischer Bedeutung, weil es sich bei diesem um die Ermittlung des Mangans handelt, während die Methode nur die direkte Bestimmung des Eisens gestattet und das Mangan in der vom Eisen befreiten Flüssigkeit bestimmt werden muss.

Um das Mangan vollständig auszuscheiden, kocht man die Flüssigkeit, welche den Manganniederschlag suspendirt enthält, zur Zersetzung des durch Elektrolyse gebildeten Ammoniumhydrokarbonats auf Zusatz von reiner Kali- oder Natronlauge in einer Porzellanschale, bis die Flüssigkeit nicht mehr nach Ammoniak riecht, fügt alsdann Natriumkarbonat und dann wenig Natriumhypochlorit oder besser Wasserstoffsuperoxyd hinzu. Das Mangansuperoxyd setzt sich rasch zu Boden und kann gleich filtrirt werden. Den Niederschlag wäscht man am Besten mit heissem Wasser, welchem man etwas Ammoniumnitrat hinzufügt, aus und führt denselben entweder durch Glühen in Manganoxydoxydul (Mn_3O_4) oder in Mangansulfat ($MnSO_4$) über.

Zur Ausführung des letzteren Verfahrens befeuchtet man den Niederschlag im Tiegel mit wenig reiner, koncentrirter Schwefelsäure und erhitzt ganz schwach, so dass der Boden des Tiegels kaum rothglühend erscheint.

Will man das Mangan als Schwefelmangan abscheiden, so kocht man die Flüssigkeit zur Zersetzung des Ammoniumkarbonats, neutralisirt den Rest von Ammoniak mit Salpetersäure und fällt mit Schwefelammonium. Das Schwefelmangan wird entweder als solches durch Glühen im Wasserstoffstrome bestimmt, oder, was einfacher ist, durch Erhitzen mit einigen Tropfen Schwefelsäure in Mangansulfat übergeführt.

Eisen — Aluminium.

Litteratur:

Classen, Ber. d. deutsch. chem. Ges. XVIII. S. 1795. XXVII. S. 2060.

Unterwirft man eine mit einem grossen Ueberschuss von Ammoniumoxalat versetzte Lösung, welche die genannten Metalle enthält, in der Kälte der Elektrolyse, so scheidet sich Eisen auf der negativen Elektrode ab, während das Aluminium so lange in Lösung bleibt, als die Menge von Ammoniumoxalat grösser ist, als die des gebildeten Ammoniumkarbonats. Tritt schliesslich eine Fällung von Aluminiumhydroxyd ein, so ist die Lösung fast frei von Eisen. Man prüft nun von Zeit zu Zeit mit Hülfe eines Kapillarrohrs eine kleine Menge der Lösung mit Rhodankalium und unterbricht den Strom, sobald keine Reaktion mehr eintritt.

Zur Ausführung versetzt man die wässerige oder schwachsaure event. mit Ammoniak neutralisirte Lösung der Sulfate (Chloride sind weniger geeignet), mit Ammoniumoxalat im Ueberschuss, so dass die Gesammtmenge der Flüssigkeit 150 bis 175 ccm beträgt, und fügt event. unter gelindem Erwärmen noch soviel festes Ammoniumoxalat hinzu, dass auf 0,1 g der Metalle 2 bis 3 g Ammoniumoxalat kommen. Wenn die Temperatur der zu elektrolysirenden Lösung nicht höher als etwa 40° C. beträgt, so kann man dieselbe direkt elektrolysiren, da sie sich im Laufe der Elektrolyse nach und nach abkühlt.

Man thut nicht gut, den Strom länger, als nothwendig ist zur Reduktion von Eisen einwirken zu lassen, da sonst ein grosser Theil von Aluminium als Hydroxyd gefällt wird und sich theilweise so fest auf der negativen Elektrode ablagert, dass dasselbe nicht entfernt werden kann.

In einem solchen Falle ist man genöthigt, das Aluminiumhydroxyd durch Ansäuern mit Oxalsäure in Lösung zu bringen und, falls man zu viel Säure hinzugefügt hat, zu elektrolysiren, bis die letzten Mengen von Eisen reducirt sind.

Man giesst, ohne den Strom zu unterbrechen, die Oxalsäure nach und nach auf das die Platinschale bedeckende Glas, bis kein Aufbrausen mehr stattfindet und der Aluminiumniederschlag gelöst ist.

Ist die Menge des Aluminiums nicht grösser als die des Eisens, so giebt die Methode ohne Weiteres gute Resultate. Im anderen Falle löst man den entstandenen Aluminiumhydroxydniederschlag, ohne den Strom zu unterbrechen, durch vorsichtiges Hinzufügen von Oxalsäure wiederum auf und elektrolysirt neuerdings, bis das Eisen ausgeschieden ist.

Um das Aluminium in der vom Eisen abgegossenen Flüssigkeit zu bestimmen, erhitzt man dieselbe in einer Porzellanschale zur Entfernung des Ammoniaks, filtrirt vom Niederschlag ab und führt das Aluminiumhydroxyd durch Glühen in Al_2O_3 über.

Versuche.

Angewendet je 1 g Gramm $Fe_2(C_2O_4)_3 3 K_2C_2O_4 + 6 H_2O$ und $Al_2(SO_4)_3 . K_2SO_4 + 24 H_2O$ und 8 g Ammoniumoxalat. Gesammtflüssigkeit 120 ccm.

Stromdichte Ampère	Elektroden-spannung Volt	Temperatur	Dauer	Gefunden	Anstatt
1,95—1,6	4,3 —4,4	31—42°	2 St. 35 M.	0,1143 g Fe	0,1135 g Fe
1,65—1,35	3,8 —4,1	30—48°	3 -	0,1159 - -	0,1150 - -
1,0 —0,84	3,55—3,8	31—36°	4 - 30 -	0,1138 - -	0,1135 - -
0,5 —0,42	2,75—3,1	30—32°	5 - 40 -	0,1139 - -	0,1135 - -

Um das Auftreten von Aluminiumhydroxyd (welches sich oft in kleiner Menge festhaftend auf das Eisen niederschlägt) zu verhüten, sind demnach stärkere Ströme, welche die Temperatur der Flüssigkeit erhöhen, zu vermeiden.

Die obigen Versuche bestätigen den Einfluss starker Ströme und hoher Temperatur.

Eisen — Uran.

Die Trennung von Uran beruht auf demselben Princip wie die von Aluminium. Zur Ausführung derselben bedarf man eines grossen Ueberschusses (8 g) von Ammoniumoxalat, um das Uran als Doppelsalz in Lösung zu halten, bis die betreffenden Metalle reducirt sind. Man verfährt, wie bei der Trennung des Eisens vom Aluminium angegeben wurde. Bei starken Strömen kann es, besonders wenn es an Ammoniumoxalat fehlt, eintreten, dass das Uran, in Folge starker Erhitzung der Flüssigkeit und hierdurch bedingter Zersetzung des sich bildenden Ammoniumhydrokarbonats, als Hydroxyd ausfällt. Die Uranlösung wird nach Bestimmung der Metalle durch weiteres Elektrolysiren von Oxalsäure befreit und schliesslich das Ammoniumkarbonat durch Erhitzen zersetzt. Um den ausgeschiedenen, fein vertheilten Uranniederschlag für die Filtration geeignet zu machen, versetzt man mit Salpetersäure, erhitzt bis zur vollständigen Lösung und fällt mit Ammoniak. Das Uranhydroxyd wird durch Glühen im Wasserstoffstrome in Uranoxydul übergeführt.

Eisen — Chrom.

Litteratur:

Classen, Ber. d. deutsch. chem. Ges. XXVII. S. 2060.

Unterwirft man eine mit Ammoniumoxalat im Ueberschuss versetzte Lösung, welche das Chrom als Oxyd bezw. als Chromoxydammoniumoxalat enthält, der Elektrolyse, so geht das Chromoxydsalz vollständig in chromsaures Salz über. Bei gleichzeitiger Anwesenheit von Eisen wird letzteres zuerst als solches auf der negativen Elektrode abgeschieden; das Metall zeichnet sich alsdann durch besonders lebhaften Glanz aus.

Nach beendeter Reduktion giesst man die Flüssigkeit vom Metallniederschlage ab und kocht sie zur Zersetzung des Ammoniumkarbonats, reducirt die Chromsäure zu Oxyd durch Kochen mit Chlorwasserstoffsäure und Alkohol und fällt das Chrom mit Ammoniak als Hydroxyd. Letzteres wird in bekannter Weise in Cr_2O_3 übergeführt und als solches bestimmt.

Versuche.

Angewendet je 1 g $Fe_2(C_2O_4)_3 . 3 K_2C_2O_4 + 6 H_2O$ und $3 K_2C_2O_4 . Cr_2(C_2O_4)_3 + 6 H_2O$ und 8 g Ammoniumoxalat. Verdünnung auf 120 ccm.

Stromdichte Ampère	Elektroden-spannung Volt	Temperatur	Dauer	Gefunden	Anstatt
2,0 —1,6	3,4—3,6	62—68°	4 St.	0,1123 g Fe	0,1120 g Fe
1,6 —0,95	3,2—3,8	66—68°	5 -	0,1135 - -	0,1135 - -
1,95—1,5	3,3—3,7	62—65°	3 -	0,1130 - -	0,1135 - -

Angewandt 2 g Chromalaun, 1,5890 g Mohr'sches Salz und 8 g Ammoniumoxalat.

1,5	3	65°	4 St.	14,19 % Fe	14,28 % Fe.

Angewandt 2 g Chromalaun, 1 g $3 K_2C_2O_4 . Fe_2(C_2O_4)_3 + 6 H_2O$ und 8 g Ammoniumoxalat.

1,5—1,6	3,2—3,0	65°	4 St.	11,35 % Fe	11,40 % Fe.

Eisen — Aluminium — Chrom.

Litteratur:

Classen, Ber. d. deutsch. chem. Ges. Bd. XIV S. 2771.

Die elektrolytische Fällung des Eisens ist dieselbe, wie bei der Gegenwart von Aluminium allein oder Chrom allein.

Zur Bestimmung von Aluminium neben Chrom kocht man die abgegossene Flüssigkeit, bis dieselbe nur noch schwach nach Ammoniak riecht, filtrirt vom Aluminiumhydroxyd ab und fällt im Filtrate das Chrom, wie oben angegeben.

Eisen — Chrom — Uran.

Litteratur:

Classen, Ber. d. deutsch. chem. Ges. Bd. XIV S. 2771. Bd. XVII S. 2483.

Die Trennung beruht auf Abscheidung von Eisen aus der Lösung der oxalsauren Ammoniumdoppelsalze als Metall und auf Oxydation des Chromoxyds zu Chromsäure durch den Strom. Das Uran wird hierbei als Hydroxyd ausgeschieden, während das Chrom als Ammoniumchromat in

Lösung bleibt. Um die quantitative Trennung des Chroms von Uran zu ermöglichen, muss die Elektrolyse bis zur vollständigen Oxydation der Oxalsäure fortgeführt werden. Die elektrolysirte Flüssigkeit wird zur Zersetzung des gebildeten Ammoniumhydrokarbonats gekocht und 6 Stunden stehen gelassen. In dem vom Uran befreiten Filtrate wird das Chrom, wie oben angegeben, bestimmt.

Eisen — Beryllium.

Litteratur:

Classen, Ber. d. deutsch. chem. Ges. Bd. XIV S. 2771.

Die Trennung beider bietet nicht die geringsten Schwierigkeiten, wenn man mit Hülfe von Ammoniumoxalat lösliche Doppelverbindungen herstellt, für einen Ueberschuss an Ammoniumoxalat Sorge trägt und, wie bei der Trennung des Eisens von Aluminium angegeben ist, verfährt. Starke Ströme sind aus dem Grunde nicht anzuwenden, weil hierdurch die Flüssigkeit erhitzt und das durch Elektrolyse sich bildende Ammoniumhydrokarbonat, welches das Beryllium in Lösung hält, zersetzt wird. Es ist alsdann die Möglichkeit nicht ausgeschlossen, dass Berylliumhydroxyd ausfällt, ehe das Eisen durch den Strom reducirt wird. Die Bestimmung von Beryllium in der vom Eisen abgegossenen Flüssigkeit ist sehr einfach; man kocht die Lösung zur Zersetzung des sauren Ammoniumkarbonats und setzt das Erhitzen so lange fort, bis die Flüssigkeit nur noch schwach nach Ammoniak riecht. Das Berylliumhydroxyd wird abfiltrirt, mit heissem Wasser ausgewaschen und durch Glühen im Platintiegel in BeO übergeführt.

Eisen — Beryllium — Aluminium.

Litteratur:

Classen, Ber. d. deutsch. chem. Ges. Bd. XIV S. 2771.

Man verfährt genau wie vorhin. Ist das Eisen reducirt, so giesst man die Flüssigkeit in eine andere Platinschale und setzt die Elektrolyse fort, bis alle Oxalsäure zersetzt und das Aluminium als Hydroxyd gefällt ist. In der filtrirten Flüssigkeit wird das Beryllium durch Kochen als Hydroxyd ausgefällt.

Rathsam ist es, das Aluminiumhydroxyd nochmals zu lösen und die Elektrolyse nach vorheriger Ueberführung in oxalsaures Ammoniumdoppelsalz zu wiederholen.

Eisen — Kupfer.

Litteratur:

Vortmann, Monatshefte f. Chem. XIV. S. 536.
Classen, Ber. d. deutsch. chem. Ges. XXVII. S. 2060.

Die Trennung gelingt nach der von Luckow angegebenen Methode (S. 167), wenn man das Kupfer bei gewöhnlicher Temperatur ausscheidet. Zur Bestimmung des Eisens in der vom Kupfer befreiten Lösung dampft man dieselbe auf Zusatz der zur Ueberführung in das Sulfat erforderlichen Menge Schwefelsäure ein und verfährt zur Bildung des oxalsauren Doppelsalzes, wie S. 149 angegeben wurde.

Versuche.

Angewandt: Kupfervitriol und Mohr'sches Salz, von jedem ca. 1 g. 5 ccm Salpetersäure (spec. Gew. = 1,35). Gesammtflüssigkeit 120 ccm.

Stromdichte Ampère	Elektrodenspannung Volt	Temperatur	Dauer	Gefunden	Anstatt
1,0—0,9	3,0—3,3	19—32°	4 St.	0,2518 g Cu	0,2528 g Cu
1,1—1,0	2,6—3,2	18—32	3½ -	0,2430 - -	0,2450 - -

In der abgegossenen Flüssigkeit wurde die freie Schwefelsäure mit Ammoniak neutralisirt und 8 g Ammoniumoxalat hinzugefügt.

Stromdichte Ampère	Elektrodenspannung Volt	Temperatur	Dauer	Gefunden	Anstatt
1,3 —0,8	2,7—4,5	31—42°	3 St.	0,1416 g Fe	0,1406 g Fe
1,45—1,1	3,0—3,5	60°	3½ -	0,1438 - -	0,1435 - -

Dieselbe Trennung gelingt bei Gegenwart von Schwefelsäure anstatt Salpetersäure, von letzterer 3 ccm konc. Säure. Die Koncentrationsverhältnisse bleiben dieselben.

Stromdichte Ampère	Elektrodenspannung Volt	Temperatur	Dauer	Gefunden	Anstatt
1,05—1,2	3,0—2,85	22—30°	2 St. 10 M.	0,2534 g Cu	0,2539 g Cu
1,0 —0,95	2,5—2,45	56—59°	2 St.	0,2504 - -	0,2510 - -

Die Bestimmung des Eisens geschieht wie vorhin.

Stromdichte Ampère	Elektrodenspannung Volt	Temperatur	Dauer	Gefunden	Anstatt
1,55—1,32	3,4—3,8	33—40°	4 St.	0,1419 g Fe	0,1421 g Fe
1,6 —1,4	3,0—3,5	61—64°	3 -	0,1625 - -	0,1675 - -

Dieselbe Trennung lässt sich auch ausführen, wenn man das Kupfer aus der heissen Lösung der oxalsauren Doppelsalze bei Gegenwart freier Oxalsäure, Weinsäure oder Essigsäure ausscheidet. Als Oxalsäure dient die gesättigte Lösung und als Weinsäure eine solche, welche 6 g in 100 ccm enthält.

Versuche.

Angewandt: Kupfervitriol und Eisenoxydsalz, von jedem ca. 1 g. 6 g Ammoniumoxalat. Gesammtflüssigkeit 120 ccm. Das Kupfer muss ohne Stromunterbrechung ausgewaschen werden.

Ampère	Volt	Temperatur	Dauer	Gefunden	Anstatt
1,1—1,0	2,95—3,5	51—62°	3 St.	0,2525 g Cu	0,2528 g Cu
0,7—0,7	3,2 —2,85	62°	3 -	0,2532 - -	0,2530 - -

Zur Bestimmung des Eisens wurde in der vom Kupfer abgegossenen Flüssigkeit zunächst die freie Säure mit Ammoniak neutralisirt.

1,4—1,3	3,0—3,2	68—70°	2½ St.	0,1431 g Fe	0,1435 g Fe
1,0—0,9	3,1—3,3	30—40°	3 St.	0,1425 - -	0,1429 - -

Vortmann bringt die Oxyde beider Metalle in ammoniakalische Lösung unter Zusatz einiger Gramm Ammoniumsulfat und elektrolysirt mit einem Strome $ND_{100} = 0,1$ bis

0,6 Amp. Nur das Kupfer wird gefällt, während das Eisenhydroxyd unverändert bleibt.

Eisen — Blei.

Die Trennung beruht auf der Abscheidung des Bleis als Bleisuperoxyd bei Gegenwart von Salpetersäure (S. 180). Zur Bestimmung des Eisens verfährt man, wie oben angegeben.

Kobalt.

Kobalt — Zink.

Litteratur:

Vortmann, Elektrochem. Zeit. I. S. 6.
Smith und Wallace, Journ. of anal. Chem. 1893. S. 183.

Nach Vortmann bringt man einige Gramm Seignettesalz in die mit 10—20 proc. Natronlauge im Ueberschuss versetzte Lösung und elektrolysirt bei 2 Volt Spannung mit einem Strome $ND_{100} = 0{,}07—0{,}1$ Amp. Das Kobalt wird gefällt, jedoch ist, um eine Ausscheidung von Kobaltoxyd an der Anode zu verhindern, ein Zusatz von Jodkalium erforderlich.

Kobalt — Aluminium.

Die Methode wird in derselben Weise ausgeführt, wie die des Eisens vom Aluminium.

Kobalt — Uran.

Kobalt — Chrom.

Kobalt — Uran — Chrom.

Die Methode wird in derselben Weise ausgeführt, wie die entsprechenden Trennungen vom Eisen (S. 213).

Kobalt — Kupfer.

Litteratur:

Classen, Ber. d. deutsch. chem. Ges. XXVII. S. 2060.
Rüdorff, Zeit. f. angew. Chem. 1894. S. 388.
Warwick, Zeit. f. anorg. Chem. I. S. 299.

Die Trennung dieser beiden Metalle gelingt unter der Voraussetzung, dass die Elektrolyse in Flüssigkeiten von 50—60° bei Gegenwart von Oxalsäure, Weinsäure oder verdünnter Essigsäure ausgeführt wird, und dass die Elektrodenspannung sich innerhalb der Grenzen 1,1—1,3 Volt bewegt. Um die Spannung während des Versuches konstant zu halten, bezw. zu reguliren, ist es zweckmässig, den Seite 88 beschriebenen Siebwiderstand in den Stromkreis einzuschalten.

Versuche.

Angewandt 1 g Kupfervitriol, 1 g Kobaltammoniumsulfat. 6 g Ammoniumoxalat.

Elektroden-spannung Volt	Temperatur	Dauer	Gefunden
1,24—1,3	50—60°	3 St. 50 M.	0,2602 g Cu = 25,36 Proc.
1,2 —1,35	50—60°	3 St. 30 M.	0,2531 - - = 25,29 -
1,2 —1,29	50—60°	4 St.	0,2522 - - = 25,28 -

Kobalt — Wismuth.

Litteratur:

Smith und Wallace, Journ. of anal. Chem. 1893. S. 183

Smith & Moyer, Zeit. f. anorg. Chem. IV. S. 268.

Nach Smith und Wallace sowie Smith und Moyer gelingt eine Trennung dieser beiden Metalle aus salpetersaurer Lösung; da jedoch in den bezüglichen Veröffentlichungen die erforderlichen Stromangaben fehlen, so ist von einer Wiedergabe der Methode hier abgesehen.

Kobalt — Blei.

Man elektrolysirt die mit Salpetersäure versetzte Lösung (s. Blei S. 180), ebenso

Kobalt — Quecksilber.

Nickel.

Nickel — Mangan.

Bezüglich der Trennung des Nickels vom Mangan gilt dasselbe, was bezüglich der Trennung des Eisens vom Mangan gesagt wurde.

Nickel — Aluminium

vollzieht sich, wie die Trennung des Eisens vom Aluminium.

Nickel — Uran.

Nickel — Chrom.

Siehe Eisen (S. 212).

Nickel — Kupfer.

Litteratur:

Classen, Ber. d. deutsch. chem. Ges. XXVII. S. 2060.

Die Trennung gelingt unter denselben Bedingungen, wie die Trennung des Kobalts vom Kupfer.

Bei Anwendung von je 1 g Kupfervitriol und Nickelsulfat sind 6 g Ammoniumoxalat nöthig. Grössere Metallmengen erfordern auch eine entsprechend grössere Menge von oxalsaurem Ammonium.

Versuche.

Elektrodenspannung Volt	Dauer	Gefunden
1,11—1,3	3 S.. 50 M.	0,2552 g Cu = 25,4 Proc.
1,2 — 1,3	3 St.	0,2559 - - [1]) = 25,37 -
1,2 —1,3	3 St. 30 M.	0,2591 - - [2]) = 25,38 -
1,34—1,45	3 - 50 -	0,2579 - - [3]) = 25,45 -
1,2 —1,6	3 - 50 -	0,2595 - - [4]) = 25,33 -

---

[1]) Mit Oxalsäure angesäuert.

[2]) Mit Weinsäure angesäuert.

[3]) Mit Essigsäure angesäuert. Das Kupfer war nickelhaltig.

[4]) Das Kupfer war nickelhaltig.

Nickel — Blei.

Die Trennung beruht auf der bei Kobalt angegebenen Methode.

Nickel — Quecksilber.

Litteratur:

Rüdorff, Zeit. f. angew. Chem. 1894. S. 388.
Smith, Americ. chem. Journ. XII. S. 104.
Heidenreich, Ber. d. deutsch. chem. Ges. XXVIII. S. 1585.

Die Trennung der beiden Metalle ist dieselbe wie die des Kobaltes vom Quecksilber. Nach den Angaben von Smith ist die Trennung auch aus der Lösung der Doppelcyanide möglich. M. Heidenreich, welcher die erforderlichen Versuchsbedingungen im hiesigen Laboratorium feststellte, fand, dass bei einer Elektrodenspannung von 1,2 bis 1,6 Volt nur das Quecksilber ausgeschieden wird.

Versuche.

Angewandt ca. 1 g Nickelammoniumsulfat und 3 g Cyankalium.

Einwage	Gefunden	Stromdichte	Volt	Dauer
0,3687 g $Hg\,Cl_2$	73,65 Proc. Hg	0,08—0,03	1,2—1,6	5½ St.
0,3702 - -	73,62 - -	0,05—0,93	1,4—1,5	Nacht
0,3000 - -	73,66 - -	0,05—0,03	1,4—1,5	-

Zink.

Zink — Mangan.

Die Trennung gelingt auf dieselbe Weise, wie die des Kupfers vom Kobalt aus heisser Lösung bei Gegenwart von freier Oxalsäure, welche die Abscheidung von Mangansuperoxyd verhindert. Dieselben Bedingungen gelten für

Zink — Aluminium.

Zink — Kupfer.

Litteratur:

Rüdorff, Zeit. f. angew. Chem. 1893. S. 452.
Smith und Wallace, Journ. of anal. Chem. 1893. S. 183.
Heidenreich, Ber. d. deutsch. Ges. XXVIII. S. 1585.

Smith und Wallace empfehlen, zur Trennung das Kupfer aus einer mit Salpetersäure versetzten Lösung auszuscheiden. M. Heidenreich, welcher die Versuchsbedingungen im hiesigen Laboratorium ermittelte, fand, dass bei Gegenwart von ca. 4 ccm Salpetersäure (spec. Gew. = 1,3) in 120 ccm Gesammtflüssigkeit nur Kupfer ausgeschieden wird, in der Voraussetzung, dass die Spannung 1,4 Volt nicht überschreitet. Die Hauptmenge des Kupfers wird rasch ausgeschieden, die Reduktion der letzten Mengen erfordert indessen längere Zeit, so dass die Analyse 18—20 Stunden in Anspruch nimmt.

Versuche.

Angewendet wurde Kupfersulfat (enthaltend 25,29 Proc. Cu), welchem 0,8 g Zinkammoniumsulfat (16,4 Proc. Zn) zugefügt wurde.

Einwage Kupfervitriol	Gefunden		Stromdichte Ampère	Volt	Dauer
0,4476	24,31 Proc. Cu		0,2	1—1,1	$6^1/_2$ St.
0,3857	25,00 - -		0,2—0,3	1—1,2	8 -
0,4244	25,19 - -		0,2	1—1,15	$15^1/_2$ -
0,4689	25,25 - -		0,2	1—1,15	$15^1/_2$ -
0,4728	25,25 - -		0,2—0,15	1—1,2	18 -
0,5049	25,31 - -		0,2—0,15	1,13	18 -
0,4660	25,22 - -		0,5	1,2	2 -
0,4775	25,84 - -	zinkhaltig	1,05—0,9	1,5	2 -
0,4826	25,80 - -	zinkhaltig	1—0,80	1,35—1,98	18 -
0,4576	25,19 - -		0,5—0,4	1,15—1,23	$6^1/_2$ -

Zink — Cadmium.

Litteratur:

Smith, Amer. chem. Journ. XI. S. 352.
Yver, Bull. soc. Chem. XXXIV. S. 18.
Eliasberg, Zeit. f. anal. Chem. XXIV. S. 550.
Smith und Knerr, Am. Chem. Journ. VIII. S. 210.

A. Yver empfiehlt zur Trennung, die Lösung der essigsauren und schwefelsauren Salze mit Natriumacetat und einigen Tropfen Essigsäure zu versetzen und mittelst zweier

Daniell'schen Elemente unter Erwärmen zu elektrolysiren.

Im Münchener Laboratorium der technischen Hochschule sind für die vorstehende Methode folgende Versuchsbedingungen ermittelt worden. Zu der schwefelsauren Lösung der beiden Metalle fügt man Natronlauge, bis ein bleibender Niederschlag auftritt, löst denselben in möglichst wenig verdünnter Schwefelsäure, verdünnt mit Wasser auf ca. 70 ccm und reducirt das Cadmium mit einem Strome von $ND_{100} = 0{,}07$ Ampère. Ist die grösste Menge des Metalls gefällt, so neutralisirt man die freie Schwefelsäure mit Natronlauge, fügt 3 g Natriumacetat hinzu und elektrolysirt die auf etwa 45^0 erwärmte Flüssigkeit mit einem Strome von $ND_{100} = 0{,}03$ Ampère. Letztere Angabe setzt voraus, dass die elektromotorische Kraft der Stromquelle, welche man anwendet, im Maximum 3,6 Volt beträgt; ist die elektromotorische Kraft grösser, so reducirt man die Elektrodenspannung auf etwa 2,4 Volt.

Zink — Blei.

Die Trennung erfolgt aus salpetersaurer Lösung, wobei das Blei als Superoxyd niedergeschlagen wird (s. Blei S. 180). Zur Bestimmung des Zinkes verfährt man zur Ueberführung in das Sulfat, wie Seite 215 für Trennung des Eisens von Kupfer beschrieben und bestimmt das Zink nach dem S. 157 geschilderten Verfahren.

Zink — Silber.

Litteratur:

Smith und Wallace, Zeit. f. Elektrochemie II. S. 312. — Journ. of anal. Chem. 1892. S. 87.

Heidenreich, Ber. d. deutsch. chem. Ges. XXVIII. S. 1585.

Smith und Wallace führen die Trennung beider Metalle aus der Lösung der Doppelcyanide aus.

Die erforderlichen Versuchsbedingungen wurden im

hiesigen Laboratorium durch M. Heidenreich ermittelt, welcher feststellte, dass die Trennung am besten bei einer Temperatur von 60—70° und einer Elektrodenspannung von 1,9—2 Volt gelingt.

Versuche.

Einwage	Gefunden	Stromdichte	Volt	Dauer
0,4046 g $AgNO_3$	63,34 Proc. Ag	0,05	1,9—2,03	28 St.
0,4149 - -	63,31 - -	0,03	2,1—2,05	22 -
0,3260 - -	63,23 - -	0,08	1,9	16 -
0,3739 - -	63,31 - -	0,08—0,05	2,0—2,15	15 -
0,2949 - -	63,36 - -	0,05—0,02	1,8—2,05	6½ - bei 60°.

Zink — Quecksilber.

Litteratur:

Smith und Wallace, Zeit. f. Elektrochemie II. S. 312.
Heidenreich, Ber. d. deutsch. chem. Ges. XXVIII. S. 1585.

Smith und Wallace führen die Trennung aus der Lösung der Doppelcyanide aus. Nach den von M. Heidenreich im hiesigen Laboratorium angestellten Versuchen fällt das Quecksilber frei von Zink aus. Bei Ausführung der Trennungen beobachtete derselbe, dass unter gleichzeitiger Einwirkung von Quecksilber und Cyankalium auf Platin die Platinschalen sehr leiden.

Versuche.

Einwage	Gefunden	Stromdichte Ampère	Volt	Dauer
0,2501 g $HgCl_2$ + 2—3 g KCN	73,61 Proc. Hg	0,08—0,04	1,65—1,69	5 St.
0,2655 - - -	73,51 - -	0,03	1,75	14 - (während d. Nacht)

Mangan.

Mangan — Kupfer.

Die Trennung gelingt auf dieselbe Weise, wie die des Kupfers vom Kobalt aus heisser Lösung bei freier Oxalsäure, welche die Abscheidung von Mangansuperoxyd verhindert. Zur Manganbestimmung verfährt man nach Engels folgendermaassen. Die manganhaltige Flüssigkeit wird abgegossen. Dieselbe ist häufig nicht zur direkten elektrolytischen Bestimmung des Mangans geeignet, sei es, dass die vorher nöthigen Zusätze störend wirken, sei es, dass in Folge einer ohne Stromunterbrechung vorgenommenen Auswaschung das Volumen der Flüssigkeit zu gross geworden war. Es wurde dann nach der Vorschrift von Jannasch das Mangan durch Ammoniak und Wasserstoffsuperoxyd gefällt und nach dem Absitzen abfiltrirt, der Niederschlag in 5 ccm Essigsäure, 5 ccm Wasserstoffsuperoxydlösung und 25 ccm Wasser gelöst, der Ueberschuss des Wasserstoffsuperoxydes durch Chromsäure zerstört und elektrolysirt. Ebenso verfährt man, wenn Manganchlorid in der Lösung ist, da dessen Gegenwart die Superoxydabscheidung beeinträchtigt.

Versuche*).

Die manganhaltige Lösung enthielt $(NH_4)_2MnCl_4 + 7H_2O$. Dieselbe wurde nach der gegebenen Vorschrift von C. Engels behandelt.

$(NH_4)_2MnCl_4$ + 7 aq.	ND_{100}	V.	T.	Zeit	Mn_3O_4	
0,8619	0,63	2,8	80°	1¾ St.	0,2153	24,98
0,9550	0,62	2,8	82°	1¾ -	0,2385	24,98
0,9562	0,7	2,9	83°	1¾ -	0,2394	25,03
1,0131	0,72	3,1	80°	1½ -	0,2536	25,03
0,8580	0,8	3,1	80°	1¼ -	0,2151	25,01
1,1383	0,78	3,1	85°	1¼ -	0,2848	25,02

Mangan — Cadmium.

Man verfährt, wie bei der Trennung von Mangan und Kupfer und bestimmt das Mangan nach der oben gegebenen Engels'schen Vorschrift.

---

*) Von Dr. Carl Engels im hiesigen Laboratorium ausgeführt.

Kupfer.

Kupfer — Cadmium.

Litteratur:

Freudenberg, Zeit. f. phys. Chem. XII. S. 97.
Heidenreich, Ber. d. deutsch. chem. Ges. XXVIII. S. 1585.
Smith und Wallace, Journ. of anal. Chem. 1893. S. 183.
Smith und Moyer, Zeit. f. anorg. Chem. I. S. 299.

Nach den Angaben von Freudenberg lässt sich eine Trennung der beiden Metalle lediglich durch Spannungsvariation aus schwefelsaurer (10—20 ccm verdünnter Schwefelsäure) Lösung erreichen. Bei 2 Volt Elektrodenspannung wird das Kupfer gefällt, ohne dass Cadmium sich metallisch niederschlägt.

M. Heidenreich hat im hiesigen Laboratorium die vorstehende Methode geprüft und gefunden, dass die Trennung am besten gelingt, wenn man dafür sorgt, dass die Spannung 1,85 Volt nicht überschreitet.

Versuche.

Gesammtflüssigkeit 120 ccm, hiervon 15 ccm verdünnte Schwefelsäure (spec. Gew. = 1,09).

Einwage Kupfervitriol	Gefunden	Dichte ND_{100} Ampère	Volt	Dauer
0,7078 g (ca. 0,4 g Cadmiumsulfat).	15,27 Proc. Cu	0,07—0,05	1,7—1,76	24 St.

Versuche, welche darauf hinausliefen, die Schwefelsäure durch Salpetersäure zu ersetzen, führten zu keinem Ergebnisse.

Kupfer — Blei.

Litteratur:

Classen, Ber. d. deutsch. chem. Ges. XXVII. S. 163, 2060.
Nissenson, Zeit. f. angew. Chem. 1893. S. 452.

Zur Ausführung verdünnt man die 20 ccm Salpetersäure (spec. Gew. 1,35) enthaltende Lösung auf nur 75 ccm, elektrolysirt die erwärmte Flüssigkeit mit einem Strom von

1,1—1,2 Ampère (entsprechend $ND_{100} = 1{,}5—1{,}7$ Ampère) und unterbricht die Elektrolyse bereits nach einer Stunde; die grösste Menge des vorhandenen Bleies (98—99 Proc., wenn bis 0,5 g Blei in Lösung ist) ist alsdann als Superoxyd ausgeschieden, während die Kathode noch kein Kupfer aufweist. Man unterbricht nun den Strom und überträgt die Flüssigkeit in eine andere tarirte Schale, wäscht das Bleisuperoxyd mit Wasser aus, welches der Kupferlösung zugefügt wird, und bestimmt nach dem Trocknen dessen Gewicht. Zur elektrolytischen Fällung des Kupfers versetzt man die Lösung mit Ammoniak, bis die bekannte tiefblaue Kupferlösung entsteht, und fügt alsdann etwa 5 ccm Salpetersäure hinzu. Die Platinschale verbindet man nunmehr mit dem negativen Pol der Stromquelle und wendet als Anode, zur Aufnahme des Restes von Bleisuperoxyd, die von mir früher beschriebene durchlöcherte Platinblech- oder Eimerelektrode, ebenfalls mattirt, an, deren Gewicht vorher ermittelt wird. Nach völligem Erkalten der auf 120—150 ccm verdünnten Flüssigkeit elektrolysirt man mit einem Strom von $ND_{100} = 1—1{,}2$ Ampère.

Nach 3 bis 4 Stunden ist das Kupfer (bei circa 0,25 g Kupfer) und der Rest von Blei ausgeschieden.

Diese besonders für die Technik wichtige Methode gestattet nicht nur weit raschere Ausführung (4—5 Stunden gegen 14 Stunden und mehr), sondern auch sichere und quantitative Abscheidung beider Metalle, unabhängig von den Mengenverhältnissen derselben.

Bei Anwendung der Methode zur Analyse schwefelhaltiger Produkte macht sich das durch Oxydation entstehende Bleisulfat in unliebsamer Weise bemerkbar, dessen Auflösung in Salpetersäure, je nach der dichten Beschaffenheit, oft mehr Zeit in Anspruch nimmt, als die Analyse selbst.

Ist nun in Folge Oxydation von Schwefel, oder durch Doppelumsetzung zwischen Bleinitrat und Kupfersulfat, Bleisulfat entstanden, so versetzt man zunächst mit Ammoniak in geringem Ueberschuss und erwärmt einige Minuten. Hierdurch wird das dichte Bleisulfat in lockeres Bleihydroxyd umgesetzt. Diese Flüssigkeit giesst man nach und nach in die Platinschale, welche ca. 20 ccm erwärmte Salpetersäure enthält, und rührt beständig mit der Elektrode um. Das sich zurückbildende Bleisulfat löst sich nun entweder sofort (es hängt dies von der Menge ab) oder zum grössten Theil, sodass der Rest nach kurzem Erwärmen verschwindet. Das Gefäss, in welchem die Umsetzung mit Ammoniak vollzogen wurde, wird zunächst mit wenig Salpetersäure und alsdann mit Wasser gereinigt.

Versuche.

Angewendet Bleinitrat und Kupfersulfat, von jedem ca. 1 g, 20 ccm Salpetersäure.

Stromdichte Ampère	Elektrodenspannung Volt.		Temperatur	Dauer	Gefunden	Anstatt
	Anfang	Ende				
1,1 – 1,1	1,4	1,4	60—63°	1 St.	0,7266 g PbO_2	0,7260 g
1,55 – 1,45	1,4	1,4	66—72°	1 -	0,7310 - -	0,7303 -

In der vom Bleisuperoxyd abgegossenen Flüssigkeit wurde das Kupfer nach vorherigem Hinzufügen von Ammoniak (bis zur alkalischen Reaktion) und Ansäuern mit 5 ccm Salpetersäure gefunden.

Stromdichte Ampère	Elektrodenspannung Volt	Temperatur	Dauer	Gefunden	Anstatt
1,1—1,0	2,2 —2,5	25—30°	5 St.	0,2490 g Cu	0,2495 g Cu
1,0 - 0,95	2,25—2,3	30—32°	5 -	0,2505 - -	0,2510 - -

H. Nissenson, welcher die vorstehende Methode zur Bestimmung von Kupfer und Blei im Kupferstein benutzt, giebt zur Ausführung folgende Vorschrift:

1 g Kupferstein wird in 30 ccm Salpetersäure (spec. Gew. 1,4) gelöst, auf 180 ccm verdünnt und die Lösung in der Weise elektrolysirt, dass zur Aufnahme des Bleis die

Schale, zur Aufnahme des Kupfers eine als Kathode dienende durchlöcherte Platinscheibe dient. Man beginnt bei gewöhnlicher Temperatur mit einer Stromdichte von 0,5 Ampère zu elektrolysiren, die man nach einer Stunde auf 1,5—2 Amp. steigert. In 6—7 Stunden ist die Abscheidung der beiden Metalle beendet.

Für technische Analysen kann die Gegenwart geringer Mengen von Silber und Wismuth bei der Bleibestimmung aus salpetersaurer Lösung vernachlässigt werden. Die Anwesenheit von Arsen, Selen und Mangan, selbst in sehr kleinen Mengen, verursacht bei der Fällung des Bleis aus salpetersaurer Lösung unsichere Resultate*).

Kupfer — Silber.

Litteratur:

Freudenberg: Zeit. f. phys. Chem. XII, S. 97.
Smith u. Wallace: Zeit. f. Elektrochemie V, S. 312.
Heidenreich: Ber. deutsch. chem. Ges. XXVIII, S. 1585.

Freudenberg benutzt zur Trennung in einer wenige ccm Salpetersäure (sp. Gew. 1,2) enthaltenden Lösung das Verhalten des Silbers, bereits bei einer Elektrodenspannung von 1,3 — 1,4 Volt quantitativ auszufällen, während das Kupfer in Lösung bleibt und erst durch höhere Spannung (2—3 Volt) zersetzt wird.

Nach E. Smith lässt sich die Trennung der beiden Metalle aus der Lösung der Doppelcyanide bewirken. Auf etwa 0,4 g des Metallgemisches fügt man 4,5 g Cyankalium hinzu und elektrolysirt die auf circa 120 ccm verdünnte Flüssigkeit. Erwärmt man dieselbe auf 65°—75°, so wird die Ausscheidung des Silbers wesentlich beschleunigt. M. Heidenreich hat auch diese Methode im hiesigen Labo-

*) Für die Analyse von Weichblei, welches die Metalle Silber, Kupfer, Wismuth, Cadmium, Zink, Eisen, Nickel (Kobalt), Zinn und Antimon enthält, haben Nissenson und Neumann (Chemiker-Ztg. No. 49, 1895) genaue Vorschriften gegeben.

ratorium näher geprüft und folgende Versuchsbedingungen festgestellt.

Versuche.

Angewandt wurden Silbernitrat mit 63,42% Silber und Kupfersulfat mit 25,29% Kupfer. Der Zusatz an Kupfervitriol betrug circa 0,7 g.

Einwage	Gefunden	Stromdichte ND_{100} Amp.	Volt	Dauer	
0,2379 g $AgNO_3$ + 2 g KCN	63,43% Ag	0,07—0,03	1 —1,2	8 Std.	
0,2303 - - - + 2 - -	63,43 - -	0,04	1 —1,28	8 -	
0,3099 - - - + 2 - -	63,40 - -	0,03	1 —1,39	6½ -	
0,3327 - - - + 2 - -	63,27 - -	0,09	1,2—1,3	4 -	unter Erwärmung
0,6037 - - - + 6 - -	63,33 - -	0,19—0,08	1,2—1,3	6 -	

Kupfer — Quecksilber.

Litteratur:

Smith: Journ. of Anal. Chem. III, S. 254; V, S. 489.
Amer. chem. Journ. XI, S. 104, S. 264.
Freudenberg: Zeit. f. phys. Chem. XII, S. 113.

Nach E. Smith gelingt die Trennung der beiden Metalle aus einer Lösung der Doppelcyanide, wobei man zweckmässig eine Temperatur von 65° innehält. Man setzt bei den üblichen Koncentrationsverhältnissen circa 2 g Cyankalium zu und elektrolysirt mit einem Strome ND_{100} = 0,06—0,08 Amp. Für je 0,2 g der beiden Metalle ist die Zersetzung in 4 Stunden beendet. Das Kupfer bleibt in Lösung, während das Quecksilber sich ausscheidet.

Freudenberg fand, dass bei Gegenwart von 2—4 g Cyankalium bei einer Spannung von 2,5 Volt das Quecksilber glänzend weiss und vollständig frei von Kupfer ausgeschieden wird.

Kupfer — Arsen.

Litteratur:

Freudenberg: Zeit. f. phys. Chem. XII, S. 97.
Schmucker: Zeit. f. anorg. Chem. V, S. 199.

Während man bisher genöthigt war, das Arsen vor der Abscheidung des Kupfers zu entfernen, fand Freudenberg, dass sich eine Trennung in schwefelsaurer Lösung (10—20 ccm verdünnte Schwefelsäure) sehr gut bewerkstelligen lässt, wenn man mit der Spannung nicht über 1,9 Volt hinausgeht. Es ist dabei gleichgültig, ob das Arsen als Trioxyd oder Pentoxyd zugegen ist.

Eine zweite, von demselben Autor herrührende Vorschrift ist die folgende. Man versetzt die oxydirte Lösung der Metalle mit Ammoniak, so dass etwa 30 ccm einer 10% Ammoniaklösung im Ueberschuss vorhanden sind, und elektrolysirt mit 1,9 Volt Spannung bis zur völligen Entfärbung der Lösung, was in 6—8 Stunden erreicht ist.

Für die Trennung des Kupfers vom Antimon lassen diese Methoden im Stich.

Kadmium.

Kadmium — Blei.

Man verfährt wie zur Scheidung des Bleies von Kupfer und scheidet ersteres als Superoxyd in salpetersaurer Lösung ab. Um in der von Blei befreiten Flüssigkeit Kadmium zu bestimmen, entfernt man die Salpetersäure durch Eindampfen im Wasserbade, führt das Kadmium in Sulfat über und verfährt nach S. 175.

Kadmium — Quecksilber.

Litteratur:

Freudenberg: Zeit. f. phys. Chem. VII, S. 97.

Nach Freudenberg gelingt die Trennung aus einer Lösung der Salze beider Metalle, welcher man 0,5—1 g Cyankalium zugesetzt hat. Bei 1,8—1,9 Volt fällt nur Quecksilber aus; das Cadmium wird aus der quecksilberfreien Flüssigkeit durch höhere elektromotorische Kräfte ausgefällt.

Blei.

Blei — Silber.

Die Trennung wird ausgeführt, wie die des Bleis vom Kupfer (s. Seite 225). Zur Bestimmung des Silbers ist es erforderlich, die Lösung zunächst einzudampfen; man bestimmt das Silber nach einer der S. 184 angegebenen Methoden.

Blei — Quecksilber.

Litteratur:

Smith u. Moyer: Zeit. f. anorg. Chem. IV, S. 267.
Heidenreich: Ber. d. deutsch. chem. Ges. XXVIII, S. 1585.

Die Trennung geschieht, wie die des Kupfers von Blei. Smith und Moyer suchen Blei und Quecksilber gleichzeitig zu bestimmen. Dieselben versetzen die Lösung beider Metalle mit 5 ccm Salpetersäure (spec. Gew. = 1,3) und verdünnen auf 180 ccm Flüssigkeit. Die Elektrolyse soll mit einem Strom von 1,7 ccm Knallgas in der Minute ausgeführt werden.

M. Heidenreich hat für vorstehende Methode die Bedingungen im hiesigen Laboratorium festgestellt und gefunden, dass auf 120 ccm der zu elektrolysirenden Flüssigkeit 20—30 ccm Salpetersäure (sp. Gew. = 1,3—1,4) vorhanden sein müssen, da sonst das Bleisuperoxyd abblättert und nicht gewogen werden kann. Die Stromdichte kann 0,2 bis 0,5 Amp. betragen. Es liegt in der Beschaffenheit der als positiven Pol zu verwendenden Platinscheibe, dass grössere Mengen von Blei nicht festhaftend niedergeschlagen werden können.

Blei — Antimon.

Litteratur:

Neumann u. Nissenson: Chemiker Zeit. 1895, No. 49.

Zur elektrolytischen Bestimmung beider Metalle nach den Methoden des Verfassers in Legirungen (Hartblei, Buchdruckerlettern) empfehlen Nissenson und Neumann, 2,5 g der Legirung in 10 g Weinsäure, 15 ccm Wasser, 4 ccm

Salpetersäure (spec. Gew. = 1,4) in der Wärme zu lösen. Die klare Lösung wird mit 4 ccm koncentrirter Schwefelsäure versetzt, mit Wasser verdünnt, erkalten lassen und genau auf ein Viertel Liter aufgefüllt. Filtrirt man jetzt vom ausgeschiedenen Bleisulfat ab, so enthält das Filtrat alles Antimon. 50 ccm des Filtrates werden mit Aetznatron stark alkalisch gemacht, mit 50 ccm gesättigter Natriummonosulfidlösung versetzt, aufgekocht, sofort filtrirt, ausgewaschen und nach dem Seite 192 angegebenen Verfahren elektrolysirt.

Das Bleisulfat wird, zur Bestimmung des Bleis, wie bei der Trennung des Bleis vom Kupfer S. 225 angegeben, behandelt.

Silber.

Silber — Antimon.

Litteratur:

Freudenberg: Zeit. f. phys. Chem. XII, S. 97.

Wenn das Antimon als Pentoxyd zugegen ist, lässt sich nach Freudenberg eine Trennung aus ammoniakalischer Lösung, der man einige Gramm Ammoniumsulfat zugesetzt hat, erzielen.

Man scheidet das Silber bei einer Spannung von 1,7 bis 1,8 Volt ab.

Silber — Arsen.

Litteratur:

Freudenberg: Zeit. f. phys. Chem. XII, S. 97.

Nach Freudenberg gelingt die Trennung ebenso, wie die des Silbers von Antimon.

Quecksilber.

Quecksilber — Antimon.

Litteratur:

Freudenberg: Zeit. f. phys. Chem. XII, S. 97.

Das Antimon muss, um nicht das Quecksilberoxydsalz zu reduciren, als Pentoxyd zugegen sein. Man bringt das

Gemisch der Chloride beider Metalle durch 0,5—1 g Weinsäure in Lösung, verdünnt mit Wasser, neutralisirt mit Ammoniak und fügt dann noch etwa 20 ccm einer 10% Ammoniaklösung hinzu, bis die Flüssigkeit vollständig klar ist. Nun elektrolysirt man mit einer Spannung von 1,6 bis 1,7 Volt. Nach der Ausfällung des Quecksilbers säuert man an und leitet Schwefelwasserstoff in die Lösung. Das Antimonosulfid lässt sich elektrolytisch (s. Seite 192) oder als solches bestimmen.

Quecksilber — Arsen.

Litteratur:

Freudenberg: Zeit. f. phys. Chem. XII, S. 97.

Nach Freudenberg lässt sich eine Trennung aus salpetersaurer Lösung (s. S. 187) erzielen, da bei einer Spannung von 1,7—1,8 Volt nur Quecksilber gefällt wird.

Antimon.

Antimon — Zinn.

Litteratur:

Classen: Ber. d. deutsch. chem. Ges. XVII, S. 2245; XVIII, S. 1110; XXVIII, S. 2060.

Die quantitative Scheidung des Antimons von Zinn, welche bekanntlich auf gewöhnlichem gewichtsanalytischen Wege nicht geringe Schwierigkeiten bietet und unsichere Resultate liefert, lässt sich durch Elektrolyse ebenso leicht als genau ausführen. Die quantitative Fällung des Antimons, bei Gegenwart von Zinn, gelingt aus einer koncentrirten Lösung von Schwefelnatrium, welcher eine gewisse Menge von reinem Natronhydrat beigegeben sind.

Das krystallisirte Natriummonosulfid des Handels ist, abgesehen davon, dass dasselbe auf Reinheit keinen Anspruch machen kann, keineswegs Monosulfid, sondern ein Gemisch mit wechselnden Mengen von Natronhydrat.

Hieraus erklärt sich auch wohl der grosse Gehalt an Thonerde, welchen das Präparat stets aufweist. Wenn man daher das käufliche Schwefelnatrium zu gedachtem Zweck verwenden will, so ist dessen Lösung bei Luftabschluss zunächst mit reinem Schwefelwasserstoffgas vollständig zu sättigen.

Man filtrirt alsdann von dem ausgeschiedenen Niederschlage ab und dampft das Filtrat in einer geräumigen Platin- oder Porzellanschale ein. Im Uebrigen verfährt man, wie im Abschnitte Reagentien ausführlich mitgetheilt ist. Da indess die Reinheit der Schwefelnatriumlösung von wesentlichem Einfluss bei der Ausführung der Methode ist, so ist es vorzuziehen, die Lösung nach den in genanntem Kapitel gegebenen Vorschriften selbst darzustellen.

Zur Ausführung der Trennung übergiesst man die reinen Schwefelmetalle*) oder den durch Abdampfen erhaltenen Rückstand einer Lösung beider Metalle in einer Platinschale mit etwa 80 ccm einer bei gewöhnlicher Temperatur gesättigten Schwefelnatriumlösung und giebt soviel einer koncentrirten Lösung von reinem Natronhydrat[1]) hinzu, dass etwa 1—2 g NaOH in der Flüssigkeit enthalten ist. Falls die Lösung der Metalle nicht sogleich eintritt, befördert man dieselbe durch Erwärmen über einer kleinen Flamme, spült das Deckglas, mit dem man während der beschriebenen Operationen die Schale bedeckt hielt, mit 10—15 ccm Wasser ab und lässt die Flüssigkeit völlig erkalten. Danach unterwirft man dieselbe der Elektrolyse.

---

*) Die Lösung eines Gemenges der Schwefelmetalle mit Schwefel in Schwefelnatrium ist wie eine Lösung von Polysulfiden zu behandeln (siehe weiter unten).

[1]) Das Natronhydrat, welches man anwendet, muss absolut rein sein. Dasselbe darf, mit Schwefelnatrium erwärmt, keine Trübung zeigen. Im andern Falle sind die erhaltenen Werthe von Antimon in Folge der Einschlüsse von Niederschlag zu hoch.

Bei Anwendung von geringen Stromdichten (ND_{100} = 0,2 Amp.) dauert die Abscheidung des Antimons circa 14 Stunden, so dass die Bestimmung über Nacht vorgenommen werden muss. Neuere von mir angestellte Versuche haben ergeben, dass zur Fällung des Antimons, bei Gegenwart von Zinn, eine auf 50^0—60^0 erwärmte Flüssigkeit und eine Stromdichte ND_{100} = 0,5 Amp. angewendet werden kann. Auf diese Weise gelingt es, die Trennung innerhalb 2 Stunden auszuführen.

Bei Beginn der Einwirkung des Stromes überziehen sich sofort alle von der Flüssigkeit benetzten Theile der Schale mit einem dunklen Anfluge von Antimon, welcher bald ein glänzendes, metallisches Aussehen erhält.

Während der ersten Zeit der Ausscheidung erscheint die ganze Flüssigkeit durchsetzt von kleinen Gasbläschen, welche langsam aufsteigen, an der Oberfläche zerspringen und das Deckglas mit minimalen Mengen der Lösung bespritzen. Nach kurzer Zeit ist die Gasentwickelung beendet und die Lösung vollkommen klar. Um Verluste zu vermeiden, empfiehlt es sich, einige Tropfen Wasser vom Rande des Deckglases ab an der unteren Seite desselben über alle seine Theile gleiten und ihn schliesslich an der positiven Elektrode herablaufen zu lassen. Nach beendeter Reduktion wird das Antimon ohne Stromunterbrechung ausgewaschen und, wie früher (S. 192) angegeben, behandelt.

Da, wie bereits S. 197 angeführt wurde, das Zinn aus einer Lösung in Schwefelnatrium nicht reducirt werden kann, aus Schwefelammonium jedoch vollständig ausgeschieden wird, so muss zur Bestimmung des Zinns in der von Antimon befreiten Flüssigkeit nach S. 197 verfahren werden.

Handelt es sich um Trennung der beiden Metalle in den gelben Lösungen der P o l y s u l f i d e der Alkalien, so dampft man die mittels ammoniakalischen Wasserstoffsuperoxyd entfärbte Flüssigkeit (siehe Bestimmung des Antimons, S. 192) fast zur Trockne ein, giebt ca. 80 ccm Schwefelnatriumlösung und die erforderliche Menge reiner Natronlauge hinzu und verfährt, wie oben erörtert.

Die folgenden Versuche beziehen sich auf Fällung des Antimons neben Zinn in der Wärme, sowie bei gewöhnlicher Temperatur.

Versuche.

Angewendet wurden ca. 1 g Brechweinstein, eine gleiche Menge $SnCl_4 . 2 NH_4Cl$, 80 ccm Schwefelnatrium, ca. 2 g Natriumhydroxyd.

Stromdichte Amp.	Elektrodenspannung Volt	Temp.	Dauer	Gefunden g	Anstatt g
1,5—1,45	0,9—0,8	57°—67°	2 Std.	0,3790 Sb	0,3780 Sb
1,5—1,6	0,8—0,9	58°—60°	2 -	0,3787 -	0,3780 -
0,4—0,2	0,7—0,55	30°—24°	15 -	0,3775 -	0,3780 -

Die Antimon-Niederschläge waren glänzend grau und zinnfrei.

Antimon — Arsen.

Litteratur:

Classen und Ludwig: Ber. d. deutsch. chem. Ges. XIX, S. 323.

In einer alkalischen Lösung wird die arsenige Säure durch den galvanischen Strom zu Arsensäure oxydirt. Elektrolysirt man aber eine Flüssigkeit, welche neben arseniger Säure Antimon enthält, so scheidet sich ein Gemenge von metallischem Antimon mit Arsen aus. Anders verhält sich indess die Sache, wenn das Arsen als Arsensäure in Lösung sich befindet; bei Gegenwart von freiem Alkali fällt aus der koncentrirten Lösung in Schwefelnatrium nur das Antimon als solches aus. Zur Trennung der beiden Metalle muss demnach das Arsen, sofern dasselbe als arsenige Säure in der zu untersuchenden Substanz vorhanden ist, zu Arsensäure oxydirt werden. Man erwärmt entweder mit koncentrirter Salpetersäure oder mit Königswasser, entfernt die Säure vollständig durch Eindampfen im Wasserbade, übergiesst den Rückstand mit 80 ccm einer bei gewöhnlicher Temperatur gesättigten Schwefelnatriumlösung, giebt eine koncentrirte Lösung von Natronhydrat, ungefähr 1—2 g NaOH enthaltend, hinzu und elektrolysirt. Die Trennung ist genau wie die des Antimon von Zinn. Dieselbe kann bei gewöhnlicher Temperatur oder in der Wärme ausgeführt werden.

Sind Antimon und Arsen in einer Lösung von Polysulfiden der Alkalien zu trennen, so verfährt man genau, wie bei Antimon (S. 193) angegeben. Um das Arsen in der vom Antimon befreiten Flüssigkeit zu bestimmen, säuert man dieselbe mit verdünnter Schwefelsäure an, erwärmt im Wasserbade zur Entfernung des Schwefelwasserstoffs, filtrirt und löst den ausgewaschenen Niederschlag mit Chlorwasserstoffsäure auf Zusatz von Kaliumchlorat. Aus dieser Lösung fällt man nach Uebersättigen mit Ammoniak die Arsensäure mit Chlormagnesium als Magnesiumammoniumarseniat. Man bestimmt entweder das Gewicht des auf gewogenem Filter abfiltrirten und bei 110° C. getrockneten Niederschlages, oder führt denselben durch vorsichtiges Erhitzen im Porzellantiegel in Magnesiumpyroarseniat über.

Versuche.

Angewendet ca. 1 g Brechweinstein, ca. 1 g Natriumarseniat, 80 ccm Schwefelnatriumlösung, 2,5 g Natriumhydroxyd.

Stromdichte	Elektrodenspannung	Temperatur	Dauer	Gefunden	Anstatt
Amp.	Volt			g	g
1,55—1,5	1,75—1,1	54°—57°	3 Std. 30 Min.	0,3778 g Sb	0,3773 Sb
1,6 —1,5	2,1 —1,45	25°—38°	6 -	0,3770 g Sb	0,3773 Sb
0,5 —0,4	1,75—0,8	21°—24°	über Nacht	0,3770 g Sb	0,3772 Sb

Antimon — Zinn — Arsen.

Litteratur:

S. Antimon — Arsen.

Unter der Voraussetzung, dass das Arsen als Arsensäure vorhanden ist, fällt, wie bereits erwähnt, aus einer Lösung der drei Metalle in koncentrirtem Schwefelnatrium bei Gegenwart von Natronhydrat nur das Antimon als solches aus; Zinn und Arsen bleiben vollständig in Auflösung. Zur Ueberführung des Arsens in Arsensäure und zur Fällung des Antimons verfährt man nun genau, wie oben angegeben.

Zur Trennung des Zinns von Arsen in der vom Antimon abgegossenen Flüssigkeit zersetzt man die Sulfosalze mit verdünnter Schwefelsäure oder Chlorwasserstoffsäure, filtrirt das Gemenge von Schwefelarsen und Schwefelzinn mit Schwefel ab, oxydirt mit Chlorwasserstoffsäure und Kaliumchlorat und verfährt zur Trennung des Arsens, wie unten angegeben. Um das Zinn zu bestimmen, sättigt man die von Arsen befreite Flüssigkeit mit Schwefelwasserstoffgas, filtrirt ab und löst das Schwefelzinn in Schwefelammonium. Zur elektrolytischen Bestimmung des Zinns aus dieser Lösung verfährt man nach Seite 198.

Zur Analyse einer Substanz, welche Arsen, Antimon und Zinn enthält, kann man nach der E. Fischer-Hufschmidt'schen, von R. Ludwig und mir noch vereinfachten Methode[1]) auch das Arsen zuerst eliminiren und in der arsenfreien Flüssigkeit Antimon und Zinn trennen.

Handelt es sich um Trennung der Schwefelmetalle, so oxydirt man dieselben mit koncentrirter Chlorwasserstoffsäure und Kaliumchlorat und verdampft die Säure auf dem Wasserbade. Den Rückstand spült man mit rauchender Chlorwasserstoffsäure in einen Siedekolben von 500—600 ccm Inhalt[2]), versetzt mit 20 bis 25 ccm einer gesättigten Eisenchlorürlösung oder besser mit ca. 25 g Eisendoppelsalz ($FeSO_4 + (NH_4)_2SO_4 + 5H_2O$) und fügt noch soviel rauchende Chlorwasserstoffsäure hinzu, dass das Gesammtvolumen 150 bis 200 ccm beträgt. In die chlorwasserstoffsaure

[1]) Berichte der Deutschen Chemischen Gesellschaft. XVIII. 1110.

[2]) Ein geeigneter Apparat ist in meinem Handbuche der quantitativen Analyse, 4. Aufl., S. 78 abgebildet.

Auflösung leitet man nun einen raschen Strom von Chlorwasserstoffgas ein und setzt das Einleiten selbst nach scheinbarer Sättigung der Flüssigkeit noch mindestens eine halbe Stunde lang fort. Sodann destillirt man ohne Anwendung eines Kühlers die Lösung im Salzsäurestrom bis auf ca. 50 ccm ab. Als Vorlage benutzt man zweckmässig einen Kolben von 1 Liter Inhalt, der mit 400 bis 500 ccm Wasser gefüllt ist. Wird der Kolben während der Destillation gut gekühlt, so geht keine Spur von Arsen in eine zweite Vorlage über, selbst wenn dessen Menge, auf As_2O_3 bezogen, bis 0,5 g beträgt. In dem erhaltenen Destillate kann man das Arsen entweder nach vorherigem Uebersättigen mit reinem Natriumkarbonat mit Jodlösung titriren, oder dasselbe als As_2S_3 mit Schwefelwasserstoff fällen und als solches auf gewogenem Filter bestimmen oder auch das Arsen aus der Menge von Schwefel, welche dasselbe enthält, berechnen. Zur Ausführung der letzteren Methode kann man folgenden Weg einschlagen. Aus dem mit der zweifachen Menge Wasser verdünnten Destillate wird die Luft durch einen starken Kohlensäurestrom vollständig verdrängt und das Arsen durch Einleiten von reinem Schwefelwasserstoffgas gefällt. Danach leitet man zur Entfernung des überschüssigen Schwefelwasserstoffs wiederum einen starken Strom von Kohlensäure durch die Flüssigkeit, bis ein mit Bleiacetat getränkter Papierstreifen von den austretenden Gasen nicht mehr geschwärzt wird. Man lässt nun das Schwefelarsen sich absetzen und hebert die klare Lösung möglichst vollständig ab. Die zurückbleibende stark salzsaure Flüssigkeit versetzt man mit Ammoniak im Ueberschuss, wobei das Schwefelarsen in Lösung geht, und kocht mit einem Ueberschuss von völlig schwefelsäurefreiem Wasserstoffsuperoxyd. Die Lösung wird sodann mit Chlorwasserstoffsäure angesäuert und die gebildete Schwefelsäure in bekannter Weise als Baryumsulfat bestimmt. (Classen.)

Zur Bestimmung von Antimon und Zinn wird die bei der Destillation im Siedekolben zurückgebliebene, stark salzsaure eisenhaltige Lösung mit der dreifachen Menge Wasser verdünnt. Aus ihr fällt man durch Einleiten von Schwefelwasserstoff Antimon und Zinn. Nach kurzem Absitzenlassen wird die Flüssigkeit durch ein Filter gegossen, der Niederschlag mehrere Male durch Dekantation mit heissem Wasser ausgewaschen und schliesslich auf dem Filter des Weiteren mit heissem Wasser behandelt, bis im Filtrat Chlorwasserstoffsäure nicht mehr nachweisbar ist. An den Wänden des Gefässes, in welchem die Fällung mit Schwefelwasserstoff vorgenommen, haften oft Spuren der Schwefelmetalle fest an. Man spült daher dasselbe mit koncentrirter Lösung von Schwefelnatrium aus und giesst diese auf das die Schwefelmetalle enthaltende Filter. Das Filtrat sammelt man in einer tarirten Platinschale, wäscht das Filter, auf welchem sich beim Auflösen von Schwefelantimon und -Zinn immer noch etwas Schwefeleisen abscheidet, mit Schwefelnatriumlösung aus, setzt zum Filtrat die nöthige Menge reiner Natronlauge und bewerkstelligt die elektrolytische Trennung von Antimon und Zinn in der oben beschriebenen Weise.

Zinn und Phosphorsäure.

Zur Bestimmung von Metallen bei Gegenwart von Phosphorsäure scheidet man letztere häufig als Zinnphosphat ab und führt, da die Bestimmung der Phosphorsäure in dem erhaltenen Niederschlage zu zeitraubend ist, dieselbe in einer besonderen Menge der Substanz aus. Wenn man nun den aus Zinnphosphat und Zinnoxyd bestehenden Niederschlag durch Digeriren mit Schwefelammonium in Lösung bringt, so kann man nach dem Verdünnen mit Wasser das Zinn elektrolytisch fällen und im Filtrate die Phosphorsäure wie gewöhnlich bestimmen.

Platin — Iridium.

Wie S. 194 erörtert wurde, lässt sich das Platin aus der sauren Lösung mit Hülfe eines Stromes $ND_{100} = 0{,}05$ Amp. bei 1,2 Volt als solches in dichtem Zustande ausscheiden. Dieses Verhalten kann zur Trennung desselben von Iridium benutzt werden, welches bei diesen Stromverhältnissen in Lösung bleibt. Das Platin wird ohne jede Spur von Iridium ausgeschieden. (Classen).

Trennung des Goldes von anderen Metallen.

Litteratur:

Smith & Muhr: Ber. d. deutsch. chem. Ges. XXIII, S. 2175.
Smith u. Wallace: Journ. of anal. Chem. 1892, S. 87.
Ber. d. deutsch. chem. Ges. XXV, S. 779.

Edgar F. Smith hat, wie oben mehrfach erwähnt, das Verhalten der Metallcyanide gegen den galvanischen Strom eingehender studirt und dieses Verhalten auch zur Trennung des Goldes von Palladium, Kupfer, Nickel, Zink und Platin vorgeschlagen.

Dasselbe Verhalten lässt sich auch zur Trennung von Silber und Platin, ferner Quecksilber und Platin verwerthen.

Da die von Smith mitgetheilten Versuchsbedingungen zur Durchführung dieser Methode nicht ausreichen, so muss von einem Eingehen auf dieselbe abgesehen werden.

Kalium und Natrium.

Zur Bestimmung von Kalium und Natrium in ein und derselben Flüssigkeit verfährt man gewöhnlich in der Art, dass man die Summe der beiden Chloride und das Kalium als Kaliumplatinchlorid bestimmt; das Natrium ergiebt sich alsdann aus der Differenz. Die Versuchsfehler fallen demnach sämmtlich auf die Bestimmung des Natriums. Die

Bestimmung des Kaliums lässt sich nun, wie bereits früher (Seite 201) mitgetheilt wurde, in der Art ausführen, dass man dasselbe als Kaliumplatinchlorid abscheidet und den Gehalt an Platin in letzterem bestimmt. Um das Natrium ebenfalls direkt zu bestimmen, verdampft man zur Entfernung des Alkohols die vom Kaliumplatinchlorid abfiltrirte Flüssigkeit auf dem Wasserbade, löst den Rückstand in Wasser auf Zusatz von etwas Chlorwasserstoffsäure und fällt das Platin elektrolytisch. In der vom Platin abgegossenen Flüssigkeit ermittelt man die Menge von Chlornatrium durch Eindampfen und Wägen des Rückstandes.

Natrium und Ammoniak.

Die direkte Bestimmung beider führt man in gleicher Weise wie die von Kalium neben Natrium aus, fällt das Ammoniak mit Platinchlorid als Ammoniumplatinchlorid und verfährt überhaupt, wie oben angegeben.

Tabellen zur Berechnung der Analysen.

	Atomgewicht	Gefunden	Gesucht	Faktor
Aluminium . . .	27,04	Al_2O_3	Al	0,5304
Antimon	119,6	Sb	Sb_2O_3	1,20017
			Sb_2S_3	1,40108
Arsen	74,9	As	As_2O_3	1,31962
			As_2O_5	1,53271
			As_2S_3	1,64192
Baryum	136,86	$BaSO_4$	Ba	0,58819
		$BaCO_3$	Ba	0,69574
			BaO	0,77688
Beryllium	9,08	BeO	Be	0,36262
Blei	206,39	PbO_2	Pb	0,86605
			PbO	0,93303
			$PbCl_2$	1,16289
Bor	10,9	$KBFl_4$	B	0,08639
			B_2O_3	0,27613
Brom	79,76	AgBr	Br	0,42556
Cäsium	132,7			
Cer	141,2			
Chlor	35,37	AgCl	Cl	0,24729
		Ag	Cl	0,32853
Chrom	52,0	Cr_2O_3	Cr	0,81419
			CrO_3	1,18581

	Atomgewicht	Gefunden	Gesucht	Faktor
Didym	145,0			
Eisen	55,88	FeO	Fe	1,28561
			Fe_2O_3	1,42842
Erbium	166,0			
Fluor	19,06	$CaFl_2$	Fl	0,48853
Gold	196,7	Au	Au_2O_3	1,12171
Jod	126,54	AgJ	J	0,54031
		Ag	J	1,17546
Kadmium	111,7	Cd	CdO	1,14288
			CdS	1,28630
Kalcium	39,91	CaO	Ca	0,71433
		$CaCO_3$	Ca	0,40006
			CaO	0,56004
Kalium	39,03	Pt	K	0,40129
			K_2O	0,48848
			KCl	0,76495
			K_2SO_4	0,89389
Kobalt	58,60	Co	CoO	1,27116
Kohlenstoff . . .	11,97	CO_2	C	0,272727
		$CaCO_3$	CO_2	0,43995
Kupfer	63,18	Cu	CuO	1,25261
			CuS	1,25309
Lanthan	138,5			
Lithium	7,01	LiCl	Li	0,165408
			Li_2O	0,35370
		Li_3PO_4	Li	0,18156
			Li_2O	0,38824
			LiCl	1,09764
Magnesium . . .	23,94	$Mg_2P_2O_7$	Mg	0,21614
			MgO	0,36024

	Atomgewicht	Gefunden	Gesucht	Faktor
Mangan	54,8	Mn_3O_4	Mn	0,72029
			MnO	0,93007
			Mn_2O_3	1,03496
		MnO_2	Mn	0,63192
			MnO	0,81596
			Mn_2O_3	0,90798
		$MnSO_4$	Mn	0,36383
			MnO	0,46979
			Mn_2O_3	0,52277
Molybdän	95,9	MoS_3	Mo	0,49989
Natrium	22,99	NaCl	Na	0,39393
			Na_2O	0,53067
			Na_2SO_4	1,21488
Nickel	58,6	Ni	NiO	1,27116
Niob	93,7			
Osmium	195			
Palladium	106,2			
Phosphor	30,96	$Mg_2P_2O_7$	P	0,27952
			P_2O_5	0,63976
Platin	194,43	Pt	PtO_2	1,16417
Quecksilber . . .	199,8	Hg	Hg_2O	1,03994
			HgO	1,07988
			HgCl	1,17703
			Hg_2S	1,08003
			HgS	1,16006
Rhodium	104,1			
Rubidium	85,2			
Ruthenium . . .	103,5			
Schwefel	31,98	$BaSO_4$	S	0,13744
			SO_3	0,34322
			SO_4	0,41181

	Atomgewicht	Gefunden	Gesucht	Faktor
Selen	78,87			
Silber	107,66	Ag	Ag_2O	1,07412
			AgCl	1,32853
Silicium	28	SiO_2	Si	0,46729
Stickstoff	14,01	Pt	N	0,14411
			NH_3	0,17497
			NH_4	0,18526
Strontium	87,3	$SrSO_4$	Sr	0,47673
			SrO	0,56389
Tantal	182			
Tellur	127,7			
Thallium	203,7	Tl_2O	Tl	0,9623
Thorium	231,96			
Titan	50,25	TiO_2	Ti	0,61154
Uran	239,8	UO_2	U	0,88249
			U_3O_8	1,03916
Vanadin	51,1	V_2O_5	V	0,56154
Wasserstoff . . .	1	H_2O	H	0,11136
Wismuth	208,4	Bi	Bi_2O_3	1,11488
Wolfram	183,6	WoO_3	Wo	0,79316
Yttrium	89,6			
Zink	65,1	Zn	ZnO	1,24516
			ZnS	1,49124
Zinn	118,8	Sn	SnO_2	1,26869
Zirkon	90,4	ZrO_2	Zr	0,73904

Die Reagentien.

Kaliumoxalat.

Das krystallisirte Kaliumoxalat des Handels enthält stets nachweisbare Mengen von Eisen und Blei. Um dasselbe zu reinigen, bereitet man in einer Porzellanschale eine Lösung von 1 Th. Salz in 3 Thln. Wasser und fügt tropfenweise Schwefelammonium hinzu, so lange als durch dieses Reagens noch eine Fällung entsteht.

Man erwärmt nun die Lösung auf dem Wasserbade, bis der Niederschlag sich abgesetzt hat, und filtrirt durch ein Faltenfilter ab. Um den geringen Ueberschuss an Schwefelammonium zu zersetzen, leitet man längere Zeit einen Luftstrom durch die Flüssigkeit, bis dieselbe farblos erscheint und mit Nitroprussidnatrium keine Reaktion mehr giebt. Den ausgeschiedenen Schwefel lässt man absitzen und hebert die klare Flüssigkeit ab.

Ammoniumoxalat.

Man konstatirt in demselben die nämlichen Verunreinigungen wie im Kaliumoxalat. Zur Reinigung des Salzes bereitet man eine gesättigte heisse Lösung desselben und fällt mit Schwefelammonium. Man erhitzt so lange über der freien Flamme, bis der ausgeschiedene Niederschlag sich zusammenballt, und filtrirt heiss, unter Anwendung eines Heisswassertrichters. Im Filtrate scheidet sich beim

Erkalten der Flüssigkeit der grössere Theil des Ammoniumoxalats krystallinisch aus. Man giesst die überstehende Lösung ab und entfernt den Rest durch Filtration durch Asbest, unter Anwendung einer Saugpumpe.

Oxalsäure.

Die Verunreinigungen derselben sind gleicher Art, wie die der oxalsauren Alkalien, so dass sie zu ihrer Reinigung wiederholt umkrystallisirt werden muss.

Ammoniumsulfat.

Zur Reinigung desselben verfährt man wie beim Ammoniumoxalat.

Schwefelnatrium.

Das krystallisirte Schwefelnatrium des Handels ist, ganz abgesehen von seiner grossen Unreinheit, keineswegs Monosulfid, sondern Gemenge mit Polysulfiden und Natronhydrat. Der Gehalt an letzterem erklärt auch wohl die Anwesenheit von Thonerde, welche das Präparat stets in grösserer Menge enthält. Will man das käufliche Schwefelnatrium überhaupt verwenden, so ist man genöthigt, die Lösung desselben vorher unter Luftabschluss mit Schwefelwasserstoffgas völlig zu sättigen. Es ist daher vorzuziehen, das Präparat selbst darzustellen, zu welchem Zwecke folgendes Verfahren zu empfehlen ist. Aus Alkohol gereinigtes Natronhydrat wird in solcher Menge in Wasser gelöst, dass die Lösung ein specifisches Gewicht von etwa 1,25 besitzt. Die Flüssigkeit wird in zwei gleiche Theile getheilt und die eine Hälfte bei Luftabschluss mit möglichst reinem Schwefelwasserstoffgas gesättigt, bis keine Volumvermehrung mehr zu beobachten ist. Das Schwefelwasserstoffgas leitet man zur Reinigung durch eine mit Wasser gefüllte Waschflasche und sodann durch mehrere mit Baumwolle oder Watte beschickte Glasröhren. Nach vollständiger Sättigung filtrirt man die Lösung von dem ausgeschiedenen Niederschlage ab und vermischt sie mit der anderen Hälfte der Natronhydratlösung. In das Gemisch beider leitet man wiederum bei Luftabschluss Schwefelwasserstoffgas bis zur vollkommenen Sättigung und filtrirt sodann aufs Neue. Das schwach gefärbte Filtrat dampft man in einer geräumigen Platin- oder dünnen Porzellanschale über lebhaftem, freiem Feuer möglichst schnell ein. Die Flüssigkeit siedet ohne jedes Stossen, wenn man eine Platinspirale hineingiebt. Sobald sich auf der Oberfläche eine dünne Krystallhaut ausscheidet, unterbricht man das Sieden und füllt die Flüssigkeit noch heiss in kleine, mit gut eingeschliffenen Glasstopfen versehene Flaschen. Es empfiehlt sich, den Abschluss der Luft durch geschmolzenes Paraffin vollkommen zu machen. Beim Erkalten scheiden sich Krystalle ab; die Lösung ist daher eine bei gewöhnlicher Temperatur gesättigte.

Alkohol.

Der zum Auswaschen der Metalle dienende Alkohol muss säurefrei und möglichst absolut sein. Man lässt denselben in einem geräumigen Destillirkolben etwa 12 Stunden lang über gebranntem Kalk stehen und destillirt alsdann im Wasser- oder Dampfbade ab. Derselbe darf beim Verdunsten keinen Rückstand hinterlassen.

Additional material from *Quantitative Analyse durch Elektrolyse*,
ISBN 978-3-662-38655-2 (978-3-662-38655-2_OSFO2), is available
at http//extras.springer.com

GPSR Compliance

The European Union's (EU) General Product Safety Regulation (GPSR) is a set of rules that requires consumer products to be safe and our obligations to ensure this.

If you have any concerns about our products, you can contact us on ProductSafety@springernature.com

In case Publisher is established outside the EU, the EU authorized representative is:

Springer Nature Customer Service Center GmbH
Europaplatz 3
69115 Heidelberg, Germany

Batch number: 10682427

Printed by Printforce, the Netherlands